住房和城乡建设部"十四五"规划教材

高等职业教育土建类"互联网＋"活页式创新教材

快速平法识图与钢筋计算（第二版）

庞毅玲　余连月　主编
姚　琦　主审

U0291403

中国建筑工业出版社

图书在版编目（CIP）数据

快速平法识图与钢筋计算/庞毅玲，余连月主编.
—2版.—北京：中国建筑工业出版社，2023.9（2024.6重印）
住房和城乡建设部"十四五"规划教材　高等职业教
育土建类"互联网+"活页式创新教材
ISBN 978-7-112-28661-4

I.①快… II.①庞… ②余… III.①钢筋混凝土结
构—建筑构图—识图—高等职业教育—教材②钢筋混凝土
结构—结构计算—高等职业教育—教材　IV.①TU375

中国国家版本馆CIP数据核字（2023）第070876号

责任编辑：司　汉　李　阳
责任校对：张　颖

住房和城乡建设部"十四五"规划教材
高等职业教育土建类"互联网+"活页式创新教材

快速平法识图与钢筋计算（第二版）
庞毅玲　余连月　主编
　　　姚　琦　主审

＊

中国建筑工业出版社出版、发行（北京海淀三里河路9号）
各地新华书店、建筑书店经销
霸州市顺浩图文科技发展有限公司制版
北京市密东印刷有限公司印刷

＊

开本：787毫米×1092毫米　1/16　印张：21$\frac{1}{2}$　插页：8　字数：520千字
2023年7月第二版　2024年6月第三次印刷
定价：**68.00**元（赠教师课件）
ISBN 978-7-112-28661-4
　　（40985）

内容简介

本书是住房和城乡建设部"十四五"规划教材，入选 2022 年人力资源社会保障部国家级技工教育和职业培训教材目录，是活页式教材。全书分为 7 个教学情境，即：平法施工图通用知识、梁识图与钢筋计算、柱识图与钢筋计算、板识图与钢筋计算、剪力墙识图与钢筋计算、基础识图与钢筋计算、楼梯识图与钢筋计算。

本书是以一个框架剪力墙结构项目为载体，将平法识图的知识点、技能点，以工作过程结合教学理论和实践的方式，贯穿混凝土结构构件识图全过程。每个学习情境都由学习情境描述、学习目标、重难点、工作实施、评价反馈、学习内容（包含平法制图规则、钢筋构造和计算）、计算案例等部分组成，每个学习情境的构件均有图文并茂的详细钢筋计算案例共计 21 个，后附根据全书技能点和工作页设计的真实工程项目平法施工图。

本书可用作高职高专土建施工类专业结构识图类课程教材，也可用作建设工程管理类等专业相关课程教材、"1+X"建筑工程识图职业技能等级证书（中级）土建施工（结构）类专业教材和施工员、造价员等工程技术人员学习和培训的参考资料。

为了便于本课程教学，作者自制免费课件资源，索取方式为：1. 邮箱 jckj@cabp.com.cn；2. 电话（010）58337285；3. 建 工 书 院 http://edu.cabplink.com；4. QQ 交流群 768255992。

编者团队建设的 2022 年职业教育国家在线精品课程《混凝土结构平法施工图识读》已在国家职业教育智慧教育平台和智慧职教 MOOC 学院上线。

作者简介

庞毅玲，广西教学名师，广西建设职业技术学院国家双高专业群建筑工程技术专业负责人，教授、高级工程师。国家级职业教育教师教学（建筑信息模型与应用）创新团队骨干成员，全国建筑工程识图职业技能等级（1+X）证书专家库成员，获聘全国建设类院校施工技术应用技能大赛专家委员会成员。从事建筑工程专业教学和研究 20 余年，讲授《混凝土结构平法施工图识读》《钢筋实训》《Revit 土建 - 高级应用》等 15 门专业理论和实践课程，主持或参与国家级、省级纵向和横向课题 22 项，获省级教学成果一等奖 1 项，发表的 12 篇论文被 EI、北大中文核心、省级优秀期刊等收录，主持职业教育国家在线精品课程 1 门、省级高等职业学校课程思政示范课程 1 门、主编《BIM 技术应用》《建筑 CAD》等教材 6 部。近五年指导学生参加全国职业院校技能大赛高职组"建筑工程识图"赛项获一等奖 1 项、二等奖 2 项、三等奖 1 项、优秀指导教师奖 1 项。主持在广西高校教育教学软件大赛、广西高校教育教学信息化大赛、广西职业院校教学能力大赛等比赛获一等奖 3 项、二等奖 4 项、三等奖 2 项。其他获奖 30 余项。

全国"双高计划"建设单位
建筑工程技术专业高水平专业群
教材编审委员会

序

由广西建设职业技术学院等六所高职院校编写的《快速平法识图与钢筋计算》（第二版）等 10 部高等职业教育土建施工类专业活页式系列教材，是依据《国家职业教育改革实施方案》(国发〔2019〕4 号)倡导的"使用新型活页式、工作手册式教材"要求开发编写的。

该系列教材适应我国建筑产业现代化升级与建筑业新型工业化对高等职业教育土建施工类专业高素质技术技能人才的需求，定位准确、特色鲜明。该系列教材融入了新标准、新材料、新技术、新工艺，突出教育信息化和专业"数字化升级"对教材架构、教材内容、教材应用的新要求。

该系列教材积极推进以校企"双元"合作团队为编写骨干，以真实工程项目为教学载体，以职业岗位工作过程为驱动，以工作手册式及工作页为呈现方式的开发模式。突出行动导向和"做中学"的职业教育理念，并在教材配套教学资源建设方面进行了目标明确的整体设计。

该系列部分教材融入了"1+X"技能证书对相关技能的培训考评内容，在"书证融通、课证融通"方面进行了有益的探索。该系列部分教材在内容上与全国职业院校技能大赛进行对接，试图在"以赛促学、以赛促教、以赛促建"方面有所作为。

未来，该系列教材还要根据建筑业新的发展需求，择机增加教材的选题，并对具备修订条件的教材及时进行优化和完善，实现教材应用的"动态发展"态势。更好地服务广大高职院校土建施工类专业师生，为培养德智体美劳全面发展的社会主义建设者和接班人做出贡献。

国家"万人计划"教学名师

国家一级注册建筑师

二级教授

第二版前言

本书第一版是住房城乡建设部土建类学科专业"十三五"规划教材，后被评为住房和城乡建设部"十四五"规划教材，入选 2022 年人力资源社会保障部国家级技工教育和职业培训教材目录，是职业教育国家在线精品课程《混凝土结构平法施工图识读》的配套教材，是在第一版基础上修编而成的新型活页式、工作手册式教材。本书注重落实立德树人根本任务，促进学生成为德智体美劳全面发展的社会主义建设者和接班人。教材内容融入思想政治教育，推进中华民族文化自信自强。

本书分为 7 个教学情境，即：平法施工图通用知识、梁识图与钢筋计算、柱识图与钢筋计算、板识图与钢筋计算、剪力墙识图与钢筋计算、基础识图与钢筋计算、楼梯识图与钢筋计算，附录为一套南宁市 ×× 综合楼图纸。

本次所做的主要修订有：

（1）全面更新微课教学视频资源、提高质量，在更新原有 32 个资源的基础上新增资源 21 个，第二版教材共有微课视频资源 53 个。视频资源均为原创，由编者们精心拍摄制作，与教材知识点内容紧密结合，学习者可对照视频进行学习。

（2）教材建设紧跟国标图集更新步伐，2022 年 9 月正式执行 22G101 系列平法标准图集，编者全力以赴进行了教材更新和改版，第二版教材的内容依据《混凝土结构施工图平面整体表示方法制图规则和构造详图（现浇混凝土框架、剪力墙、梁、板）》22G101-1（简称《22G101-1》）、《混凝土结构施工图平面整体表示方法制图规则和构造详图（楼梯）》22G101-2（简称《22G101-2》）、《混凝土结构施工图平面整体表示方法制图规则和构造详图（独立基础、条形基础、筏形基础、桩基础）》22G101-3（简称《22G101-3》）图集内容进行全面更新，二维码微课视频资源也按照该系列平法标准图集进行了重拍和补拍，实现资源和教材同步更新。数字资源免费兑换方式，详见图书封底。

本书由广西建设职业技术学院庞毅玲、余连月主编，广西建设职业技术学院秦艳萍、龙全、梁鑫晓任副主编，罗六强、杨大平、孙兰欣、温世臣、黄志参编，重庆市市政设计研究院有限公司胡雪莲正高级工程师协助修订。广西建设职业技术学院姚琦教授担任本书主审，重庆大学的吴曙光博士、副教授、硕士生导师对书稿进行了校对，编者谨此表示衷心感谢。

由编者主讲的《混凝土结构平法施工图识读》课程是 2022 年职业教育国家在线精品课程，本课程建立了丰富的、开放式的助学、助教资源，欢迎学习者在线学习。

限于编者水平，书中错漏难免，恳请读者批评指正。

第一版前言

　　本教材是以《国家职业教育改革实施方案》（简称"职教 20 条"）为行动纲领，依据全国住房和城乡建设职业教育教学指导委员会土建施工类专业指导委员会 2016 年以来相继出台、现行的《建筑工程技术专业教学基本要求》《建筑工程技术专业教学标准》等教学指导文件和研究成果进行指导编写。并落实"国家中长期教育改革和发展规划纲要"的精神，逐步落实"教、学、做"一体的教学模式改革，教程内容对接岗位标准，把提高学生职业技能的培养放在教与学的突出位置上，强化能力的培养。

　　本教材为新型活页式并配套信息化资源的教材。主要围绕着建筑工程钢筋混凝土结构的平法制图规则和构造展开全面讲解，并对混凝土各构件进行详细的钢筋翻样计算举例，具体内容有：

　　1. 完整的混凝土结构各构件平法识图知识点。全面结合国家标准和图集进行讲解。本教材结合《混凝土结构施工图平面整体表示方法制图规则和构造详图》16G101、《混凝土结构设计规范》GB 50010—2010、《G101 系列图集常见问题答疑图解》17G101—11、《混凝土结构施工钢筋排布规则与构造详图》18G901、《建筑抗震设计规范》GB 50011—2010（2016 年版）、《高层建筑混凝土结构技术规程》JGJ 3—2010 等国家标准和规范对混凝土结构各构件进行了全面的讲解。涵盖混凝土结构各构件：混凝土框架结构、剪力墙结构、框架 - 剪力墙结构的所有受力构件进行了详细讲解，包括梁（框架梁、非框架梁、悬挑梁）、柱（框架柱）、剪力墙（剪力墙柱、剪力墙梁、剪力墙身、地下室外墙、剪力墙洞口等）、楼板、楼梯（所有楼梯类型）、基础（独立基础、梁板式筏形基础）。另外在全书中对一些图集没有的知识点做了详细解读，例如嵌固部位、结构标高等内容。

　　2. 设计基于工作过程的情景教学工作页。本教材为活页式教材，给每个构件的学习情境设计了基于工作过程的情景教学工作页，学生带着工作任务完成学习任务，完成工作任务单的过程即完成学习过程。除此之外，还有学习评价和学习反馈等内容。

　　3. 完整的混凝土构件钢筋计算案例。本教材为了贯穿所学知识点，使学生掌握平法识图的规则和构造，作者给每个学习情境特地设计了真实项目的钢筋翻样实例计算，并对案例里的知识点计算细节做了详尽的讲解和计算。

4. **丰富的教材立体化资源。** 作者为本书量身制作了高质量微课视频资源，并对每一个章节制作了高品质的课件。学习平法识图最大的难度就是对构件以及钢筋构造三维空间思维，本书用 BIM 技术制作了大量的三维模型和钢筋图代替原有的二维图。

5. **细致的混凝土结构知识点拓展。** 本教材根据学生的认知规律在知识点的构架上增加了很多知识点的拓展，全书站在读者的角度细致地分析读者的知识盲点和日后的知识拓展，通过翻阅规范和资料进行拓展讲解。

6. **原创的课后思考题训练模块。** 作者以实际工程识图需要和建筑市场人才需求出发，根据高职院校人才培养目标，结合图集以及相关规范，为读者知识巩固在每章节的后面附有多题原创思考题。

编者基于多年教学实践，在完成以上教学内容的同时，在编写本教材上做到了以下创新：

1. **以切合学生认知规律为导向模块划分课程结构。** 本教材按混凝土结构的构件模块，对应学生的认知规律依次展开工作任务驱动的教学环节，实现"学训结合"教学目的；每个章节和小结以平法识图岗位需求制定知识目标和能力目标，由目标统领教、学、训，切实做到"教学训"的统一；教材根据工作过程进行模块化划分单元，混凝土结构平法施工图基础知识结合结构基本构造知识、施工技术知识，培养学生看图、读图、懂图和钢筋翻样的综合能力。

2. **建设线上资源与线下教材密切配合的新形态一体化教材。** 纯纸质教材已无法满足信息化时代的需求，本教材专门量身打造完整知识点的施工图案例，并运用 BIM 相关软件建立了房屋结构模型、各构件钢筋模型、并实现模型漫游。学习者可以全方位、无死角的在这个典型案例中自由漫游，学习掌握构件模型、钢筋骨架的节点做法和构造要求，让一般教学手段难以讲明白的知识难点直观鲜活地呈现出来。课程学习网站与纸质教材结合构成新形态一体化教材，丰富线上资源，学习单元中的重点难点内容、拓展知识内容以微课形式呈现，可通过扫描二维码线上学习，便于学习者不受时空限制，反复观摩，达成学习效果。

3. **"1+X"建筑工程识图职业技能等级考核大纲标准引领教材建设。** "1+X"建筑工程识图职业技能等级证书（中级）土建施工（结构）类专业主要是平法识图知识内容，为了推动书证融通教学改革，将"1+X"职业技能等级证书内容及考核要求融入专业人才培养方案和课程体系，优化课程设置，深化复合型技术技能人才培养培训模式和评价模式改革，提高人才培养质量。教材改革必须先行，本教材全面覆盖"1+X"建筑工程识图职业技能等级证书的结构专业的知识点，为"1+X"证书制度的全面实施探索积累经验。

4. 课程思政引领的育人功能。坚持厚德精技，将马克思主义立场观点方法的教育与科学精神的培养结合，提高学生认识问题、分析问题、解决问题的能力。注重在识图及计算过程中，了解"世情、国情、党情"，建构科学思维逻辑培养学生探索未知、追求真理、勇攀科学高峰的责任感和使命感，增强对党的创新理论的政治认同、思想认同、理论认同、情感认同，更好、更自觉地为国家建设贡献力量。

5. 体现类型教育，突出职教特色。依据高职建筑工程技术专业教育培养目标、对接现行的国家工程规范、职业标准，以"实用、适用、先进"为原则，以培养学生职业能力为主线，以八大员岗位需求为目标，以建筑施工对应的职业标准为立足点，有机融入建筑行业岗位培训教材的内容，更注重基于理论的实践教学和能力培养，突出实用性和适用性，更强调了职业标准、岗位需求。

6. 活页式教材推进"三教"改革的教材建设。教材是"三教"改革中最重要的部分，2019 年 2 月，国务院正式发布了《国家职业教育改革实施方案》倡导使用新型活页式、工作手册式教材并配套开发信息化资源。2019 年 4 月，教育部职业教育与成人教育司发布的《职业教育与继续教育 2019 年工作要点》中的第 6 点"推进'三教'改革提高育人质量"里提到了"启动建设'十三五'职业教育国家规划教材，倡导使用新型活页式、工作手册式教材并配套信息化资源。"本教材建设依据以上要求完成编写。

全书由广西建设职业技术学院庞毅玲、余连月任主编，姚琦主审，秦艳萍、龙全、温世臣任副主编，罗六强、杨大平、陈丽任参编。附录工程图纸由庞毅玲、杨大平设计和绘图，余连月审定。原创微课、BIM 钢筋模型、课件等数字化资源由庞毅玲、余连月完成。课程思政由余连月、庞毅玲编写。

在本书的编写过程中，广西壮族自治区城乡规划设计院的王路生院长、教授级高级工程师，重庆大学的吴曙光博士、副教授、硕士生导师参与制订编写大纲并审稿。武汉真道智享科技有限公司提供了相关数字资源及技术支持。

本书凝练了编写组教师多年的教学经验和积累，在基于国家标准图集、标准规范及相关资料的基础上融入了资深教师对平法识图更深刻的理解，以实际工程为载体，书中增加了很多钢筋构造和计算案例，在此对各位支持本教材研发的同行深表感谢。

由于编写水平有限，对新规范的学习理解有限，书中尚有不足之处，在重印时教材会不断修正，恳请读者批评指正。

目录

学习情境 1
平法施工图
通用知识

引古喻今——日积月累

《荀子·劝学篇》中有云："故不积跬步，无以至千里；不积小流，无以成江海。骐骥一跃，不能十步；驽马十驾，功在不舍。锲而舍之，朽木不折；锲而不舍，金石可镂。"意思是不积累一步半步的行程，就没有办法到达千里之远；不积累细小的流水，就没有办法汇集成江河大海。骏马一跨跃，也不足十步远，劣马连走十天，它的成功在于不停止。如果刻几下就停下来了，那么腐朽的木头也刻不断；如果不停地刻下去，那么金石也能雕刻成功。

上面的故事告诉了我们不断积累和坚持不懈的重要性，建筑工程正是靠一砖一瓦的积累而成的。作为一位建筑人，要能正确识读施工图，正确理解设计意图，按图规范施工才能建设出高质量的工程，而学习平法施工图通用知识正是我们进行平法识图与钢筋计算的奠基石。勤劳睿智的中国人民创造了一个又一个的工程奇迹：万里长城、中国高铁、中国天眼、港珠澳大桥等，每一个成就都是日积月累、努力奋斗拼搏产生的。新时代的我们更要坚定自信、奋发图强、注重积累、开拓创新、重视细节、规范技术，为成为一名优秀的建筑工匠不懈努力！

学习情境描述

按照国家建筑标准设计图集《混凝土结构施工图平面整体表示方法制图规则和构造详图》22G101 系列有关平法的概念、适用的构件、钢筋种类与钢筋弯钩、环境类别与保护层厚度、钢筋锚固长度、纵向钢筋的连接、梁柱纵筋间距及梁并筋等知识，对附录中"南宁市 ×× 综合楼工程施工图"进行识读，使学生更好地理解有关钢筋种类、环境类别、保护层厚度、抗震等级、混凝土强度等级、钢筋锚固长度等内容，为进一步学习梁、柱、板、墙、基础、楼梯构件的平法施工图识读与钢筋计算打下基础。

学习目标

❶ 了解平法的概念，熟悉《22G101》系列图集适用的构件、钢筋"实际长度"与"设计长度"的关系，掌握钢筋工程量的计算方法。

❷ 熟悉钢筋种类字符的含义及符号，掌握钢筋末端弯钩的形式及规定、纵筋弯钩与机械锚固形式的构造要求、箍筋及拉筋的弯钩构造要求。

❸ 了解混凝土结构的环境类别，熟悉混凝土保护层厚度的定义，掌握混凝土保护层最小厚度的规定。

❹ 掌握受拉钢筋基本锚固长度 l_{ab}、抗震基本锚固长度 l_{abE}、锚固长度 l_a、抗震锚固长度 l_{aE} 的查找及计算方法。

❺ 熟悉钢筋连接的方式及特点，掌握各种连接方式的规范要求及计算方法。

❻ 熟悉梁、柱纵筋的间距要求，了解梁并筋及等效直径的概念。

任务分组

学生任务分配表 表 1-1

班级		组号		指导老师	
组长		学号			
组员	姓名	学号	姓名	学号	姓名	学号
任务分工						

1. 绪论

引导问题1：平法施工图是把结构构件的_____和_____等，按照_____表示方法_____，整体直接表达在各类构件的结构_____布置图上，再与_____相配合，构成一套完整的结构设计施工图纸。

引导问题2：《22G101-1》适用的构件是现浇混凝土_____、_____、_____、_____；《22G101-2》适用的构件是现浇混凝土_____；《22G101-3》适用的构件是_____、_____、_____、_____。

引导问题3：钢筋翻样的下料长度是按_____计算的，实际长度按钢筋_____长度计算，要考虑钢筋加工变形的_____和钢筋的位置关系等实际情况。计算钢筋工程量时，钢筋长度是按_____计算的，设计长度按钢筋_____计算，_____考虑钢筋加工变形的弯曲调整值。

引导问题4：钢筋工程量（t）=（Σ 各规格钢筋_____长度 × 各规格每米质量）/1000 式中，钢筋每米质量（kg/m）=_____。Φ20 的钢筋，每米质量 = _____kg/m。

2. 钢筋种类与钢筋弯钩

引导问题5：钢筋种类 HPB300 表示_____，符号是_____。

钢筋种类 HRB400 表示_____，符号是_____。

钢筋种类 HRBF400 表示_____，符号是_____。

钢筋种类 RRB400 表示_____，符号是_____。

引导问题6：钢筋弯钩的形式有 3 种：_____°弯钩、_____°弯钩和_____°弯钩。180°弯钩常用于_____钢筋末端，135°弯钩常用于_____、_____端头。

引导问题7：当纵筋不能满足直锚要求时，可采用钢筋末端带 90°弯钩的形式：

（1）充分利用钢筋的抗拉强度时，平直段长度≥_____，弯折段长度为_____，要求平直段伸至_____尽端。

（2）当锚固钢筋上部承受充分竖向压力（如框架_____层端节点处框架梁上、下部纵向钢筋的弯折锚固）时，平直段长度≥_____，弯折段长度为_____，要求平直段伸至_____尽端。

（3）当用于非框架梁、板简支端（设计按铰接时）上部钢筋的锚固时，平直段长度≥_____，弯折段长度为_____，要求平直段伸至_____尽端。

（4）框架顶层中柱顶纵向受力钢筋从梁底算起直段长度≥_____，弯折段长度为_____，要求竖直段伸至_____。

引导问题8：箍筋及拉筋弯钩的弯折角度均为_____°。抗震时，箍筋及拉筋弯钩的弯后平直段长度为_____和_____mm 的较大值；非抗震时，箍筋及拉筋弯钩的弯后平直段长度为_____。非框架梁以及不考虑地震作用的悬挑梁，箍筋及拉筋弯钩平直段长度可为_____；当其受扭时，弯钩平直段长度应为_____。基础梁通常是非抗震的，当基础构件受扭时，箍筋及拉筋弯钩平直段长度应为_____。

3. 环境类别与保护层厚度

引导问题9：阅读附录中的结施1——结构设计总说明，该工程的环境类别为_____。

引导问题10：混凝土保护层厚度是指_____钢筋外边缘至混凝土表面的距离。

引导问题11：南宁市××综合楼二～五层梁的混凝土保护层的最小厚度为_____mm、板的混凝土保护层的最小厚度为_____mm、柱的混凝土保护层的最小厚度为_____mm、剪力墙的混凝土保护层的最小厚度为_____mm。

引导问题12：南宁市××综合楼独立基础底面的混凝土保护层的最小厚度为_____mm、顶面和侧面的混凝土保护层的最小厚度为_____mm。

4. 钢筋锚固长度

引导问题13：受拉钢筋锚固长度包括：_____、_____、_____、_____。

引导问题14：影响钢筋抗震锚固长度 l_{aE} 的因素有_____。

引导问题15：受拉钢筋的锚固长度 l_a、l_{aE} 计算值不应小于_____mm。当钢筋在混凝土施工过程中易受扰动时，其锚固长度应乘以修正系数_____。四级抗震时，l_{aE} 等于_____。

引导问题16：三级抗震框架柱，混凝土强度等级为C30，纵筋为 8 ⊕ 20，其锚固长度 l_{aE} 为_____mm。

5. 纵向钢筋的连接

引导问题17：钢筋连接的方式有：_____、_____、_____三种。绑扎搭接同一连接区段的长度为_____，焊接连接同一连接区段的长度为_____且不小于_____mm，机械连接同一连接区段的长度为_____。同一连接区段内的受拉钢筋连接接头面积百分率不宜大于_____。

引导问题18：梁、柱的纵筋搭接区内应配置_____箍筋，搭接区内箍筋直径不应小于_____（d为搭接钢筋_____直径），间距不应大于_____mm及_____（d为搭接钢筋_____直径）。当受压钢筋直径大于25mm时，尚应在搭接接头两个端面外100mm的范围内各设置_____道箍筋。受拉钢筋 d >_____mm 和受压钢筋 d >_____mm 时，不宜采用绑扎搭接。

引导问题19：受拉钢筋的搭接长度不应小于_____mm。两根不同直径钢筋搭接时，取_____钢筋直径计算。

引导问题20：二级抗震框架结构，柱混凝土强度等级为C30，钢筋种类为HRB400，柱纵筋直径为14mm，钢筋搭接接头面积百分率为50%，柱纵筋的抗震搭接长度为_____mm。

6. 梁柱纵筋间距及梁并筋

引导问题21：梁上部纵筋之间的水平净距应≥_____mm 且≥_____。两排纵筋之间的净距应≥_____mm 且≥_____。

引导问题 22：当采用并筋时，构件中钢筋间距、钢筋锚固长度都应按并筋的_____直径计算，且并筋的锚固宜采用_____锚固。钢筋的搭接长度应按_____分别计算。

评价反馈

1. 学生进行自我评价，并将结果填入表 1-2 中。

学生自评表　　　　　　　　　　　表 1-2

班级：	姓名：		学号：	
学习情境 1	平法施工图通用知识			
评价项目	评价标准		分值	得分
绪论	了解平法的概念，熟悉《22G101》适用的构件、钢筋"实际长度"与"设计长度"的关系，掌握钢筋工程量的计算方法		10	
钢筋种类与钢筋弯钩	熟悉钢筋种类字符的含义及符号，掌握钢筋末端弯钩的形式及规定、纵筋弯钩与机械锚固形式的构造要求、箍筋及拉筋的弯钩构造要求		15	
环境类别与保护层厚度	了解混凝土结构的环境类别，熟悉混凝土保护层厚度的定义，掌握混凝土保护层最小厚度的规定		10	
钢筋锚固长度	掌握受拉钢筋基本锚固长度 l_{ab}、抗震基本锚固长度 l_{abE}、锚固长度 l_a、抗震锚固长度 l_{aE} 的查找及计算方法		15	
纵向钢筋的连接	熟悉钢筋连接的方式及特点，掌握各种连接方式的规范要求及计算方法		15	
梁柱纵筋间距及梁并筋	熟悉梁、柱纵筋的间距要求，了解梁并筋及等效直径的概念		5	
工作态度	态度端正，无无故缺勤、迟到、早退现象		10	
工作质量	能按计划完成工作任务		5	
协调能力	与小组成员之间能合作交流、协调工作		5	
职业素质	能做到保护环境，爱护公共设施		5	
创新意识	通过阅读附录中的"结施 1 结构设计说明"，能更好地理解有关环境类别、保护层厚度、抗震等级、混凝土强度等级、钢筋种类等的图纸内容，并写出图纸的会审记录		5	
合计			100	

2. 学生以小组为单位进行互评，并将结果填入表 1-3 中。

学生互评表　　　　　　　　　　　表 1-3

班级：		小组：				
学习情境 1		平法施工图通用知识				
评价项目	分值	评价对象得分				
绪论	10					
钢筋种类与钢筋弯钩	15					

评价项目	分值	评价对象得分				
环境类别与保护层厚度	10					
钢筋锚固长度	15					
纵向钢筋的连接	15					
梁柱纵筋间距及梁并筋	5					
工作态度	10					
工作质量	5					
协调能力	5					
职业素质	5					
创新意识	5					
合计						

3. 教师对学生工作过程与结果进行评价，并将结果填入表 1-4 中。

教师综合评价表　　　　　　　　　　表 1-4

班级：　　　　　　　姓名：　　　　　　　　学号：

学习情境 1	平法施工图通用知识		
评价项目	评价标准	分值	得分
绪论	了解平法的概念，熟悉《22G101》适用的构件、钢筋"实际长度"与"设计长度"的关系，掌握钢筋工程量的计算方法	10	
钢筋种类与钢筋弯钩	熟悉钢筋种类字符的含义及符号，掌握钢筋末端弯钩的形式及规定、纵筋弯钩与机械锚固形式的构造要求、箍筋及拉筋的弯钩构造要求	15	
环境类别与保护层厚度	了解混凝土结构的环境类别，熟悉混凝土保护层厚度的定义，掌握混凝土保护层最小厚度的规定	10	
钢筋锚固长度	掌握受拉钢筋基本锚固长度 l_{ab}、抗震基本锚固长度 l_{abE}、锚固长度 l_a、抗震锚固长度 l_{aE} 的查找及计算方法	15	
纵向钢筋的连接	熟悉钢筋连接的方式及特点，掌握各种连接方式的规范要求及计算方法	15	
梁柱纵筋间距及梁并筋	熟悉梁、柱纵筋的间距要求，了解梁并筋及等效直径的概念	5	
工作态度	态度端正，无无故缺勤、迟到、早退现象	10	
工作质量	能按计划完成工作任务	5	
协调能力	与小组成员之间能合作交流、协调工作	5	
职业素质	能做到保护环境，爱护公共设施	5	
创新意识	通过阅读附录中的"结施 1 结构设计说明"，能更好地理解有关环境类别、保护层厚度、抗震等级、混凝土强度等级、钢筋种类等的图纸内容，并写出图纸的会审记录	5	
合计		100	
综合评价	自评（20%）　　小组互评（30%）　　教师评价（50%）	综合得分	

1.1 绪 论

1-1
绪论

1.1.1 "平法"的概念及本教材研究的内容

"平法"是混凝土结构施工图平面整体表示方法的简称。"平法"的特点：一是"平面表示"，二是"整体标注"。

平法施工图是把结构构件的尺寸和配筋等，按照平面整体表示方法制图规则，整体直接表达在各类构件的结构平面布置图上，再与标准构造详图相配合，构成一套完整的结构设计施工图纸。

"平法"的实质，是把结构设计师的创造性劳动与重复性劳动区分开来，一方面，把结构设计中的重复性部分，做成标准化的构造详图；另一方面，把结构设计中的创造性部分，使用标准化的设计表示法"平法"进行设计，从而达到简化设计的目的。使用"平法"设计施工图以后，结构设计工作简化了、图纸减少了、设计的速度也加快了。但是，给施工和预算带来了麻烦。以前的图纸有构件的大样图和钢筋表，照表下料、按图绑扎就可以完成施工任务。钢筋表还给出了钢筋重量的汇总数值，方便进行工程预算。

现在的平法施工图上所有构件的大样图要根据施工图上的平法标注，结合《22G101》图集给出的构造详图去进行想象，钢筋表更是要自己去把每根钢筋的形状和尺寸逐一计算出来。识读平法施工图不仅要学会平法识图，要看懂平法施工图上标注的各种符号，正确理解设计的意图，并且能够结合《22G101》图集上相应的构造要求，计算出钢筋的形状、尺寸和数量。这些正是本教材要解决的一个重要任务。

1.1.2 "平法识图与钢筋计算"课程的任务及特点

1. 课程的简介

本课程是建筑工程技术专业的一门核心职业技能课。毕业生就业的主要岗位：施工员、质检员、造价员、监理员等，都对混凝土结构平法施工图识读有一定的要求。平法施工图的识读贯穿建筑工程项目建设的全过程。因此，具备平法施工图识读能力是建筑工程技术专业、建筑工程监理专业、建筑工程造价管理专业等学生从事职业工作必备的基本素质和能力。

2. 课程的任务

按照国家建筑标准设计图集《混凝土结构施工图平面整体表示方法制图规则和构造详图》22G101 系列知识对南宁市 ×× 综合楼工程的平法施工图进行识读，能正确识读钢筋混凝土梁、柱、板、墙、基础、楼梯的平法施工图，正确理解设计意图；掌握钢筋混凝土梁、柱、板、墙、基础、楼梯的钢筋构造要求，能正确计算这些构件中各类钢筋的设计长度及数量，为进一步计算构件的钢筋工程量、编写钢筋下料单打下基础，同时为能胜任施工现场管理中钢筋绑扎安装质量检查的工作打下基础。通过课程的学习，培养学生具备零距离上岗的专业能力和素质。

3. 课程的特点

本课程对学生学习后续的专业课程（建筑施工技术、建筑施工组织、建筑工程计量与计价等）影响较大，因此，必须好好学习，为更好地学习后续课程打下良好的基础。另外，本课程具有技术性、实践性和规范性较强等特点，在学习的过程中应坚持理论联系实际，突出以应用为重点，加强培养实际动手能力，采用边学边练、学练结合的学习方法。

1.1.3 平法施工图设计依据的图集

《22G101》系列图集包括三本：《混凝土结构施工图平面整体表示方法制图规则和构造详图（现浇混凝土框架、剪力墙、梁、板）》22G101-1、《混凝土结构施工图平面整体表示方法制图规则和构造详图（现浇混凝土板式楼梯）》22G101-2、《混凝土结构施工图平面整体表示方法制图规则和构造详图（独立基础、条形基础、筏形基础、桩基础）》22G101-3。

每一本图集主要包括两部分内容：第一部分是平法施工图的制图规则，第二部分是标准构造详图。平法施工图的制图规则指导设计人员要按照规则来设计图纸，解决平法施工图的识读方法问题；标准构造详图是构件的各种钢筋在实际工程中可能出现的各种构造情况，要根据图纸的实际情况判别使用合适的构造详图，解决构件的钢筋放置位置及钢筋长度的计算问题。

1.1.4 钢筋计算业务的主要内容

在实际工程中，钢筋计算业务主要内容有：施工现场的钢筋翻样（编制钢筋下料单）、工程造价计算的钢筋工程量。

1. 钢筋翻样（编制钢筋下料单）

要根据设计图纸、标准图集、施工规范、钢筋出厂时的定尺长度等计算出每根钢筋的形状和细部尺寸，以"实际长度"计算，还要考虑钢筋制作时的"弯曲调整值"。这是钢筋工或钢筋翻样人员等现场施工人员需要做的工作。其关注点是要满足施工质量要求、方便施工、降低成本等。

2. 工程造价计算的钢筋工程量

要根据设计图纸、标准图集、施工规范、工程量清单或定额的工程量计算规则要求等计算出每根钢筋的长度及根数，以"设计长度"计算，最后计算出钢筋工程量（t）。这是预算人员、审计人员、监理人员需要做的工作。其关注点是计算工程的钢筋用量，确定工程造价。

钢筋翻样的下料长度是按"实际长度"计算的，实际长度按钢筋中心线长度计算，要考虑钢筋加工变形的弯曲调整值和钢筋的位置关系等实际情况。而计算钢筋工程量时，钢筋长度是按"设计长度"计算的，设计长度按钢筋外皮计算，不考虑钢筋加工变形的弯曲调整值。钢筋设计长度与实际长度的关系如图1-1所示。

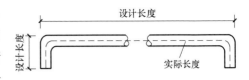

图1-1 钢筋设计长度与实际长度示意

不管采用哪一种钢筋计算业务，首先要熟悉平法施工图的制图规则，能够正确地识读平法施工图；其次要根据钢筋的构造要求，计算出构件中各类钢筋的设计长度及数量，才能进一步计算钢筋工程量或者编写钢筋下料单。而计算构件中各类钢筋的设计长度及数量是最困难的一步，这也是本教材主要要解决的问题，希望这本教材的内容能够满足施工人员、预算人员、审计人员、监理人员等读者的需求。

1.1.5 钢筋工程量的计算方法

钢筋工程量是以质量（t）表示的，计算时，一般先计算出公斤数（kg），汇总后，再换算成吨（t）。计算公式如下：

钢筋工程量（t）=Σ（各规格钢筋设计长度 × 各规格每米质量）/1000　　　　（1-1）

式中，钢筋每米质量（kg/m）=$0.00617d^2$，d为钢筋直径（mm）。

例：Φ10 的钢筋，每米质量 =0.00617×10^2=0.617kg/m

钢筋每米质量也可直接查表1-5。

钢筋每米质量表　　　　　　　　表1-5

直径（mm）	4	6	6.5	8	10	12	14
每米质量（kg/m）	0.099	0.222	0.260	0.395	0.617	0.888	1.21
直径（mm）	16	18	20	22	25	28	32
每米质量（kg/m）	1.58	2.00	2.47	2.98	3.85	4.83	6.31

实际工程中，手工计算钢筋工程量是通过钢筋计算表来完成的，钢筋计算表的填写示例见表1-6。

钢筋计算表填写示例　　　　　　表1-6

工程名称：××办公楼　　　　　　　　　　　　　　　　　　　第 × 页共 ×× 页

构件名称（数量）	编号	简图（mm）	直径（mm）	单根长度（m）	数量（根）		质量		备注
					每个构件	合计	每米质量（kg/m）	总质量（kg）	
J4（5）	①	2120	Φ12	2.12	19	95	0.888	178.84	
	②	2720	Φ12	2.72	2	10	0.888	24.15	
	③	2520	Φ12	2.52	13	65	0.888	145.45	

构件名称（数量）	编号	简图（mm）	直径（mm）	单根长度（m）	数量（根）		质量		备注
					每个构件	合计	每米质量（kg/m）	总质量（kg）	
……									
本页小计			Φ10 以内					0	
			Φ10 以上					348.44	

注：总质量 = 单根长度 × 合计数量 × 每米质量。

例：①号钢筋总质量 =2.12×95×0.888=178.84kg。

1.2 钢筋种类与钢筋弯钩

1.2.1 钢筋种类

1. 按钢筋的外形分类

（1）光圆钢筋。光面圆形截面的钢筋。

（2）带肋钢筋。分为月牙肋和等高肋钢筋等。

（3）钢丝。通常将直径在 5mm 以下的钢筋称为钢丝。

2. 按生产工艺分类

（1）热轧钢筋。热轧钢筋是经热轧成型并自然冷却的成型钢筋，分为热轧光圆钢筋（HPB300）和热轧带肋钢筋两种。热轧带肋钢筋包括普通热轧钢筋（HRB400、HRB500）和细晶粒热轧钢筋（HRBF400、HRBF500）。在《钢筋混凝土用钢 第 2 部分：热轧带肋钢筋》GB/T 1499.2—2018 中还提供了牌号带"E"的钢筋：HRB400E、HRB500E、HRBF400E、HRBF500E。《混凝土结构工程施工质量验收规范》GB 50204—2015 中明确规定，对按一、二、三级抗震等级设计的框架和斜撑构件（这类构件包括框架梁、框架柱、转换梁、转换柱、板柱 - 抗震墙的柱，以及伸臂桁架的斜撑、框架中楼梯的梯段等）中的纵向受力普通钢筋应采 HRB400E、HRB500E、HRBF400E 或 HRBF500E 钢筋。

热轧钢筋符号的含义："H"表示"热轧"，"P"表示"光圆"，"R"表示"带肋"，"F"表示"细晶粒"，"B"表示钢筋，数字表示钢筋的屈服强度。如：300 表示钢筋的屈服强度为 300MPa。在结构施工图中，为了便于标注和识别钢筋，每一等级的钢筋都用一个符号表示，如：HPB300 级钢筋用"φ"表示，HRB400 级钢筋用"Φ"表示，HRB500 级钢筋用"Φ"表示等。

（2）余热处理钢筋。余热处理钢筋是经热轧后立即穿水进行表面控制冷却，再利用芯部余热完成回火处理所得的成品钢筋。钢筋混凝土常用的余热处理钢筋是 RRB400 级。

钢筋符号的含义：第一个"R"表示"余热"、第二个"R"表示"带肋"、"B"表示钢筋、400表示钢筋的屈服强度为400MPa。RRB400级钢筋用符号"Φ^R"表示。

（3）冷拉钢筋。为了提高钢筋的强度及节约钢筋，施工现场上按施工规程，对热轧钢筋进行冷拉。方法是：在常温下将钢筋拉伸至超过其屈服强度的某一应力点，然后卸荷至0，使钢筋内部组织结构发生变化，从而提高其强度。

（4）冷轧带肋钢筋。冷轧带肋钢筋是采用普通低碳钢筋或低合金热轧的圆盘条钢筋为母材，经冷轧减径后在其表面冷轧成两面或三面有肋的钢筋。该钢筋按抗拉强度分为5级，代号为CRB550、CRB650、CRB800、CRB970和CRB1170。钢筋符号的含义："C"表示"冷轧"、"R"表示"带肋"、"B"表示钢筋、后面的数字表示钢筋的抗拉强度。

3. 按《22G101》系列图集分类，钢筋种类及符号见表1-7。

钢筋种类及符号表示汇总表　　　　　　　　　　　　　表1-7

钢筋种类	名　称	符号
HPB300	热轧光圆钢筋（屈服强度300MPa）	Φ
HRB400	普通热轧带肋钢筋（屈服强度400MPa）	Φ
HRBF400	细晶粒热轧带肋钢筋（屈服强度400MPa）	Φ^F
RRB400	余热处理带肋钢筋（屈服强度400MPa）	Φ^R
HRB500	普通热轧带肋钢筋（屈服强度500MPa）	Φ
HRBF500	细晶粒热轧带肋钢筋（屈服强度500MPa）	Φ^F

1.2.2　钢筋弯钩

1. 钢筋末端弯钩的形式

为了加强钢筋与混凝土之间的粘结、锚固，钢筋骨架中的一些受力钢筋末端要做成弯钩。钢筋弯钩的形式有3种：180°弯钩、90°弯钩和135°弯钩，如图1-2所示。180°弯钩常用于光圆钢筋末端，90°弯钩常用于柱钢筋的下部、箍筋中，135°弯钩常用于箍筋、拉筋端头。

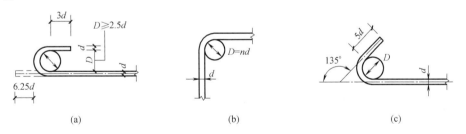

(a)　　　　　　　　　　(b)　　　　　　　　　　(c)

图1-2　钢筋弯钩的形式

（a）光圆钢筋末端180°弯钩；（b）90°弯钩；（c）135°弯钩

钢筋末端弯钩都要做成圆弧形过渡，弯曲的内圆直径称为弯弧内直径，一般要求弯弧内直径D不小于钢筋直径的2.5~4倍。过弯心圈的切点到弯钩末端，称为平直段长度，为了保证钢筋锚固的可靠性，平直段长度不宜小于 3d（d 为钢筋的直径）。

2. 光圆钢筋 180°弯钩的有关规定

（1）光圆钢筋是指 HPB300 级钢筋，由于钢筋表面光滑，主要靠摩阻力锚固，锚固强度很低，一旦发生滑移即被拔出，因此光圆钢筋末端应做 180°弯钩。但作受压钢筋时可不做 180°弯钩，以及作板的分布钢筋（不作为抗温度收缩钢筋使用），或者按构造详图已经设有直钩时，可不再设 180°弯钩。

（2）HPB300 级光圆钢筋末端做 180°弯钩时，弯弧内直径 D 不应小于 2.5d（d 为钢筋直径），弯钩的弯后平直段长度不应小于 3d，180°弯钩需在锚固长度基础上增加长度 6.25d，如图 1-2（a）所示。

3. 弯弧内直径 D 的有关规定

（1）光圆钢筋，不应小于钢筋直径的 2.5 倍。

（2）400MPa 级带肋钢筋，不应小于钢筋直径的 4 倍。

（3）500MPa 级带肋钢筋，当直径 d≤25mm 时，不应小于钢筋直径的 6 倍；当直径 d>25mm 时，不应小于钢筋直径的 7 倍。

（4）位于框架结构顶层端节点处的梁上部纵向钢筋和柱外侧纵向钢筋，在节点角部弯折处，当钢筋直径 d≤25mm 时，不应小于钢筋直径的 12 倍；当直径 d>25mm 时，不应小于钢筋直径的 16 倍。

（5）箍筋弯折处尚不应小于纵向受力钢筋直径；箍筋弯折处纵向受力钢筋为搭接或并筋时，应按钢筋实际排布情况确定箍筋弯弧内直径。

4. 纵向钢筋（纵筋）弯钩与机械锚固形式

（1）纵向钢筋弯钩与机械锚固形式（图 1-3）。

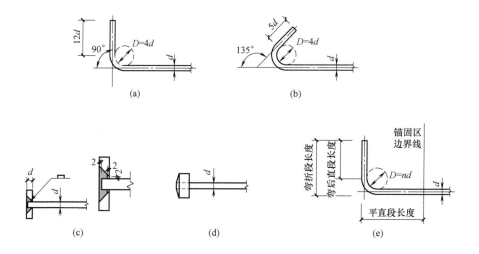

图 1-3　纵向钢筋弯钩与机械锚固形式

（a）末端带 90°弯钩；（b）末端带 135°弯钩；（c）末端与锚板穿孔塞焊；
（d）末端带螺栓锚头；（e）钢筋 90°弯折锚固示意

（2）纵向钢筋弯钩与机械锚固构造要点

1）弯钩及机械锚固主要是利用受力钢筋端部锚头（弯钩、焊接锚板或螺栓锚头）对混凝土的局部挤压作用加大锚固承载力，可以有效减小锚固长度。当纵向受拉普通钢筋末端采用弯钩或机械锚固措施时，包括弯钩或锚固端头在内的锚固长度（投影长度）可取为基本锚固长度的 60%，即锚固长度（投影长度）$\geqslant 0.6l_{abE}$。

2）这几种弯钩与机械锚固形式的主要用途。

① 末端带 90° 弯钩形式，可用于框架梁、框架柱、板、剪力墙等支座节点处的锚固，当用于截面侧边、角部偏置锚固时，端头弯钩应向截面内侧偏斜。《22G101》系列图集中，当纵向受力钢筋不能满足直锚要求时，可采用钢筋末端带 90° 弯钩的形式，主要有以下几种：

A. 当用于直锚长度不足，且充分利用钢筋的抗拉强度时，平直段长度 $\geqslant 0.6l_{abE}$，弯折段长度为 $15d$，平直段宜伸至支座尽端。

B. 当锚固钢筋上部承受充分竖向压力（如框架中间层端节点处框架梁上、下部纵向钢筋的弯折锚固）时，平直段长度 $\geqslant 0.4l_{abE}$，弯折段长度为 $15d$，平直段宜伸至支座尽端。

C. 当用于非框架梁、板简支端（设计按铰接）上部钢筋的锚固时，平直段长度 $\geqslant 0.35l_{ab}$，弯折段长度为 $15d$，平直段宜伸至支座尽端。

D. 框架顶层中柱顶纵向受力钢筋从梁底算起平直段长度 $\geqslant 0.5l_{abE}$，弯折段长度为 $12d$，要求竖直段伸至柱顶。

② 末端带 135° 弯钩形式，可用于非框架梁、板支座节点处的锚固。当用于截面侧边、角部偏置锚固时，端头弯钩应向截面内侧偏斜。

③ 末端与钢板穿孔塞焊及末端带螺栓锚头的形式，可用于任何情况，但需注意螺栓锚头和焊接钢板的承压面积不应小于锚固钢筋截面面积的 4 倍，且应满足间距要求，钢筋净距小于 $4d$ 时应考虑群锚效应的不利影响。

3）受压钢筋不应采用末端弯钩的锚固形式。

4）焊缝和螺纹的长度应满足承载力的要求；螺栓锚头的规格应符合相关标准的要求。

5）标准构造详图中标注的钢筋端部弯折段长度 $15d$ 均为 400MPa 级钢筋的"弯折段长度"。当采用 500MPa 级带肋钢筋时，应保证钢筋锚固"弯后直段长度"和弯弧内直径的要求。"弯折段长度"及"平直段长度"均指包括弯弧在内的投影长度，如图 1-3（e）所示。

1.2.3 箍筋及拉筋弯钩构造

1. 箍筋及拉筋弯钩标准构造详图

箍筋及拉筋弯钩标准构造详图，如图 1-4 所示。

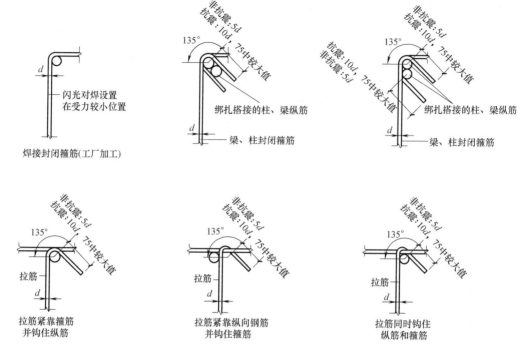

图 1-4　箍筋及拉筋弯钩构造

2. 箍筋及拉筋弯钩构造要点

（1）焊接封闭箍筋的构造要点

1）焊接封闭箍筋宜采用闪光对焊，每个箍筋的焊接连接点数量应为 1 个，焊点宜位于多边形箍筋的某边中部，且距离弯折处的位置不小于 100mm。

2）矩形柱箍筋焊点宜设在柱短边，等边多边形柱箍筋焊点可设在任一边。

3）梁箍筋焊点应设置在顶部或底部。

4）箍筋焊点应沿纵向受力钢筋方向错开布置。

（2）非焊接封闭箍筋的构造要点

1）箍筋及拉筋弯钩的弯折角度均为 135°，抗震时，箍筋及拉筋弯钩的弯后平直段长度为 10d 和 75mm 的较大值（d 为箍筋或拉筋直径）；非抗震时，箍筋及拉筋弯钩的弯后平直段长度为 5d。通常框架柱、框架梁按设计要求都是抗震的。非框架梁以及不考虑地震作用的悬挑梁，箍筋及拉筋弯钩平直段长度可为 5d；当其受扭时，弯钩平直段长度应为 10d。基础梁通常是非抗震的，当基础构件受扭时，箍筋及拉筋弯钩平直段长度应为 10d。

2）拉筋弯钩构造做法有三种：拉筋同时勾住纵筋和箍筋、拉筋紧靠纵筋并勾住箍筋、拉筋紧靠箍筋并勾住纵筋，采用何种形式由设计指定。

3）基础梁箍筋复合方式如图 1-5 所示。

3. 拉结筋构造

拉结筋构造如图 1-6 所示。

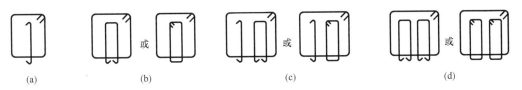

图 1-5　基础梁箍筋复合方式

（a）三肢箍；（b）四肢箍；（c）五肢箍；（d）六肢箍

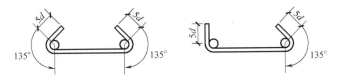

图 1-6　拉结筋构造

　　拉结筋构造要点：拉结筋用于剪力墙分布钢筋的拉结，宜同时勾住外侧水平及竖向分布钢筋。拉结筋有两种做法：一种做法是两端均弯折 135°；另一种做法是一端弯折 135°，另一端弯折 90°，拉结筋弯钩平直段长度均为 5d（d 为拉结筋直径）。

　　4. 螺旋箍筋构造

　　螺旋箍筋构造如图 1-7 所示。

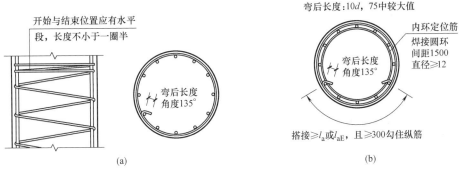

图 1-7　螺旋箍筋构造

（a）螺旋箍筋端部构造；（b）螺旋箍筋搭接构造

1-3
环境类别与
保护层厚度

　　螺旋箍筋构造要点：螺旋箍筋或圆柱环状箍筋的搭接长度 $\geq l_{aE}$（l_a），且 $\geq$ 300mm，末端做 135° 弯钩。箍筋弯钩平直段长度不应小于箍筋直径的 10 倍和 75mm 两者中的较大值。

1.3　环境类别与保护层厚度

1.3.1　混凝土结构的环境类别

　　影响混凝土结构耐久性最重要的因素就是环境，环境类别应根据其对混凝土结构耐久性的影响而确定。通常在图纸的结构设计说明中会注明工程所处的环境类别。混凝土结构环境类别是指混凝土暴露表面所处的环境条件，其划分见表1-8。

混凝土结构环境类别 表 1-8

环境类别	条件
一	室内干燥环境； 无侵蚀性静水环境
二 a	室内潮湿环境； 非严寒和非寒冷地区的露天环境； 非严寒和非寒冷地区与无侵蚀性的水或土壤直接接触的环境； 严寒和寒冷地区的冰冻线以下与无侵蚀性的水或土壤直接接触的环境
二 b	干湿交替环境； 水位频繁变动环境； 严寒和寒冷地区的露天环境； 严寒和寒冷地区的冰冻线以上与无侵蚀性的水或土壤直接接触的环境
三 a	严寒和寒冷地区冬季水位变动区环境； 受除冰盐影响环境； 海风环境
三 b	盐渍土环境； 受除冰盐作用环境； 海岸环境
四	海水环境
五	受人为或自然的侵蚀性物质影响的环境

注：1. 室内潮湿环境是指构件表面经常处于结露或湿润状态的环境。
2. 严寒和寒冷地区的划分应符合现行标准《民用建筑热工设计规范》GB 50176 的有关规定。
3. 海岸环境和海风环境宜根据当地情况，考虑主导风向及结构所处迎风、背风部位等因素的影响，由调查研究和工作经验确定。
4. 受除冰盐影响环境是指受到除冰盐盐雾影响的环境；受除冰盐作用环境是指被除冰盐溶液溅射的环境以及使用除冰盐地区的洗车房、停车楼等建筑。
5. 暴露的环境是指混凝土结构表面所处的环境。

1.3.2 钢筋的混凝土保护层厚度

混凝土构件必须要有足够的混凝土保护层厚度，才能保护钢筋免遭侵蚀，增加钢筋与混凝土之间的粘结锚固，保证混凝土结构的耐久性。

1. 混凝土保护层厚度的定义

混凝土保护层厚度，是指构件最外层钢筋（箍筋、构造筋、分布筋等）外边缘至混凝土表面的距离。各类构件保护层厚度示意如图1-8所示。

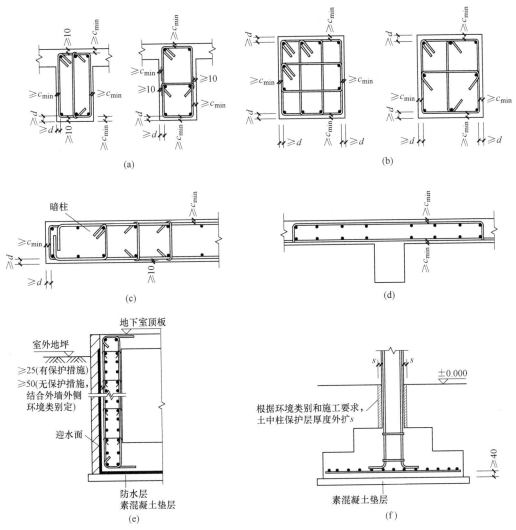

图 1-8 混凝土保护层厚度示意图

（注：d 为所标尺寸线处受力钢筋直径；保护层的最小厚度 c_{min} 见表 1-9）

（a）梁保护层厚度；（b）柱保护层厚度；（c）剪力墙保护层厚度；（d）板保护层厚度；

（e）地下室外墙保护层厚度；（f）独立基础保护层厚度

2. 混凝土保护层最小厚度的规定

《22G101》系列图集规定混凝土保护层的最小厚度见表 1-9。

混凝土保护层的最小厚度 c_{min}（mm）　　　　　　　　　　表 1-9

环境类别	板、墙		梁、柱		基础梁（顶面和侧面）		独立基础、条形基础、筏形基础（顶面和侧面）	
	≤C25	≥C30	≤C25	≥C30	≤C25	≥C30	≤C25	≥C30
一	20	15	25	20	25	20	—	—
二 a	25	20	30	25	30	25	25	20

环境类别	板、墙		梁、柱		基础梁（顶面和侧面）		独立基础、条形基础、筏形基础（顶面和侧面）	
	≤ C25	≥ C30	≤ C25	≥ C30	≤ C25	≥ C30	≤ C25	≥ C30
二 b	30	25	40	35	40	35	30	25
三 a	35	30	45	40	45	40	35	30
三 b	45	40	55	50	55	50	45	40

注：1. 表中混凝土保护层厚度指构件最外层钢筋外边缘至混凝土表面的距离，适用于设计使用年限为 50 年的混凝土结构。

2. 构件中受力钢筋的保护层厚度不应小于钢筋的公称直径。

3. 设计使用年限为 100 年的混凝土结构，一类环境中，最外层钢筋的保护层厚度不应小于表中数值的 1.4 倍；二、三类环境中，应采取专门的有效措施。

4. 钢筋混凝土基础宜设置混凝土垫层，基础底面钢筋的保护层厚度，有混凝土垫层时应从垫层顶面算起，且不应小于 40mm；无垫层时，不应小于 70mm。

5. 桩基承台及承台梁：承台底面钢筋的混凝土保护层厚度，有混凝土垫层时，不应小于 50mm，无垫层时不应小于 70mm；此外尚不应小于桩头嵌入承台内的长度。

【例 1-1】某框架梁，设计使用年限为 50 年，所处环境类别为一类环境，混凝土强度等级为 C25，箍筋直径为 φ 8，梁纵筋直径为 φ 22。求该框架梁的混凝土保护层最小厚度。

【解】查表 1-9 可知，框架梁的混凝土保护层最小厚度为 25mm。

1.4 钢筋锚固长度

钢筋混凝土结构中钢筋能够受力，主要是依靠钢筋和混凝土之间的粘结锚固作用，因此钢筋的锚固是混凝土结构受力的基础，如果锚固失效，则结构将丧失承载能力并由此导致结构破坏。为保证构件内的钢筋能够很好地受力，防止钢筋从混凝土中被拔出，钢筋伸入支座内的长度需要达到一定的长度，此长度称为锚固长度。

1-4
钢筋锚固长度

受拉钢筋锚固长度包括：基本锚固长度 l_{ab}、抗震基本锚固长度 l_{abE}、锚固长度 l_a、抗震锚固长度 l_{aE}。其中 l_a、l_{aE} 用于钢筋直锚或总锚固长度情况，l_{ab}、l_{abE} 用于钢筋弯折锚固或机械锚固情况。这些钢筋锚固长度在《22G101》系列图集中均可查相应的表格。

1. 受拉钢筋基本锚固长度

受拉钢筋基本锚固长度 l_{ab} 见表 1-10、抗震基本锚固长度 l_{abE} 见表 1-11。

2. 受拉钢筋锚固长度

受拉钢筋锚固长度 l_a 见表 1-12、抗震锚固长度 l_{aE} 见表 1-13。

受拉钢筋基本锚固长度 l_{ab} 表 1-10

钢筋种类	混凝土强度等级							
	C25	C30	C35	C40	C45	C50	C55	≥C60
HPB300	$34d$	$30d$	$28d$	$25d$	$24d$	$23d$	$22d$	$21d$
HRB400、HRBF400、RRB400	$40d$	$35d$	$32d$	$29d$	$28d$	$27d$	$26d$	$25d$
HRB500、HRBF500	$48d$	$43d$	$39d$	$36d$	$34d$	$32d$	$31d$	$30d$

抗震设计时受拉钢筋基本锚固长度 l_{abE} 表 1-11

钢筋种类	抗震等级	混凝土强度等级							
		C25	C30	C35	C40	C45	C50	C55	≥C60
HPB300	一、二级	$39d$	$35d$	$32d$	$29d$	$28d$	$26d$	$25d$	$24d$
	三级	$36d$	$32d$	$29d$	$26d$	$25d$	$24d$	$23d$	$22d$
HRB400 HRBF400	一、二级	$46d$	$40d$	$37d$	$33d$	$32d$	$31d$	$30d$	$29d$
	三级	$42d$	$37d$	$34d$	$30d$	$29d$	$28d$	$27d$	$26d$
HRB500 HRBF500	一、二级	$55d$	$49d$	$45d$	$41d$	$39d$	$37d$	$36d$	$35d$
	三级	$50d$	$45d$	$41d$	$38d$	$36d$	$34d$	$33d$	$32d$

注：1. 四级抗震时，$l_{abE}=l_{ab}$。见表 1-10。

2. 混凝土强度等级应取锚固区值。

3. 当锚固钢筋的保护层厚度不大于 $5d$ 时，锚固钢筋长度范围内应设置横向构造钢筋，其直径不应小于 $d/4$（d 为锚固钢筋的最大直径）；对梁、柱等构件间距不应大于 $5d$，对板、墙等构件间距不应大于 $10d$，且均不应大于 100mm（d 为锚固钢筋的最小直径）。

受拉钢筋锚固长度 l_a 表 1-12

钢筋种类	混凝土强度等级															
	C25		C30		C35		C40		C45		C50		C55		≥C60	
	$d\leqslant25$	$d>25$	$d\leqslant25$	$d>25$	$d\leqslant25$	$d>25$	$d\leqslant25$	$d>25$	$d\leqslant25$	$d>25$	$d\leqslant25$	$d>25$	$d\leqslant25$	$d>25$	$d\leqslant25$	$d>25$
HPB300	$34d$	—	$30d$	—	$28d$	—	$25d$	—	$24d$	—	$23d$	—	$22d$	—	$21d$	—
HRB400、HRBF400、RRB400	$40d$	$44d$	$35d$	$39d$	$32d$	$35d$	$29d$	$32d$	$28d$	$31d$	$27d$	$30d$	$26d$	$29d$	$25d$	$28d$

钢筋种类	混凝土强度等级															
	C25		C30		C35		C40		C45		C50		C55		≥C60	
	$d \leqslant 25$	$d > 25$	$d \leqslant 25$	$d > 25$	$d \leqslant 25$	$d > 25$	$d \leqslant 25$	$d > 25$	$d \leqslant 25$	$d > 25$	$d \leqslant 25$	$d > 25$	$d \leqslant 25$	$d > 25$	$d \leqslant 25$	$d > 25$
HRB500、HRBF500	48d	53d	43d	47d	39d	43d	36d	40d	34d	37d	32d	35d	31d	34d	30d	33d

受拉钢筋抗震锚固长度 l_{aE} 　　　　表 1-13

钢筋种类及抗震等级		混凝土强度等级															
		C25		C30		C35		C40		C45		C50		C55		≥C60	
		$d \leqslant 25$	$d > 25$	$d \leqslant 25$	$d > 25$	$d \leqslant 25$	$d > 25$	$d \leqslant 25$	$d > 25$	$d \leqslant 25$	$d > 25$	$d \leqslant 25$	$d > 25$	$d \leqslant 25$	$d > 25$	$d \leqslant 25$	$d > 25$
HPB300	一、二级	39d	—	35d	—	32d	—	29d	—	28d	—	26d	—	25d	—	24d	—
	三级	36d	—	32d	—	29d	—	26d	—	25d	—	24d	—	23d	—	22d	—
HRB400 HRBF400	一、二级	46d	51d	40d	45d	37d	40d	33d	37d	32d	36d	31d	35d	30d	33d	29d	32d
	三级	42d	46d	37d	41d	34d	37d	30d	34d	29d	33d	28d	32d	27d	30d	26d	29d
HRB500 HRBF500	一、二级	55d	61d	49d	54d	45d	49d	41d	46d	39d	43d	37d	40d	36d	39d	35d	38d
	三级	50d	56d	45d	49d	41d	45d	38d	42d	36d	39d	34d	37d	33d	36d	32d	35d

注：1. 当为环氧树脂涂层带肋钢筋时，表中数据尚应乘以 1.25。

2. 当纵向受拉钢筋在施工过程中易受扰动时，表中数据尚应乘以 1.1。

3. 当锚固长度范围内纵向受力钢筋周边保护层厚度为 3d、5d（d 为锚固钢筋的直径）时，表中数据可分别乘以 0.8、0.7；中间时按内插值。

4. 当纵向受拉普通钢筋锚固长度修正系数（注 1～注 3）多于一项时，可按连乘计算。

5. 受拉钢筋的锚固长度 l_a、l_{aE} 计算值不应小于 200mm。

6. 四级抗震时，$l_{aE} = l_a$。详见表 1-12。

7. 当锚固钢筋的保护层厚度不大于 5d 时，锚固钢筋长度范围内应设置横向构造钢筋，其直径不应小于 d/4（d 为锚固钢筋的最大直径）；对梁、柱等构件间距不应大于 5d，对板、墙等构件间距不应大于 10d，且均不应大于 100mm（d 为锚固钢筋的最小直径）。

8. HPB300 钢筋末端应做 180° 弯钩，做法如图 1-2（a）所示。

9. 混凝土强度等级应取锚固区的混凝土强度等级。

【例 1-2】四级抗震框架结构，柱、梁混凝土强度等级均为 C25，钢筋种类为 HRB400，梁纵筋直径为 25mm。求梁纵筋的抗震锚固长度 l_{aE}。

【解】四级抗震时，$l_{aE}=l_a$，查表 1-12 可知：

$$l_{aE}=l_a=40d=40 \times 25=1000mm$$

【例 1-3】二级抗震框架结构，框架柱混凝土强度等级为 C35、框架梁为 C25，钢筋种类为 HRB400，框架梁纵筋直径为 20mm。求框架梁纵筋的抗震锚固长度 l_{aE}。

【解】由于框架柱是框架梁的支座，框架梁的纵筋需要锚入框架柱的混凝土中，所以要按框架柱混凝土强度等级 C35 查表，查表 1-13 可知：

$$l_{aE}=37d=37 \times 20=740mm$$

1.5　纵向钢筋的连接

钢筋出厂时的定尺长度通常有 9m 和 12m，当构件的长度大于钢筋的定尺长度时，就需要将钢筋连接起来才能使用。钢筋连接的方式主要有三种：绑扎搭接、焊接连接、机械连接，如图 1-9 所示。

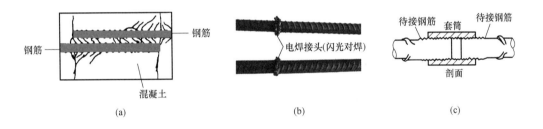

图 1-9　钢筋连接的方式
（a）绑扎搭接；（b）焊接连接；（c）机械连接

1.5.1　纵向受拉钢筋的绑扎搭接

1. 绑扎搭接的特点

纵向受拉钢筋绑扎搭接是最常见的连接方式之一，其原理是利用钢筋与混凝土之间的粘结锚固作用实现传力。优点是：施工操作方便。缺点是：连接强度较低，对于直径较粗的钢筋，绑扎搭接长度较长，浪费材料且在连接区域容易产生过宽的裂缝。

2. 绑扎搭接的规范要求

（1）绑扎搭接接头宜互相错开。同一连接区段内的受拉钢筋搭接接头面积百分率要求：梁、柱不宜大于50%；板、墙可根据实际情况放宽。

（2）同一连接区段的长度为1.3倍搭接长度，凡搭接接头中点位于连接区段长度内的连接接头均属同一连接区段，如图1-10所示。

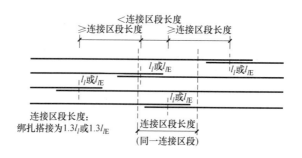

图1-10　同一连接区段内纵向受拉钢筋绑扎搭接接头

接头面积百分率＝同一连接区段内有接头的纵筋截面面积÷全部纵筋截面面积　　（1-2）

图1-10中的钢筋直径相同时，中间区段的接头面积百分率为50%，两端的接头面积百分率为25%。

梁和板的上部、下部钢筋分别计算接头面积百分率。不同直径钢筋搭接时，按小直径计算搭接长度及接头面积。

（3）梁、柱类构件的纵筋搭接区内应配置加密箍筋，如图1-11所示。

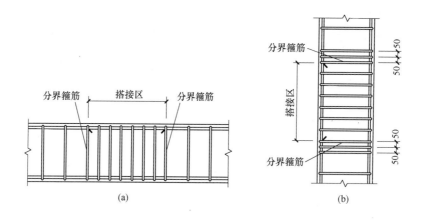

图1-11　梁、柱类构件的纵筋搭接区箍筋构造

（a）梁；（b）柱

1）搭接区内箍筋直径不小于$d/4$（d为搭接钢筋最大直径），间距不应大于100mm及$5d$（d为搭接钢筋最小直径）。

2）当受压钢筋直径大于25mm时，尚应在搭接接头两个端面外100mm的范围内各设置两道箍筋，如图1-11（b）所示。

（4）受拉钢筋 $d > 25$mm 和受压钢筋 $d > 28$mm 时，不宜采用绑扎搭接。

（5）轴心受拉及小偏心受拉杆件（如桁架和拱的拉杆）的纵筋不得采用绑扎搭接。

（6）纵筋连接位置宜避开梁端箍筋加密区、柱端箍筋加密区。如必须在此处连接，应采用机械连接或焊接。

1.5.2 纵向受拉钢筋的焊接连接

1. 焊接连接的特点

纵向受拉钢筋焊接的原理是利用热熔融金属实现钢筋连接。优点是：节省钢筋、成本低。缺点是：连接质量受操作工人的技术水平影响使得连接质量的稳定性较差，施工现场会产生电焊火花容易引起火灾。

常用的焊接方法有：闪光对焊、电渣压力焊、气压焊等。

（1）闪光对焊用于水平长钢筋非施工现场连接，不同直径钢筋焊接时径差不得超过 4mm。

（2）电渣压力焊用于柱、墙等构件的竖向或斜向（倾斜度 ≤ 10°）受力钢筋连接，不同直径钢筋焊接时径差不得超过 7mm。

（3）气压焊可用于钢筋在水平位置、垂直位置或倾斜位置的对接焊接，不同直径钢筋焊接时径差不得超过 7mm。

2. 焊接连接的规范要求

（1）纵向受拉钢筋焊接接头宜互相错开。同一连接区段内的受拉钢筋焊接连接接头面积百分率不宜大于 50%，受压钢筋的接头面积百分率可不受限制。

（2）同一连接区段的长度为 35d 且不小于 500mm（d 为相互连接钢筋的较小直径），接头中点位于连接区段长度内的连接接头均属同一连接区段，如图 1-12 所示。

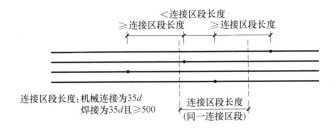

图 1-12　同一连接区段内纵向受拉钢筋机械连接、焊接接头

当图 1-12 中的钢筋直径相同时，中间区段的接头面积百分率为 50%，两端的接头面积百分率为 25%。

不同直径钢筋焊接连接时，按较小直径计算接头面积百分率。当同一构件内不同连接钢筋计算连接区段长度不同时，取大值。

1.5.3 纵向受拉钢筋的机械连接

1. 机械连接的特点

纵向受拉钢筋机械连接的原理是利用钢筋与连接件的机械咬合作用或钢筋端面的承压作用实现钢筋连接。优点是：施工简便、可靠。缺点是：造价高，接头处连接件的保护层厚度及连接件之间的横向净距减少。连接件的保护层厚度不得小于 15mm，连接件之间的横向净距不宜小于 25mm。

机械连接的接头类型有：套筒挤压接头、直螺纹套筒接头、锥螺纹套筒接头，如图 1-13 所示。

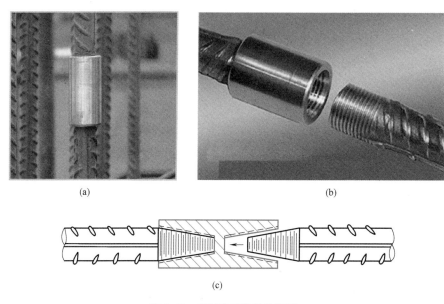

图 1-13　机械连接的接头类型

（a）套筒挤压接头；（b）直螺纹套筒接头；（c）锥螺纹套筒接头

2. 机械连接的规范要求

（1）纵向受拉钢筋机械连接接头宜互相错开。同一连接区段内的受拉钢筋机械连接接头面积百分率不宜大于 50%，受压钢筋的接头面积百分率可不受限制。

（2）同一连接区段的长度为 35d（d 为连接钢筋的较小直径），接头中点位于连接区段长度内，连接接头均属同一连接区，如图 1-12 所示。

不同直径钢筋机械连接时，按较小直径计算接头面积百分率。当同一构件内不同连接钢筋计算连接区段长度不同时取大值。

1.5.4 钢筋连接计算方法

在实际工程中，钢筋绑扎搭接需要计算搭接长度 l_l 或 l_{lE}，焊接连接、机械连接需要计算接头个数。

钢筋搭接长度 l_l 或 l_{lE} 在《22G101》系列图集中均可查相应的表格，纵向受拉钢筋搭接长度 l_l 见表 1-14、抗震搭接长度 l_{lE} 见表 1-15。

表 1-14

纵向受拉钢筋搭接长度 l_l

钢筋种类及同一区段内搭接钢筋面积百分率		混凝土强度等级														
		C25		C30		C35		C40		C45		C50		C55		≥C60
		$d \leqslant 25$	$d > 25$	$d \leqslant 25$	$d > 25$	$d \leqslant 25$	$d > 25$	$d \leqslant 25$	$d > 25$	$d \leqslant 25$	$d > 25$	$d \leqslant 25$	$d > 25$	$d \leqslant 25$	$d > 25$	$d \leqslant 25$	$d > 25$
HPB300	≤25%	41d	—	36d	—	34d	—	30d	—	29d	—	28d	—	26d	—	25d	—
	50%	48d	—	42d	—	39d	—	35d	—	34d	—	32d	—	31d	—	29d	—
	100%	54d	—	48d	—	45d	—	40d	—	38d	—	37d	—	35d	—	34d	—
HRB400 HRBF400	≤25%	48d	53d	42d	47d	38d	42d	35d	38d	34d	37d	32d	36d	31d	35d	30d	34d
	50%	56d	62d	49d	55d	45d	49d	41d	45d	39d	43d	38d	42d	36d	41d	35d	39d
	100%	64d	70d	56d	62d	51d	56d	46d	51d	45d	50d	43d	48d	42d	46d	40d	45d
HRB500 HRBF500	≤25%	58d	64d	52d	56d	47d	52d	43d	48d	41d	44d	38d	42d	37d	41d	36d	40d
	50%	67d	74d	60d	66d	55d	60d	50d	56d	48d	52d	45d	49d	43d	48d	42d	46d
	100%	77d	85d	69d	75d	62d	69d	58d	64d	54d	59d	51d	56d	50d	54d	48d	53d

纵向受拉钢筋抗震搭接长度 l_{lE}

表 1-15

钢筋种类及同一区段内搭接钢筋面积百分率			混凝土强度等级														
			C25		C30		C35		C40		C45		C50		C55		≥C60	
			$d\leq25$	$d>25$	$d\leq25$	$d>25$	$d\leq25$	$d>25$	$d\leq25$	$d>25$	$d\leq25$	$d>25$	$d\leq25$	$d>25$	$d\leq25$	$d>25$	$d\leq25$	$d>25$
一、二级抗震等级	HPB300	≤25%	47d	—	42d	—	38d	—	35d	—	34d	—	31d	—	30d	—	29d	—
		50%	55d	—	49d	—	45d	—	41d	—	39d	—	36d	—	35d	—	34d	—
	HRB400 HRBF400	≤25%	55d	61d	48d	54d	44d	48d	40d	44d	38d	43d	37d	42d	36d	40d	35d	38d
		50%	64d	71d	56d	63d	52d	56d	46d	52d	45d	50d	43d	49d	42d	46d	41d	45d
	HRB500 HRBF500	≤25%	66d	73d	59d	65d	54d	59d	49d	55d	47d	52d	44d	48d	43d	47d	42d	46d
		50%	77d	85d	69d	76d	63d	69d	57d	64d	55d	60d	52d	56d	50d	55d	49d	53d
三级抗震等级	HPB300	≤25%	43d	—	38d	—	35d	—	31d	—	30d	—	29d	—	28d	—	26d	—
		50%	50d	—	45d	—	41d	—	36d	—	35d	—	34d	—	32d	—	31d	—
	HRB400 HRBF400	≤25%	50d	55d	44d	49d	41d	44d	36d	40d	35d	38d	34d	38d	32d	36d	31d	35d
		50%	59d	64d	52d	57d	48d	52d	42d	48d	41d	46d	39d	45d	38d	42d	36d	41d
	HRB500 HRBF500	≤25%	60d	67d	54d	59d	49d	54d	46d	50d	43d	47d	41d	44d	40d	43d	38d	42d
		50%	70d	78d	63d	69d	57d	63d	53d	59d	50d	55d	48d	52d	46d	50d	45d	49d

注：1. 抗震设计时，混凝土构件位于同一连接区段内的纵向受力钢筋接头面积百分率不宜大于 50%。
2. 两根不同直径钢筋搭接时，表中 d 取较细钢筋直径。
3. 当采用环氧树脂涂层带肋钢筋时，表中数据尚应乘以 1.25。
4. 当纵向受拉钢筋在施工过程中易受扰动时，表中数据尚应乘以 1.1。
5. 当搭接长度范围内纵向受力钢筋周边保护层厚度为 3d、5d（d 为搭接钢筋的直径）时，表中数据可分别乘以 0.8、0.7；中间时按内插值。
6. 当上述修正系数（注 3～注 5）多于一项时，可按连乘计算。
7. 当位于同一连接区段内的钢筋搭接接头面积百分率为表中数据中间值时，搭接长度可按内插取值。
8. 任何情况下，搭接长度不应小于 300mm。
9. 四级抗震等级时，$l_{lE}=l_l$。详见表 1-14。
10. HPB300 级钢筋末端应做 180° 弯钩，做法详见图 1-2（a）。

【例1-4】四级抗震框架结构，柱、梁混凝土强度等级均为C25，钢筋种类为HRB400，梁纵筋直径为20mm，钢筋搭接接头面积百分率为50%，求梁纵筋的抗震搭接长度 l_{lE}。

【解】四级抗震时，$l_{lE}=l_l$，查表1-14可知：
$$l_{lE}=l_l=56d=56 \times 20=1120mm$$

【例1-5】三级抗震框架结构，柱混凝土强度等级为C35，钢筋种类为HRB400，柱下层纵筋直径为16mm，柱上层纵筋直径为14mm，钢筋搭接接头面积百分率为50%，求柱上层纵筋的抗震搭接长度 l_{lE}。

【解】两根不同直径钢筋搭接时，d取较细钢筋直径，查表1-15可知：
$$l_{lE}=48d=48 \times 14=672mm$$

1.6 梁柱纵筋间距及梁并筋

1.6.1 梁、柱纵筋间距构造

1. 梁、柱纵筋间距构造（图1-14）

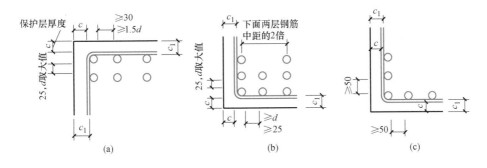

图1-14 梁、柱纵筋间距

（注：c为最外层钢筋的保护层厚度，d为纵筋最大直径，c_1为纵筋的保护层厚度，不应小于纵筋直径d）

（a）梁上部纵筋间距；（b）梁下部纵筋间距；（c）柱纵筋间距

2. 梁、柱纵筋间距构造要点

（1）梁上部纵筋之间的水平净距应不小于30mm且不小于纵筋最大直径的1.5倍。两排纵筋之间的净距应不小于25mm且不小于纵筋最大直径。

（2）梁下部第一、第二排纵筋之间的净距应不小于25mm且不小于纵筋最大直径，第三排纵筋间距是第一、第二排纵筋间距的2倍。

（3）柱纵筋净距要求不小于50mm。

1.6.2 并筋的等效直径及纵筋间距要求

1. 并筋的主要形式

由 2 根单独钢筋组成的并筋可按竖向或横向的方式布置，由 3 根单独钢筋组成的并筋宜按品字形布置。并筋等效直径 d_{eq} 按截面积相等原则换算确定。当并筋根数为 2 根时，并筋等效直径取 1.41 倍单根钢筋直径；当并筋根数为 3 根时，并筋等效直径取 1.73 倍单根钢筋直径。如图 1-15 所示。

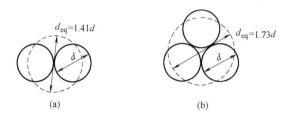

图 1-15 并筋形式示意图

（a）2 根并筋；（b）3 根并筋

2. 并筋的等效直径

当采用并筋时，构件中钢筋间距、钢筋锚固长度都应按并筋的等效直径计算，且并筋的锚固宜采用直线锚固。并筋保护层厚度除满足表 1-9 混凝土保护层的最小厚度 c_{min} 的规定外，其实际外轮廓边缘至混凝土外边缘距离不应小于并筋的等效直径，如图 1-16 所示。梁并筋的等效直径、最小净距见表 1-16。

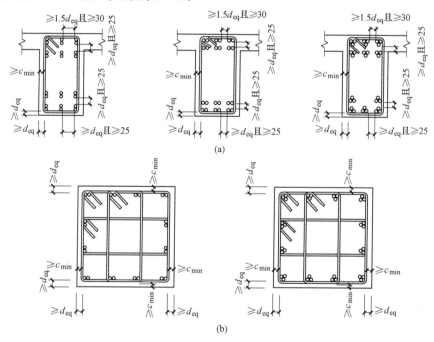

图 1-16 梁、柱并筋时混凝土保护层厚度、钢筋间距要求

（注：c_{min} 按表 1-9 混凝土保护层的最小厚度规定取值；d_{eq} 为并筋等效直径）

（a）梁并筋时混凝土保护层厚度、钢筋间距要求；（b）柱并筋时混凝土保护层厚度要求

单筋直径 d（mm）	25	28	32
并筋根数	2	2	2
等效直径 d_{eq}（mm）	35	39	45
层净距 S_1（mm）	35	39	45
上部钢筋净距 S_2（mm）	53	59	68
下部钢筋净距 S_3（mm）	35	39	45

3. 梁并筋的纵筋间距要求

梁并筋的纵筋间距要求如图 1-17 所示。

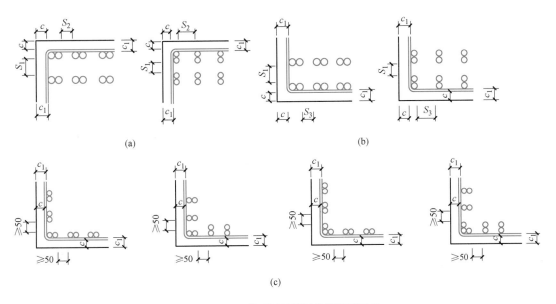

图 1-17　梁、柱采用并筋时纵筋间距要求

（注：S_1、S_2、S_3 见表 1-16，c 为最外层钢筋的保护层厚度，c_1 为纵筋的保护层厚度，不应小于并筋的等效直径 d_{eq}）
（a）梁上部纵筋采用并筋；（b）梁下部纵筋采用并筋；（c）柱纵筋采用并筋

4. 梁并筋的连接要求

梁并筋连接接头宜按每根单筋错开，接头面积百分率应按同一连接区段内所有的单根钢筋计算。钢筋的搭接长度应按单筋分别计算。

引古喻今——规矩意识

《孟子·离娄上》有云："离娄之明，公输子之巧，不以规矩，不能成方圆；师旷之聪，不以六律，不能正五音。"意思是离娄眼神好，鲁班技巧高，但如果不使用圆规曲尺，也不能画出方、圆；师旷耳力聪敏，但如果不依据六律，也不能校正五音。这说明了规矩的重要性。

正如"国有国法、家有家规"，梁的平法施工图也是要按照国家建筑标准设计图集《混凝土结构施工图平面整体表示方法制图规则和构造详图》22G101 中的制图规则进行设计的，施工、监理、造价等人员要依据平法制图规则来识读图纸，并依据标准构造详图结合图纸进行钢筋翻样、钢筋绑扎、现场安装等工作。只有严格按照国家建筑标准设计图集进行设计、施工、监理等工作，才能更好地规范设计和施工、提高效率并确保工程质量。

可见，树立规矩意识、法治意识是我们每一位工程师应具备的素质，规矩可以规范人的行为，使人更具有魅力，不断推动社会和谐和人类发展进步。

学习情境描述

　　按照国家建筑标准设计图集《混凝土结构施工图平面整体表示方法制图规则和构造详图（现浇混凝土框架、剪力墙、梁、板）》22G101-1有关梁的知识，对附录中"南宁市××综合楼工程的梁平法施工图"进行识读，使学生能正确识读梁平法施工图，正确理解设计意图；掌握梁的钢筋构造要求，能正确计算梁构件中的各类钢筋设计长度及数量，为进一步计算钢筋工程量、编写钢筋下料单打下基础，同时为能胜任施工现场梁钢筋绑扎安装质量检查的工作打下基础。

学习目标

❶ 了解梁基本知识。

❷ 熟悉梁平法施工图的制图规则，能正确识读梁平法施工图。

❸ 掌握楼层框架梁、屋面框架梁、非框架梁及各类梁的悬挑端的钢筋构造要求。

❹ 熟悉框架梁加腋等的构造要求。

❺ 掌握楼层框架梁、屋面框架梁、非框架梁的钢筋计算方法。

任务分组

学生任务分配表 　　　　表 2-1

班级		组号		指导老师			
组长		学号					
组员	姓名	学号	姓名	学号	姓名	学号	
任务分工							

工作实施

1. 梁基本知识

引导问题 1：梁分为：楼层框架梁 KL、_____、_____、_____、_____、_____、_____、_____。

引导问题 2：梁的钢筋种类包括哪些?

_____

引导问题 3：基础梁（或基础板）是框架柱（或剪力墙）的支座，_____是框架梁的支座，框架梁通常是_____的支座。框架梁的纵筋要伸入框架柱（或剪力墙）内有足够的_____，作为支座的柱构件其箍筋必须连续通过_____。

引导问题 4：梁上部贯通纵筋的连接位置宜位于 _____范围内，梁下部贯通纵筋的连接位置宜位于_____范围内。

2. 梁平法施工图制图规则

引导问题 5：梁平法施工图表达方式分为_____注写方式和_____注写方式。

引导问题 6：梁平面注写方式，是在梁_____布置图上，分别在不同编号的梁中各选一根梁，在其上注写_____和_____具体数值的方式来表达梁平法施工图。

引导问题 7：平面注写包括_____标注与_____标注，集中标注表达梁的_____数值，原位标注表达梁的_____数值。施工时，_____标注取值优先。

引导问题 8：梁集中标注的内容是：_____。

引导问题 9：KL1（2B） 表示_____。

WKL2（3A）表示 _____。

L3（2） 表示 _____。

Lg1（2） 表示 _____。

引导问题 10：梁的集中标注 KL7（3）300×700 Y500×250 表示_____

_____。

引导问题 11：梁的集中标注 WKL1（2A）250×700 PY600×300 表示_____

_____。

引导问题 12：梁的集中标注 XL2（1）250×600/400 表示_____

_____。

引导问题 13：梁箍筋Φ8@100/150（4）表示_____。

15Φ10@100（4）/200（2）表示 _____。

引导问题 14：当同排纵筋中既有通长筋又有架立筋时，用_____符号将通长筋和架立筋相联，架立筋写在_____符号内；用_____符号将上部纵筋与下部纵筋的配筋值分隔开，当梁纵筋多于一排时，用_____符号将各排钢筋自上而下分开。

引导问题 15：当梁腹板高度 $h_w \geqslant$＿＿＿mm 时，须配置纵向构造钢筋，纵向构造钢筋以大写字母＿＿＿打头。受扭纵向钢筋以大写字母＿＿＿打头，接续注写设置在梁两个侧面的总配筋值，且＿＿＿配置。

引导问题 16：梁顶面标高高差，指相对于结构层＿＿＿标高的高差值，有高差时，需将其写入＿＿＿内，无高差时不注。当某梁的顶面＿＿＿所在结构层的楼面标高时，其标高高差为负值。

引导问题 17：识读南宁市 ×× 综合楼结施 10 二～五层梁配筋平面图中 KL4（3A）、KL5（1A）、L7（1A）的集中标注的信息，完成识图报告。

KL4（3A）：＿＿＿＿＿＿＿＿＿＿＿＿＿＿＿＿＿＿＿＿＿＿＿＿＿＿。

KL5（1A）：＿＿＿＿＿＿＿＿＿＿＿＿＿＿＿＿＿＿＿＿＿＿＿＿＿＿。

L7（1A）：＿＿＿＿＿＿＿＿＿＿＿＿＿＿＿＿＿＿＿＿＿＿＿＿＿＿＿。

引导问题 18：梁支座上部纵筋，该部位含＿＿＿＿＿＿在内的所有纵筋。梁支座上部纵筋注写为 6Φ22 4/2 表示＿＿＿＿＿＿＿＿＿＿＿＿＿＿＿＿＿＿。

引导问题 19：当梁中间支座两边的上部纵筋不同时，须在＿＿＿分别标注；当梁中间支座两边的上部纵筋相同时，可仅在支座的＿＿＿标注配筋值。将贯通小跨的纵筋注写在小跨＿＿＿＿＿＿。

引导问题 20：如果梁的集中标注没有下部通长筋，则梁下部纵筋在各跨的＿＿＿原位标注。梁下部纵筋注写为 6Φ20 2/4 表示＿＿＿＿＿＿＿＿＿＿＿＿＿＿＿＿＿＿。梁下部纵筋注写为 6Φ22 2（−2）/4 表示＿＿＿＿＿＿＿＿＿＿＿＿＿＿＿＿＿。

引导问题 21：梁设置竖向加腋时，加腋部位下部斜纵筋在支座＿＿＿以＿＿＿字母打头注写在括号内；梁设置水平加腋时，水平加腋内上、下部斜纵筋在加腋支座＿＿＿以＿＿＿字母打头注写在括号内，上、下部斜纵筋之间用＿＿＿符号分隔。

引导问题 22：附加箍筋或吊筋直接画在平面图中的＿＿＿上，用线引注＿＿＿（附加箍筋的肢数注在＿＿＿内）。当多数附加箍筋或吊筋相同时，可在梁平法施工图中的＿＿＿中统一注明。

引导问题 23：识读南宁市 ×× 综合楼结施 10 二～五层梁配筋平面图中 KL4（3A）、KL5（1A）、L7（1A）的原位标注的信息，完成识图报告。

KL4（3A）：＿＿＿＿＿＿＿＿＿＿＿＿＿＿＿＿＿＿＿＿＿＿＿＿＿＿。

KL5（1A）：＿＿＿＿＿＿＿＿＿＿＿＿＿＿＿＿＿＿＿＿＿＿＿＿＿＿。

L7（1A）：＿＿＿＿＿＿＿＿＿＿＿＿＿＿＿＿＿＿＿＿＿＿＿＿＿＿＿。

引导问题 24：梁截面注写方式，在分标准层绘制的梁＿＿＿布置图上，分别在不同编号的梁中各选择一根梁用剖面号引出配筋图，并在其上注写＿＿＿和＿＿＿具体数值的方式来表达梁平法施工图。

引导问题 25：识读图 2-54 梁平法施工图截面注写方式示例中 L3（1）的信息，完成识图报告。

L3（1）：＿＿＿＿＿＿＿＿＿＿＿＿＿＿＿＿＿＿＿＿＿＿＿＿＿＿＿。

3. 梁钢筋构造

引导问题 26：框架梁支座上部非贯通纵筋自支座边伸出长度：第一排为_____，第二排为_____。l_n 的取值为：对于端支座，l_n 为本跨的_____长；对于中间支座，l_n 为支座两边_____一跨的净跨长。

引导问题 27：梁上部通长筋的连接位置宜位于_____的范围内，且在同一连接区段内钢筋接头面积百分率不宜大于_____。梁上部通长筋由不同直径的钢筋采用搭接连接时，搭接长度为_____，架立筋与支座负筋的搭接长度为_____mm。

引导问题 28：框架梁纵筋在端支座的锚固构造分为哪三种形式：_____
_____。

引导问题 29：当支座宽 h_c- 保护层厚度_____锚固长度 l_{aE} 时，采用直锚形式。梁纵筋锚入柱内长度为_____。

引导问题 30：当支座宽 h_c- 保护层厚度_____锚固长度 l_{aE} 时，采用弯锚形式。梁上部纵筋伸至_____向下弯折 90°，弯折长度为_____，且伸入柱内的水平段长度不小于_____。梁纵筋弯钩与柱纵筋之间净距不小于_____ mm 和_____。

引导问题 31：梁下部纵筋不能在支座内锚固时，可在_____连接。梁下部纵筋延伸至相邻跨内箍筋_____以外连接，且在距支座_____范围之内，连接位置距支座边缘不应小于_____倍的梁有效高度。相邻跨钢筋直径不同时，连接位置位于_____直径一跨，连接可采用搭接、_____、_____。

引导问题 32：屋面框架梁顶钢筋与柱外侧纵筋弯折搭接时，屋面框架梁上部纵筋伸至柱外侧纵筋内侧，向下弯折伸至_____，且伸入柱内的水平段长度≥_____。不小于_____的柱外侧纵筋伸入梁内与梁上部纵筋搭接，搭接长度≥_____。

引导问题 33：WKL、KL 中间支座两边梁有高差 Δ_h，且 $\Delta_h/(h_c-50) \leqslant 1/6$ 时，上部、下部通长筋_____。

引导问题 34：WKL 中间支座两边梁底有高差 Δ_h，且 $\Delta_h/(h_c-50) > 1/6$ 时，当柱宽 h_c- 保护层厚度 $< l_{aE}$ 时，低位梁下部纵筋_____，即梁纵筋伸至_____弯折_____，且伸入柱内的水平段长度≥_____。高位梁下部纵筋直锚，直锚长度为_____。

引导问题 35：WKL 中间支座两边梁顶有高差 Δ_h，且 $\Delta_h/(h_c-50) > 1/6$ 时，高位梁上部纵筋伸至柱对边纵筋内侧弯折，弯折长度为_____。低位梁上部纵筋直锚，直锚长度为_____。

引导问题 36：KL 支座两边梁宽不同或错开布置时，将无法直通的纵筋_____入柱内，或当支座两边纵筋根数不同时，将多出的纵筋_____入柱内，即梁纵筋伸至_____弯折_____，且伸入柱内的水平段长度≥_____。当支座宽 h_c- 保护层厚度≥ l_{aE} 时，梁纵筋_____。

引导问题 37：纯悬挑梁跨度不大于_____时，按非抗震设计。其位于中间层且当支座宽 h_c- 保护层厚度 <_____时，梁上部纵筋弯锚，即梁纵筋伸至柱外侧纵筋内侧弯折

_____，且伸入柱内的水平段长度≥_____；当支座宽 h_c- 保护层厚度≥_____时，梁上部纵筋可直锚。悬挑梁下部纵筋直锚入支座内_____。

引导问题 38：悬挑梁端上部第一排纵筋，至少有_____角筋，并不少于第一排纵筋的_____的纵筋伸至悬挑梁端头，向下弯折 90°伸至_____且弯折长度≥_____。其余第一排纵筋向下斜弯 45°或 60°（梁高≤800mm，弯_____°；梁高>800mm，弯_____°），至封口梁边_____mm 处再弯折 45°或 60°成水平段，且平直段长度≥_____。当上部钢筋为一排，且悬挑净长 l <_____时，上部第一排纵筋均伸至悬挑梁端头，向下弯折_____伸至_____且弯折长度≥_____。

引导问题 39：当悬挑净长 l ≥ $5h_b$ 时，悬挑梁端上部第二排纵筋均伸至_____处，然后向下斜弯 45°或 60°，至梁底再弯折 45°或 60°成水平段，水平段长度≥_____。当上部钢筋为两排，且 l < $5h_b$ 时，上部第二排纵筋均伸至悬挑梁端头，向下弯折_____，弯折长度≥_____。

引导问题 40：抗震等级为一级时，框架梁箍筋加密区长度≥_____且≥_____mm；抗震等级为二~四级时，箍筋加密区长度≥_____且≥_____mm。框架梁第一道箍筋距支座边缘_____mm 处开始设置。

引导问题 41：在主、次梁相交处，在_____内要设置附加箍筋或吊筋。当主梁高度≤800mm 时，吊筋的弯起角度为_____°，当主梁高度>800mm 时，吊筋的弯起角度为_____°。吊筋下端的水平段长度 =_____mm，上端的水平段长度每侧为_____。

引导问题 42："设计按铰接时"用于代号为_____的非框架梁，"充分利用钢筋的抗拉强度时"用于代号为_____的非框架梁。端支座设计按铰接时，非框架梁上部非贯通纵筋自端支座边伸出长度为_____；充分利用钢筋的抗拉强度时，非框架梁上部非贯通纵筋自端支座边伸出长度为_____。中间支座，非框架梁上部非贯通纵筋自支座边伸出长度为_____。

引导问题 43：设计按铰接时，非框架梁上部纵筋应伸至端支座（主梁）对边向下弯折_____，且水平段长度≥_____，当伸入支座的直段长度≥_____时可不弯折。不受扭非框架梁下部纵筋伸入支座的直锚长度，带肋钢筋≥_____。

引导问题 44：受扭非框架梁，其上部、下部纵筋按_____锚固在端支座内。当梁纵筋伸入支座的直段长度≥_____时可直锚；当不满足直锚要求时，梁纵筋应伸至端支座对边向节点内弯折_____，且水平段长度≥_____。

引导问题 45：梁侧面构造纵筋的搭接与锚固长度可取_____。梁侧面受扭纵筋的搭接长度为_____，其锚固长度为_____，锚固方式同框架梁_____纵筋。当梁宽≤350mm 时，拉筋直径为_____mm；梁宽>350mm 时，拉筋直径为_____mm。拉筋水平间距为非加密区箍筋间距的_____倍。

4. 梁钢筋计算实例

引导问题 46：楼层框架梁 KL4 的梁平法施工图如图 2-1 所示，计算 KL4 中各钢筋的设计长度、根数，并画出钢筋形状及排布图。根据结构说明，已知：混凝土强度等级为 C25，所在环境类别为二 a 类环境，抗震等级为四级抗震，钢筋为 HRB400 级，柱纵筋为 8 Φ 16，柱箍筋直径为 Φ 8。主次梁相交处，在次梁两侧各设置附加箍筋 3 个，间距 50mm，直径与主梁箍筋相同。次梁截面为 200×500。

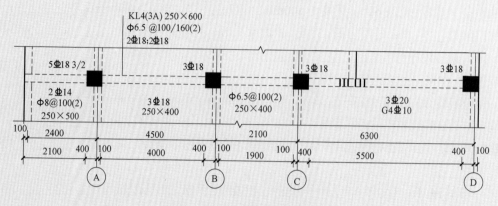

图 2-1　KL4 平面注写平法施工图

引导问题 47：非框架梁 L2 的梁平法施工图如图 2-2 所示，计算 L2 中各钢筋的设计长度、根数，并画出钢筋形状及排布图。根据结构说明，已知：混凝土强度等级为 C25，所在环境类别为二 a 类环境，钢筋为 HRB400 级，支座（主梁）角筋直径为 Φ 16、箍筋直径为 Φ 8。设计按铰接考虑。

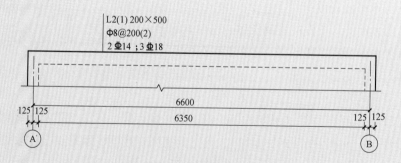

图 2-2　L2 平面注写平法施工图

评价反馈

1. 学生进行自我评价，并将结果填入表 2-2 中。

学生自评表　　　　　　　　　　　　　　表 2-2

班级：　　　　　　　　姓名：　　　　　　　　学号：

学习情境 2	梁识图与钢筋计算		
评价项目	评价标准	分值	得分
梁基本知识	理解梁的分类，熟悉梁的钢筋种类，梁的支座，掌握梁上部、下部贯通纵筋的连接位置	5	
梁平法施工图制图规则（平面注写方式）	能正确识读平面注写方式梁集中标注和原位标注的信息	20	
梁平法施工图制图规则（截面注写方式）	能正确识读截面注写方式梁的信息	5	
梁钢筋构造	能正确理解楼层框架梁、屋面框架梁、非框架梁及各类梁的悬挑端等的钢筋构造要求	20	
梁钢筋计算	能正确计算梁中各类钢筋的设计长度及根数	20	
工作态度	态度端正，无无故缺勤、迟到、早退现象	10	
工作质量	能按计划完成工作任务	5	
协调能力	与小组成员之间能合作交流、协调工作	5	
职业素质	能做到保护环境，爱护公共设施	5	
创新意识	通过阅读附录中"南宁市 ×× 综合楼图纸"，能更好地理解有关梁的图纸内容，并写出梁图纸的会审记录	5	
合计		100	

2. 学生以小组为单位进行互评，并将结果填入表 2-3 中。

学生互评表　　　　　　　　　　　　　　表 2-3

班级：　　　　　　　　　　　　　　　　　小组：

学习情境 2	梁识图与钢筋计算					
评价项目	分值	评价对象得分				
梁基本知识	5					
梁平法施工图制图规则（平面注写方式）	20					
梁平法施工图制图规则（截面注写方式）	5					
梁钢筋构造	20					

评价项目	分值	评价对象得分						
梁钢筋计算	20							
工作态度	10							
工作质量	5							
协调能力	5							
职业素质	5							
创新意识	5							
合计	100							

3. 教师对学生工作过程与结果进行评价，并将结果填入表 2-4 中。

教师综合评价表 表 2-4

班级： 姓名： 学号：

学习情境 2	梁识图与钢筋计算		
评价项目	评价标准	分值	得分
梁基本知识	理解梁的分类，熟悉梁的钢筋种类，梁的支座，掌握梁上部、下部贯通纵筋的连接位置	5	
梁平法施工图制图规则（平面注写方式）	能正确识读平面注写方式梁集中标注和原位标注的信息	20	
梁平法施工图制图规则（截面注写方式）	能正确识读截面注写方式梁的信息	5	
梁钢筋构造	能正确理解楼层框架梁、屋面框架梁、非框架梁及各类梁的悬挑端等的钢筋构造要求	20	
梁钢筋计算	能正确计算梁中各类钢筋的设计长度及根数	20	
工作态度	态度端正，无无故缺勤、迟到、早退现象	10	
工作质量	能按计划完成工作任务	5	
协调能力	与小组成员之间能合作交流、协调工作	5	
职业素质	能做到保护环境，爱护公共设施	5	
创新意识	通过阅读附录中"南宁市 × × 综合楼图纸"，能更好地理解有关梁的图纸内容，并写出梁图纸的会审记录	5	
合计		100	
综合评价	自评（20%） 小组互评（30%） 教师评价（50%）		综合得分

2.1 梁基本知识

2.1.1 梁的分类

1. 梁的分类（图 2-3）

2. 梁分类的三维图（图 2-4）

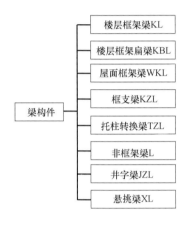

图 2-3 梁的分类

图 2-4 梁分类三维图

2.1.2 梁的钢筋种类

1. 梁的钢筋种类（图 2-5）

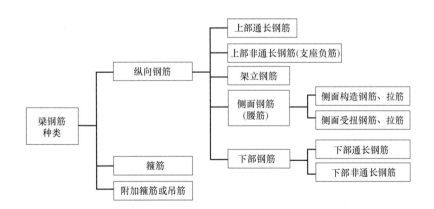

图 2-5 梁的钢筋种类

2. 梁钢筋骨架三维图（图2-6）

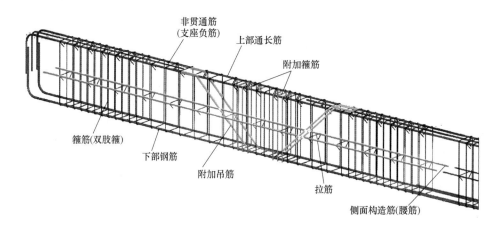

非贯通筋
（支座负筋）

上部通长筋

附加箍筋

箍筋（双肢箍）

下部钢筋

附加吊筋

拉筋

侧面构造筋（腰筋）

图 2-6　梁钢筋骨架三维图

3. 梁各类钢筋的主要作用

（1）上部纵向钢筋、下部纵向钢筋

梁上部纵向钢筋、下部纵向钢筋主要承受弯矩在梁内产生的拉力，同时为了与箍筋绑扎形成一个立体的钢筋骨架，一般不少于2根。其中，通长筋是为满足抗震设计构造的要求而设置的，非抗震设计的框架梁和非框架梁可不设置通长筋。

（2）架立钢筋

架立钢筋是构造筋，其作用是固定箍筋的位置，与纵向受力钢筋构成梁的钢筋骨架，并承受温度变化、混凝土收缩而产生的拉应力，防止梁产生裂缝。架立钢筋设置在箍筋的角部。

（3）梁侧面纵向构造钢筋和拉筋

当梁的高度较大时，有可能在梁侧面产生垂直于梁轴线的收缩裂缝。为承受温度变化、混凝土收缩在梁侧面引起的拉应力，防止梁产生裂缝，按规范构造要求，当梁的腹板高度 $h_w \geqslant 450mm$ 时，要在梁的两个侧面沿梁高度范围内配置纵向构造钢筋（也称"腰筋"），并用拉筋固定（图2-7）。若梁中的腰筋是因抗扭需要而配置的，称为梁侧面受扭纵向钢筋。若配置了梁侧面受扭纵向钢筋，则不再重复配置纵向构造钢筋。

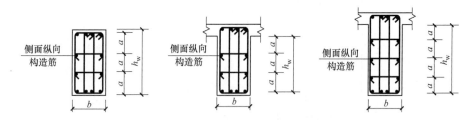

图 2-7　梁侧面纵向构造钢筋和拉筋

（4）箍筋

箍筋主要承受梁的剪力，同时箍筋通过焊接、绑扎把其他钢筋联系在一起，固定纵筋的间距和位置，绑扎成一个立体的钢筋骨架。梁的箍筋类型有双肢箍（二肢箍）、三肢箍、四肢箍等，如图2-8所示。

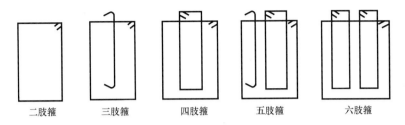

图2-8　梁各类箍筋形式

（5）附加箍筋或吊筋

在主、次梁相交处，由于主梁承受由次梁传来的集中荷载，其腹部可能出现斜裂缝，并引起局部破坏，因此应在集中荷载附近的长度范围内设置附加箍筋或吊筋。

2.1.3　梁的支座

基础梁（或基础板）是框架柱（或剪力墙）的支座。框架柱（或剪力墙）是框架梁的支座，所以框架梁的纵筋要伸入框架柱（或剪力墙）内有足够的锚固长度，而作为支座的柱构件，其箍筋必须连续通过梁柱节点，如图2-9所示。框架梁通常是非框架梁、井字梁的支座，所以非框架梁的纵筋要伸入框架梁内有足够的锚固长度，而作为支座的框架梁，其箍筋必须连续通过与非框架梁相交处节点。

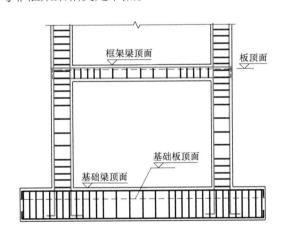

图2-9　框架梁的支座示意

2.1.4　梁的受力特点

梁一般承受由荷载产生的弯矩、剪力，是受弯构件。在均布荷载下，框架梁的弯矩图、剪力图如图2-10所示。

从框架梁的弯矩图可知：在梁支座处负弯矩较大，梁上部是受拉区，所以，通常在梁上部支座处配置的纵筋较多，而在梁上部跨中配置的纵筋较少，梁上部通长钢筋的连接位置宜位于跨中 1/3 净跨范围内（此处内力较小）；在梁跨中正弯矩也较大，梁下部是受拉区，所以，梁下部钢筋的连接位置宜位于支座边 1/3 净跨范围内（此处内力较小）。

从框架梁的剪力图可知：在梁支座处剪力较大，在跨中剪力较小，所以通常在梁支座处配置的箍筋是加密的，而在跨中配置的箍筋是非加密的。

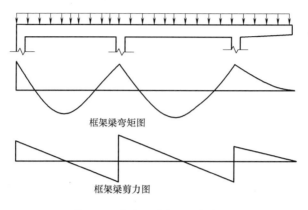

图 2-10　框架梁弯矩图、剪力图

2.2　梁平法施工图制图规则

2.2.1　梁平法施工图的表示方法

1. 梁平法施工图表示方式分为"平面注写方式"和"截面注写方式"两种，平面注写方式在实际工程中应用较广，故本书主要讲解平面注写方式。

2. 在梁平法施工图中，用表格或其他方式注明包括地下和地上各层的结构层楼（地）面的顶面标高、结构层高及相应的结构层号，见表 2-5，表中楼层号及标高示意如图 2-11 所示。

结构层楼（地）面标高、层高表　　　表 2-5

屋面	15.870	15.900	
4	12.270	12.300	3.6
3	8.670	8.700	3.6
2	4.470	4.500	4.2
1	−0.030	±0.000	4.5
层号	结构标高（m）	建筑标高（m）	层高（m）

注：结构层楼（地）面标高系指将建筑图中的各层地面和楼面标高值扣除建筑面层及垫层做法厚度后的标高，如图 2-12、图 2-13 所示。

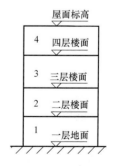

图 2-11　楼层号及标高示意

快速平法识图与钢筋计算（第二版）

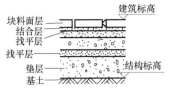

图 2-12 楼地面建筑、结构标高

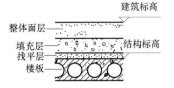

图 2-13 楼面建筑、结构标高

3.在梁平法施工图中，对于轴线未居中的梁，应标注其偏心定位尺寸（贴柱边的梁可不注）。

【例 2-1】如图 2-14 所示，图中③号轴线未居梁中，标注了梁的偏心定位尺寸；②号轴线居梁中，不标注定位尺寸；①轴、④轴的梁边贴柱边，可不标注定位尺寸。

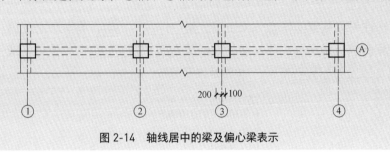

图 2-14 轴线居中的梁及偏心梁表示

2.2.2 梁平面注写方式

1.定义

梁平面注写方式，系在梁平面布置图上，分别在不同编号的梁中各选一根梁，在其上注写截面尺寸和配筋具体数值的方式来表示梁平法施工图，如图 2-15 所示。

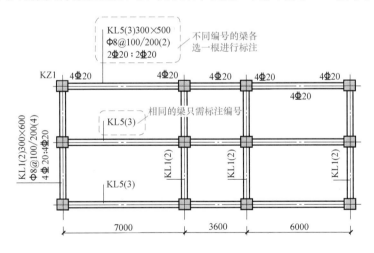

图 2-15 梁平面注写方式

平面注写包括集中标注与原位标注，集中标注表示梁的通用数值，原位标注表示梁的特殊数值。当集中标注中的某项数值不适用于梁的某部位时，则将该项数值原位标注，施工时，原位标注取值优先。如图 2-16 所示。

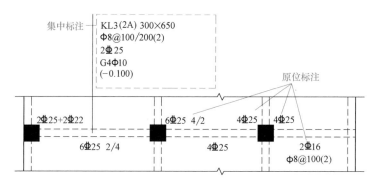

图 2-16　梁的集中标注与原位标注

2. 梁集中标注

梁集中标注可以从梁的任意一跨引出，集中标注的内容，有五项必注值（梁编号，梁截面尺寸，梁箍筋，梁上部、下部通长筋或架立筋，梁侧面纵向构造钢筋或受扭钢筋）和一项选注值（梁顶面标高高差），如图 2-17 所示。

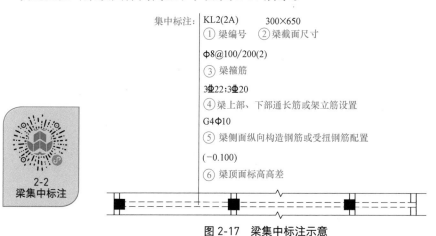

图 2-17　梁集中标注示意

（1）梁编号

梁编号由梁类型代号、序号、跨数及有无悬挑代号三项组成，表示方法见表 2-6。

梁编号　　　　　　　　　　　　　　　　表 2-6

梁类型	代号	序号	跨数及是否带有悬挑
楼层框架梁	KL	用数字序号表示顺序号	（××）：括号内数字表示跨数，端部无悬挑 （××A）：括号内数字表示跨数，一端有悬挑 （××B）：括号内数字表示跨数，两端有悬挑 注：悬挑不计入跨数
楼层框架扁梁	KBL		
屋面框架梁	WKL		
框支梁	KZL		
托柱转换梁	TZL		
非框架梁	L		
井字梁	JZL		
悬挑梁	XL	××	

注：1. 楼层框架扁梁节点核心区代号 KBH。

　　2. 非框架梁 L、井字梁 JZL 表示端支座为铰接；当非框架梁 L、井字梁 JZL 端支座上部纵筋为充分利用钢筋的抗拉强度时，在梁代号后面加"g"。

　　3. 当非框架梁 L 按受扭设计时，在梁代号后加"N"。

【例 2-2】KL1（3）表示第 1 号楼层框架梁，3 跨，端部无悬挑，如图 2-18 所示。

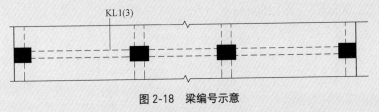

图 2-18　梁编号示意

【例 2-3】WKL3（2A）表示第 3 号屋面框架梁，2 跨，一端有悬挑，如图 2-19 所示。

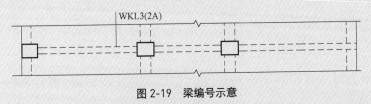

图 2-19　梁编号示意

【例 2-4】L8（6B）表示第 8 号非框架梁，6 跨，两端有悬挑，端支座为铰接。

【例 2-5】Lg7（5）表示第 7 号非框架梁，5 跨，端支座上部纵筋为充分利用钢筋的抗拉强度。LN5（3）表示第 5 号受扭非框架梁，3 跨。

（2）梁截面尺寸

梁截面尺寸的表示方法如下：

1）当为等截面梁时，用 $b \times h$ 表示。

【例 2-6】图 2-17 中，300×650，表示梁宽 300mm，梁高 650mm。梁截面如图 2-20 所示。

2）当为竖向加腋梁时，用 $b \times h \, \mathrm{Y} c_1 \times c_2$ 表示，其中 c_1 为腋长，c_2 为腋高。

【例 2-7】图 2-21 中，300×750 Y500×250，表示竖向加腋梁，梁宽 300mm，梁高 750mm，腋长 500mm，腋高 250mm。

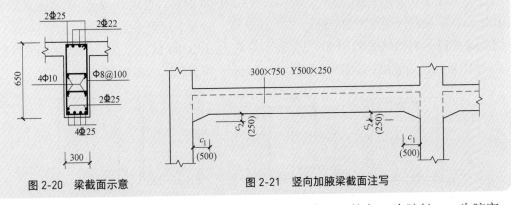

图 2-20　梁截面示意　　　　图 2-21　竖向加腋梁截面注写

3）当为水平加腋梁时，一侧加腋用 $b \times h \, \mathrm{PY} c_1 \times c_2$ 表示，其中 c_1 为腋长，c_2 为腋宽，加腋部位应在平面图中绘制。

【例2-8】图2-22中，300×700 PY500×250，表示水平加腋梁，梁宽300mm，梁高700mm，腋长500mm，腋宽250mm。

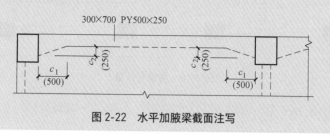

图2-22　水平加腋梁截面注写

4）当有悬挑梁且根部和端部的高度不同时，用斜线分隔根部与端部的高度值，即为 $b \times h_1/h_2$。

【例2-9】图2-23中，300×700/500，表示悬挑梁的根部截面高度为700mm，端部截面高度为500mm。

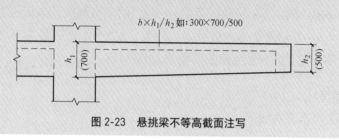

图2-23　悬挑梁不等高截面注写

（3）梁箍筋

梁箍筋注写包括钢筋级别、直径、加密区与非加密区间距及肢数。

箍筋加密区与非加密区的不同间距及肢数用斜线"/"分隔；当梁箍筋为同一种间距及肢数时，则不需用斜线；当加密区与非加密区的箍筋肢数相同时，箍筋肢数只注写一次；箍筋肢数应写在括号内。加密区范围见相应抗震等级的标准构造详图。

【例2-10】φ10@100/200（4）表示箍筋为HPB300钢筋，直径10mm，加密区间距为100mm，非加密区间距为200mm，均为四肢箍，如图2-24所示。

【例2-11】φ8@100（4）/150（2）表示箍筋为HPB300钢筋，直径8mm，加密区间距为100mm，四肢箍；非加密区间距为150mm，双肢箍，如图2-25所示。

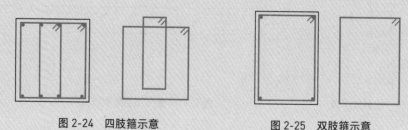

图2-24　四肢箍示意　　　　　　图2-25　双肢箍示意

非框架梁、悬挑梁、井字梁采用不同的箍筋间距及肢数时,也用斜线"/"将其分隔开来。先注写梁支座端部的箍筋(包括箍筋的箍数、钢筋级别、直径、间距与肢数),在斜线后注写梁跨中部分的箍筋间距及肢数。

【例 2-12】13Φ10@150/200(4)表示箍筋为 HPB300 钢筋,直径 10mm;梁的两端各有 13 个四肢箍,间距为 150mm;梁跨中部分间距为 200mm,四肢箍,如图 2-26所示。

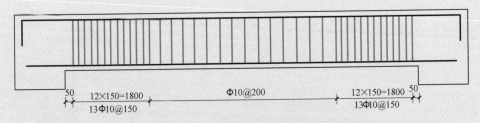

図 2-26　非框架梁不同箍筋间距示意

【例 2-13】18Φ12@150(4)/200(2)表示箍筋为 HPB300 钢筋,直径 12mm;梁的两端各有 18 个四肢箍,间距为 150mm;梁跨中部分间距为 200mm,双肢箍。

　　(4)梁上部通长筋或架立筋、下部通长筋

　　1)梁上部通长筋或架立筋配置(通长筋可为相同或不同直径采用搭接连接、机械连接或焊接连接的钢筋),所注规格与根数应根据结构受力要求及箍筋肢数等构造要求而定。当同排纵筋中既有通长筋又有架立筋时,应用加号"+"将通长筋和架立筋相联。注写时须将角部纵筋写在加号的前面,架立筋写在加号后面的括号内,以示不同直径及与通长筋的区别。当全部采用架立筋时,则将其写入括号内。

　　2)当梁的上部纵筋和下部纵筋为全跨相同,且多数跨配筋相同时,此项可加注下部纵筋的配筋值,用分号";"将上部与下部纵筋的配筋值分隔开来。

【例 2-14】梁集中标注为:KL1(2A)250×500
　　　　　　　　　　　　　Φ8@100/200(2)
　　　　　　　　　　　　　2Φ22

　　其中 2Φ22:表示梁的上部通长筋为 HRB400 钢筋,直径 22mm,共 2 根。

【例 2-15】梁集中标注为:KL2(3)300×650
　　　　　　　　　　　　　Φ8@100/200(4)
　　　　　　　　　　　　　2Φ25+(2Φ12);4Φ20
　　　　　　　　　　　　　G4Φ10

　　其中 2Φ25+(2Φ12):表示梁的上部通长筋为 2Φ25(放在梁的角部),2Φ12为架立筋,用于四肢箍。

　　4Φ20:表示梁的下部通长筋为 4Φ20。

（5）梁侧面纵向构造钢筋或受扭钢筋

1）当梁腹板高度 $h_w \geqslant 450mm$ 时，须配置纵向构造钢筋（图2-27），所注规格与根数应符合规范规定。此项注写值以大写字母 G 打头，接续注写设置在梁两个侧面的总配筋值，且对称配置。

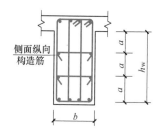

图2-27 梁侧面纵向构造钢筋（$a \leqslant 200$）

【例2-16】梁集中标注为：KL3（2）300×650

　　　　　　　　　Φ8@100/200（2）

　　　　　　　　　2Φ25；4Φ25

　　　　　　　　　G4Φ10

其中G4Φ10：表示梁的两个侧面共配置 4Φ10 的纵向构造钢筋，每侧各配置2Φ10，该梁截面如图2-28所示。

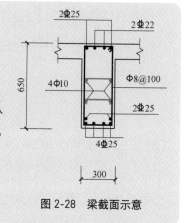

图2-28 梁截面示意

2）当梁侧面需配置受扭纵向钢筋时，此项注写值以大写字母 N 打头，接续注写设置在梁两个侧面的总配筋值，且对称配置。受扭纵向钢筋应满足梁侧面纵向构造钢筋的间距要求，且不再重复配置纵向构造钢筋。

【例2-17】梁集中标注为：KL4（2）300×650

　　　　　　　　　Φ8@100/200（2）

　　　　　　　　　4Φ25；4Φ25

　　　　　　　　　N4Φ20

其中N4Φ20：表示梁的两个侧面共配置 4Φ20 的受扭纵向钢筋，每侧各配置2Φ20，该梁截面如图2-29所示。

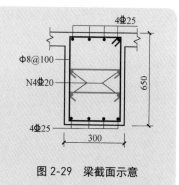

图2-29 梁截面示意

（6）梁顶面标高高差

梁顶面标高高差，系指相对于结构层楼面标高的高差值，对于位于结构夹层的梁，则指相对于结构夹层楼面标高的高差。有高差时，需将其写入括号内，无高差时不注。

当某梁的顶面高于所在结构层的楼面标高时，其标高高差为正值，反之为负值。

【例 2-18】梁集中标注为：KL1（2A）250×500
　　　　　　　　　Φ8@100/200（2）
　　　　　　　　　2 Φ 22
　　　　　　　　　（-0.100）

其中（-0.100）：表示梁顶面低于该梁所在结构层楼面标高0.1m，如图 2-30所示。

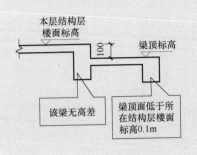

图 2-30　梁顶面标高高差示意

3. 梁原位标注

2-3 梁原位标注

梁原位标注的内容规定如下：

（1）梁支座上部纵筋，该部位含通长筋在内的所有纵筋。

1）上部纵筋多于一排时，用斜线"/"将各排纵筋自上而下分开。

【例 2-19】图 2-31 中，梁支座上部纵筋注写为：6 Φ 25 4/2

表示上一排纵筋为 4 Φ 25（其中 2 Φ 25 为上部通长筋，2 Φ 25 为非贯通筋或称"支座负筋"），下一排纵筋为 2 Φ 25（支座负筋）。该处梁截面如图 2-32 所示。

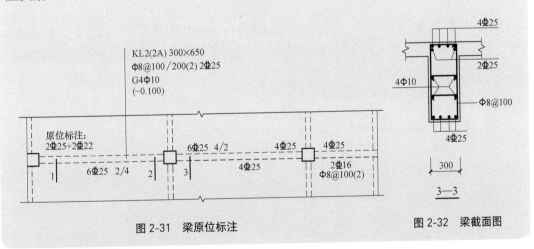

图 2-31　梁原位标注

图 2-32　梁截面图

2）当同排纵筋有两种直径时，用加号"+"将两种直径的纵筋相连，角部纵筋写在前面。

【例2-20】图2-31中，梁支座上部纵筋注写为：2Φ25+2Φ22

表示梁支座上部有四根纵筋，2Φ25放在角部（通长筋），2Φ22放在中间。该处梁截面如图2-33所示。

3）当梁中间支座两边的上部纵筋不同时，须在支座两边分别标注；当梁中间支座两边的上部纵筋相同时，可仅在支座的一边标注配筋值。

【例2-21】图2-31中，梁中间支座右边上部纵筋注写为6Φ25 4/2，支座左边未注写，表示梁中间支座两边的上部纵筋相同，均为6Φ25 4/2。支座左边梁截面如图2-34所示。

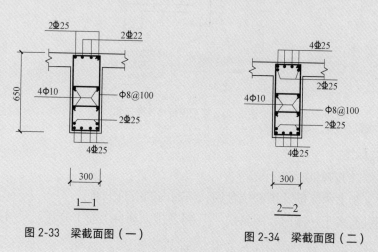

图2-33　梁截面图（一）

图2-34　梁截面图（二）

4）当两大跨中间为小跨，且小跨净尺寸小于左、右两大跨净跨尺寸之和的1/3时，小跨上部纵筋采用贯通全跨方式，此时，应将贯通小跨的纵筋注写在小跨中部。

【例2-22】图2-35中，两大跨中间为小跨，小跨上部纵筋6Φ22 4/2标注在跨中，表示小跨上部纵筋6Φ22 4/2贯通小跨，一直延伸到第一跨的右端和第三跨的左端。

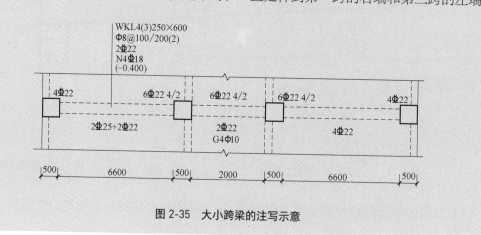

图2-35　大小跨梁的注写示意

5）通长筋直径小于原位标注的支座负筋直径的注写如图2-36所示，图中表示梁支座负筋为4Φ20，通长筋为2Φ16。

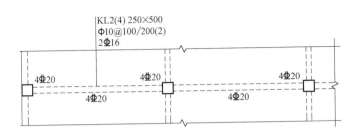

图 2-36　通长筋直径小于支座负筋注写示意

（2）梁下部纵筋

如果梁的集中标注没有下部通长筋，则梁下部纵筋在各跨的下部原位标注。

1）当下部纵筋多于一排时，用斜线"/"将各排纵筋自上而下分开。

【例 2-23】图 2-31 中，梁下部纵筋注写为：6Φ25 2/4

表示上一排纵筋为 2Φ25，下一排纵筋为 4Φ25，全部伸入支座。该处梁截面如图 2-34 所示。

2）当同排纵筋有两种直径时，用加号"+"将两种直径的纵筋相连，注写时角筋写在前面。

【例 2-24】图 2-35 中，梁下部纵筋注写为 2Φ25+2Φ22，表示梁下部有一排纵筋，共四根，2Φ25 放在角部，2Φ22 放在中部，全部伸入支座。

3）梁下部纵筋不全部伸入支座时，将梁支座下部纵筋减少的数量写在括号内。

【例 2-25】图 2-37 中，梁下部纵筋注写为：6Φ25 2（-2）/4

表示上一排纵筋为 2Φ25 且不伸入支座；下一排纵筋为 4Φ25，全部伸入支座。不伸入支座的梁下部钢筋如图 2-38 所示。

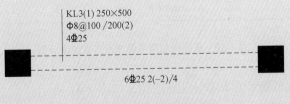

图 2-37　梁下部纵筋标注

学习情境 2　梁识图与钢筋计算

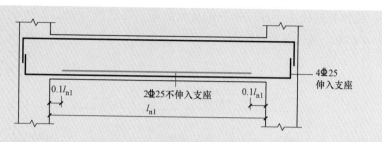

图 2-38　不伸入支座的梁下部钢筋示意

【例 2-26】梁下部纵筋注写为：2 Φ 25+3 Φ 22（−3）/5 Φ 25

　　表示上一排纵筋为 2 Φ 25 和 3 Φ 22，其中 3 Φ 22 不伸入支座；下一排纵筋为 5 Φ 25，全部伸入支座。

　　4）当梁的集中标注中规定分别注写梁上部和下部均为通长的纵筋值时，则梁下部不再重复做原位标注，如图 2-39 所示。

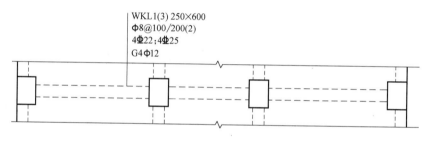

图 2-39　无原位标注梁平法图

　　5）梁设置竖向加腋时，加腋部位下部斜纵筋应在支座下部以 Y 打头注写在括号内，如图 2-40 所示。

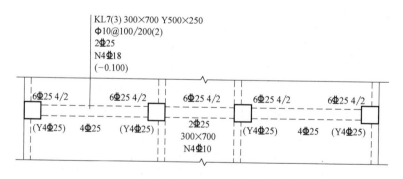

图 2-40　梁竖向加腋平面注写方式表达示例

　　KL7 端支座竖向加腋部位下部斜纵筋的构造如图 2-41 所示。

　　6）梁设置水平加腋时，水平加腋内上、下部斜纵筋应在加腋支座上部以 Y 打头注写在括号内，上下部斜纵筋之间用"/"分隔，如图 2-42 所示。

快速平法识图与钢筋计算（第二版）

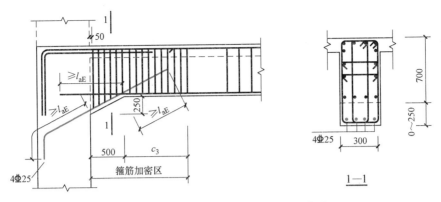

图 2-41　梁竖向加腋部位下部斜纵筋的构造

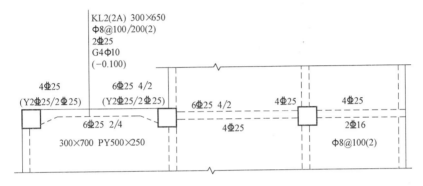

图 2-42　梁水平加腋平面注写方式表达示例

KL2 水平加腋内上、下部斜纵筋的构造如图 2-43 所示。

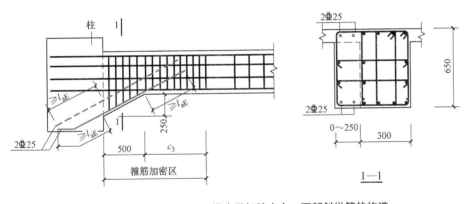

图 2-43　梁水平加腋内上、下部斜纵筋的构造

（3）当在梁上集中标注的内容（即梁截面尺寸、箍筋、上部通长筋或架立筋，梁侧面纵向构造钢筋或受扭纵向钢筋，以及梁顶面标高高差中的某一项或几项数值）不适用于某跨或某悬挑部分时，则将其不同数值原位标注在该跨或该悬挑部位，施工时应按原位标注数值取用。

【例 2-27】图 2-44 中，悬挑部分的原位标注为：截面 250×500/400，箍筋Φ8@100，施工时按原位标注数值取用，不按梁集中标注的截面 250×650、箍筋Φ8@100/200 数值。

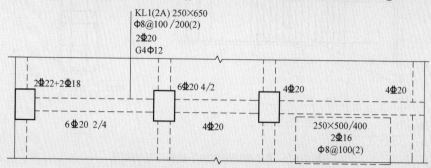

图 2-44　梁集中标注的内容不适用于悬挑部分注写示例

当在多跨梁的集中标注中已注明加腋，而该梁某跨的根部却不需要加腋时，则应在该跨原位标注等截面的 $b×h$，以修正集中标注中的加腋信息。

【例 2-28】图 2-40 中，梁的集中标注已注明竖向加腋，但第二跨原位标注：截面为 300×700（没有竖向加腋），侧面受扭纵向钢筋为 4Φ10，施工时按原位标注数值取用，不按梁集中标注的竖向加腋、侧面受扭纵向钢筋 4Φ18 数值。该梁的立面如图 2-45 所示。

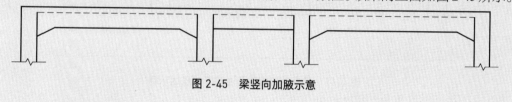

图 2-45　梁竖向加腋示意

（4）附加箍筋或吊筋

附加箍筋或吊筋直接画在平面图中的主梁上，用线引注总配筋值（附加箍筋的肢数注在括号内）。当多数附加箍筋或吊筋相同时，可在梁平法施工图中的设计说明中统一注明，少数与统一注明值不同时，再原位引注。

【例 2-29】图 2-46 中，表示在主梁第一跨的主、次梁相交处设置附加吊筋 2Φ18。在主梁第三跨的主、次梁相交处设置附加箍筋共 8 道，在次梁两侧每侧各设置 4 道，直径Φ8，间距 50mm，双肢箍。

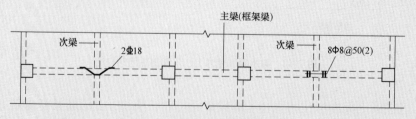

图 2-46　附加箍筋和吊筋的画法示例

施工时注意：附加箍筋和吊筋的几何尺寸按照标准构造详图结合其所在位置的主梁和次梁的截面尺寸而定。

（5）代号为 L 的非框架梁，当某一端支座上部纵筋为充分利用钢筋的抗拉强度时；对于一端与框架柱相连、另一端与梁相连的梁（代号为 KL），当其与梁相连的支座上部纵筋为充分利用钢筋的抗拉强度时，在梁平面布置图上原位标注，以符号"g"表示，如图 2-47 所示。

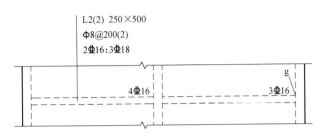

图 2-47　梁一端采用充分利用钢筋抗拉强度方式的注写示意
注："g"表示右端支座按照非框架梁 Lg 配筋构造。

（6）对于局部带屋面的楼层框架梁（代号为 KL），屋面部位梁跨原位标注 WKL，梁纵向钢筋构造做法如图 2-63（b）所示。

4. 框架扁梁注写方式

（1）框架扁梁注写规则同框架梁，对于上部纵筋和下部纵筋，尚需注明未穿过柱截面的纵向受力钢筋根数，如图 2-48 所示。

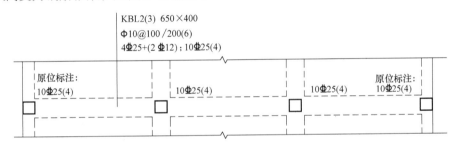

图 2-48　框架扁梁平面注写方式示例

【例 2-30】图 2-48 中，10⌀25（4），表示框架扁梁有 4 根纵向受力钢筋未穿过柱截面，柱两侧各 2 根。

（2）框架扁梁节点核心区代号为 KBH，包括柱内核心区和柱外核心区两部分。框架扁梁节点核心区钢筋注写包括柱外核心区竖向拉筋及节点核心区附加纵向钢筋，端支座节点核心区尚需注写附加 U 形箍筋。

柱内核心区箍筋见框架柱箍筋。

柱外核心区竖向拉筋，注写其钢筋级别与直径；端支座柱外核心区尚需注写附加 U 形箍筋的钢筋级别、直径及根数。

框架扁梁节点核心区附加纵向钢筋以大写字母"F"打头，注写其设置方向（X 向或 Y 向）、层数、每层的钢筋根数、钢筋级别、直径及未穿过柱截面的纵向受力钢筋根数。

【例2-31】图2-49（a）中，KBH1Φ10，F X&Y 2×7Φ14（4），表示框架扁梁中间支座节点核心区：柱外核心区竖向拉筋Φ10；沿梁X向（Y向）配置两层7Φ14附加纵向钢筋，每层有4根纵向受力钢筋未穿过柱截面，柱两侧各2根；附加纵向钢筋沿梁高度范围均匀布置。

【例2-32】图2-49（b）中，KBH2Φ10，4Φ10，F X 2×7Φ14（4），表示框架扁梁端支座节点核心区：柱外核心区竖向拉筋Φ10；附加U形箍筋共4道，柱两侧各2道；沿框架扁梁X向配置两层7Φ14附加纵向钢筋，有4根纵向受力钢筋未穿过柱截面，柱两侧各2根；附加纵向钢筋沿梁高度范围均匀布置。

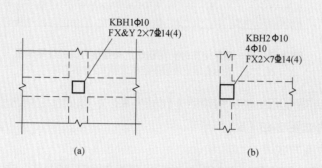

图 2-49　框架扁梁节点核心区附加钢筋注写

（a）中间节点核心区；（b）端支座节点核心区

5. 井字梁注写方式

（1）井字梁通常由非框架梁构成，并以框架梁为支座（特殊情况下以专门设置的非框架大梁为支座）。在此情况下，为明确区分井字梁与框架梁或作为井字梁支座的其他类型梁，井字梁用单粗虚线表示（当井字梁顶面高出板面时可用单粗实线表示），框架梁或作为井字梁支座的其他梁用双细虚线表示（当梁顶面高出板面时可用双细实线表示）。

井字梁指在同一矩形平面内相互正交所组成的结构构件，井字梁所分布范围称为"矩形平面网格区域"（简称"网格区域"）。当在结构平面布置中仅有由四根框架梁框起的一片网格区域时，所有在该区域相互正交的井字梁均为单跨；当有多片网格区域相连时，贯通多片网格区域的井字梁为多跨，且相邻两片网格区域分界处即为该井字梁的中间支座。对某根井字梁编号时，其跨数为其总支座数减1；在该梁的任意两个支座之间，无论有几根同类型梁与其相交，均不作为支座。

【例2-33】图2-50中，JZL1（2），表示第1号井字梁，2跨（①~②轴为第1跨，②~③轴为第2跨），以①轴、③轴的框架梁KL1（5）为端支座，以②轴KL2（4）为中间支座。

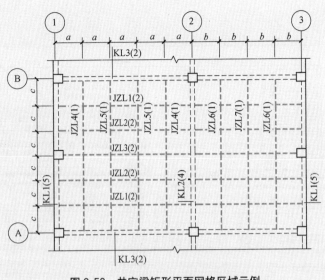

图 2-50　井字梁矩形平面网格区域示例

（2）井字梁的端部支座和中间支座上部纵筋的伸出长度 a_0 值，应由设计者在原位加注具体数值予以注明。

当采用平面注写方式时，则在原位标注的支座上部纵筋后面括号内加注具体伸出长度值。

【例 2-34】图 2-51 中，4 Φ 16（2000），表示井字梁的支座上部纵筋为 4 Φ 16，支座上部纵筋从支座边缘向跨内的伸出长度为 2000mm。跨中标注的"2 Φ 16"是构造钢筋，相当于架立筋。

当采用截面注写方式时，则在梁端截面配筋图上注写的上部纵筋后括号内加注具体伸出长度值，如图 2-52 所示。

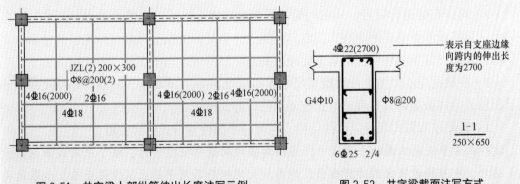

图 2-51　井字梁上部纵筋伸出长度注写示例　　　　图 2-52　井字梁截面注写方式

6. 梁平法施工图平面注写方式示例（图2-53）

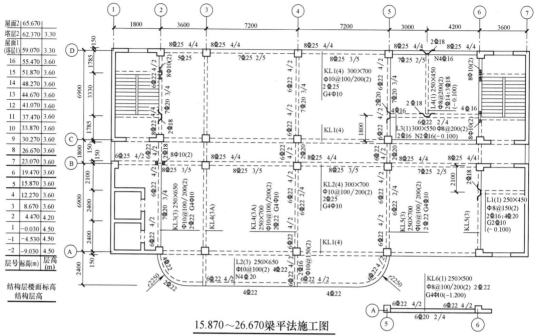

15.870～26.670梁平法施工图

注：可在结构层楼面标高、结构层高表中加设混凝土强度等级等栏目。

图 2-53 梁平法施工图平面注写方式示例

2.2.3 梁截面注写方式

在实际工程中，梁构件的截面注写方式应用较少，故在此只做简单介绍。

1. 定义

梁截面注写方式，是在分标准层绘制的梁平面布置图上，分别在不同编号的梁中各选择一根梁用剖面号引出配筋图，并以在其上注写截面尺寸和配筋具体数值的方式来表达梁平法施工图，如图2-54所示。

2. 注写方式

（1）对所有梁进行编号，从相同编号的梁中选择一根梁，先将"单边截面号"画在该梁上，再将截面配筋详图画在本图或其他图上。当某梁的顶面标高与结构层的楼面标高不同时，尚应继其梁编号后注写梁顶面标高高差（注写规定与平面注写方式相同）。

（2）在截面配筋详图上注写截面尺寸 $b \times h$、上部筋、下部筋、侧面构造筋或受扭筋以及箍筋的具体数值时，其表达形式与平面注写方式相同。

（3）截面注写方式既可以单独使用，也可与平面注写方式结合使用。

注：在梁平法施工图的平面图中，当局部区域的梁布置过密时，除了采用截面注写方式表达外，也可将过密区用虚线框出，适当放大比例后再用平面注写方式表示。当表达异形截面梁的尺寸与配筋时，用截面注写方式比较方便。

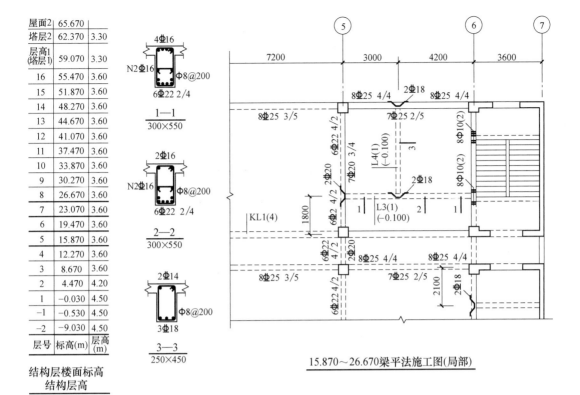

屋面2	65.670	
塔层2	62.370	3.30
层高1 (塔层1)	59.070	3.30
16	55.470	3.60
15	51.870	3.60
14	48.270	3.60
13	44.670	3.60
12	41.070	3.60
11	37.470	3.60
10	33.870	3.60
9	30.270	3.60
8	26.670	3.60
7	23.070	3.60
6	19.470	3.60
5	15.870	3.60
4	12.270	3.60
3	8.670	3.60
2	4.470	4.20
1	-0.030	4.50
-1	-0.530	4.50
-2	-9.030	4.50
层号	标高(m)	层高 (m)

结构层楼面标高
结构层高

图 2-54　梁平法施工图截面注写方式示例

2.3　梁钢筋构造

　　梁钢筋构造，是指梁构件的各种钢筋在实际工程中可能出现的各种构造情况。本任务主要讲解楼层框架梁 KL、屋面框架梁 WKL、悬挑梁 XL、非框架梁 L 等的钢筋构造要求。

2.3.1　楼层框架梁 KL 纵向钢筋构造

　　1. 楼层框架梁 KL 纵向钢筋标准构造详图

　　楼层框架梁 KL 纵向钢筋标准构造详图如图 2-55 所示。

　　2. 楼层框架梁 KL 纵向钢筋构造要点

　　（1）楼层框架梁 KL 钢筋三维图（图 2-56）

　　（2）框架梁支座上部非贯通纵筋（也称"支座负筋"）的截断位置

　　框架梁支座上部非贯通纵筋自支座边伸出长度：第一排为 $l_n/3$，第二排为 $l_n/4$。l_n 的取值为：对于端支座，l_n 为本跨的净跨长；对于中间支座，l_n 为支座两边较大一跨的净跨长。

学习情境 2　梁识图与钢筋计算

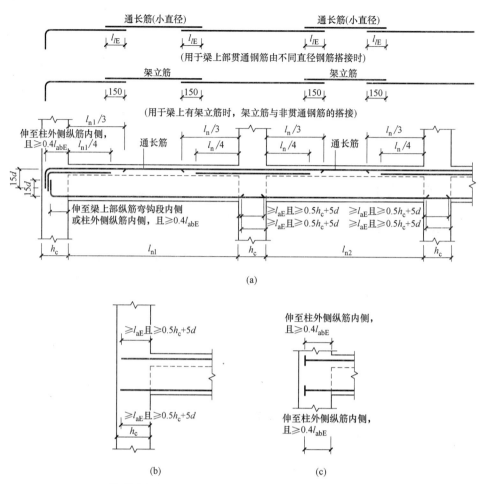

(a)

(b)　　　　　　　　　　　(c)

注：①跨度值l_n为左跨l_{ni}和右跨l_{ni+1}之较大值，其中i=1,2,3,……
②图中h_c为柱截面沿框架方向的高度。

图 2-55　楼层框架梁 KL 纵向钢筋及端部锚固构造

（a）楼层框架梁 KL 纵向钢筋构造；（b）端支座直锚；（c）端支座加锚头（锚板）锚固

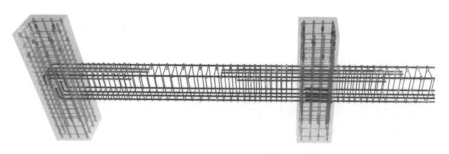

图 2-56　楼层框架梁 KL 钢筋三维图

（3）框架梁上部通长筋的构造

1）当梁上部通长筋与非贯通钢筋直径相同时，连接位置宜位于跨中 1/3 净跨的范围内，且在同一连接区段内钢筋接头面积百分率不宜大于 50%，如图 2-57 所示。

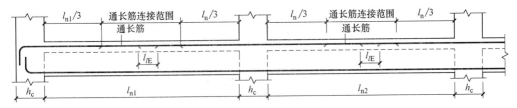

图 2-57 通长筋与支座负筋直径相同的连接

2）当梁上部通长筋由不同直径的钢筋采用搭接连接时，搭接长度为 l_{lE}，如图 2-58 所示。

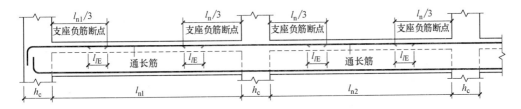

图 2-58 通长筋直径小于支座负筋的连接（搭接长度按小直径计算）

3）当梁上部设有架立筋时，架立筋与支座负筋的搭接长度为 150mm，如图 2-59 所示。

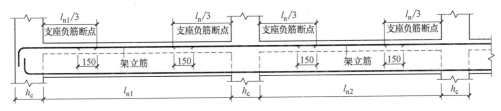

图 2-59 架立筋与支座负筋的连接

（4）框架梁纵筋在端支座的锚固要求

框架梁上部与下部纵筋在端支座的锚固构造可分为三种形式：

1）端支座直锚

构造要点：当支座宽 h_c- 保护层厚度 $\geqslant l_{aE}$ 时，采用直锚形式。梁上部与下部纵筋锚入柱内长度为 l_{aE} 且 $\geqslant 0.5h_c+5d$，即直锚长度 =max（l_{aE}，$0.5h_c+5d$）（h_c 为支座宽，d 为锚入钢筋直径）。

2）端支座弯锚

其三维图如图 2-60 所示，构造要点：当支座宽 h_c- 保护层厚度 $< l_{aE}$ 时，采用弯锚形式。梁上部纵筋伸至柱外侧纵筋内侧向下弯折 90°，弯折长度为 15d，且伸入柱内的水平段长度 $\geqslant 0.4l_{abE}$。梁下部纵筋伸至梁上部纵筋弯钩段内侧或柱外侧纵筋内侧向上弯折 90°，弯折长度为 15d，且伸入柱内的水平段长度 $\geqslant 0.4l_{abE}$。梁纵筋弯钩与柱纵筋之间、弯钩与弯钩之间净距不小于 25mm 和 d（d 为两排钢筋直径较大者）。

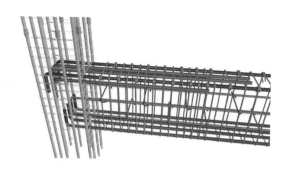

图 2-60 端支座弯锚示意图

3）端支座加锚头（锚板）锚固

构造要点：当支座宽 h_c- 保护层厚度 $< l_{aE}$ 时，可采用加锚头（锚板）锚固形式。梁上部与下部纵筋伸至柱外侧纵筋内侧，且伸入柱内的水平段长度 $\geqslant 0.4 l_{abE}$。

（5）框架梁下部纵筋在中间支座的锚固和连接要求

框架梁下部纵筋在中间支座宜贯穿，当不能贯穿时，按如下方式处理：

1）当支座宽 h_c- 保护层厚度 $\geqslant l_{aE}$ 时，下部纵筋在支座范围内直锚，伸入支座内长度 $\geqslant l_{aE}$ 且 $\geqslant 0.5 h_c + 5d$，如图 2-55（a）所示。

2）当支座宽 h_c- 保护层厚度 $< l_{aE}$ 时，柱两侧梁宽不同或下部纵筋根数不同，或梁下部纵筋比较少时，下部纵筋在支座范围内弯锚，下部纵筋伸至柱对边纵筋内侧弯折 15d，且伸入支座内的水平段长度 $\geqslant 0.4 l_{abE}$，如图 2-61 所示。

注：若梁下部纵筋较多时，采用下部纵筋在支座范围内弯锚，会造成大量钢筋交错，影响混凝土浇筑质量。

3）梁下部纵筋不能在支座内锚固时，可在节点外连接，如图 2-62 所示。梁下部纵筋延伸至相邻跨内箍筋加密区以外连接，且在距支座 1/3 净跨范围之内，连接位置距支座边缘不应小于 1.5 倍的梁有效高度。相邻跨钢筋直径不同时，连接位置位于较小直径一跨，连接可采用搭接、焊接、机械连接。当无法避开梁端箍筋加密区时，应采用机械连接，接头等级为Ⅰ级或Ⅱ级，且接头面积百分率不宜大于 50%。

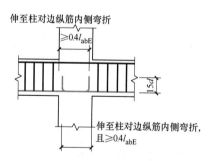

图 2-61 在支座范围内弯锚

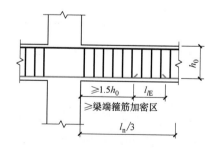

图 2-62 中间层中间节点梁下部筋在节点外搭接

（注：相邻跨钢筋直径不同时，搭接位置位于较小直径一跨）

（6）一级框架宜采用机械连接，二、三、四级可采用绑扎搭接或焊接连接。

2.3.2 屋面框架梁 WKL 纵向钢筋构造

框架顶层端节点的梁、柱端主要承受负弯矩作用，相当于 90° 折梁。节点外侧钢筋不是锚固受力，而属于搭接传力问题。屋面框架梁 WKL 纵向钢筋构造，包括以下三种构造类型。

2-5
屋面框架梁
WKL 纵向
钢筋构造

1. 柱外侧纵筋与梁上部纵筋在节点外侧弯折搭接构造

（1）柱外侧纵筋与梁上部纵筋在节点外侧弯折搭接的标准构造详图如图 2-63 ～ 图 2-66 所示。

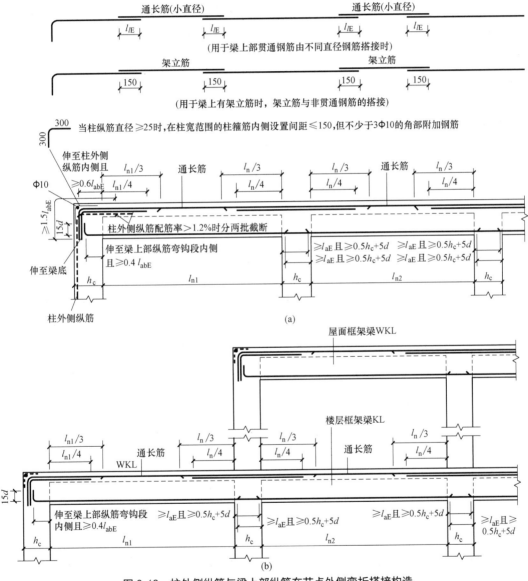

图 2-63　柱外侧纵筋与梁上部纵筋在节点外侧弯折搭接构造
（a）屋面框架梁 WKL；（b）局部带屋面框架梁 KL

学习情境 2　梁识图与钢筋计算

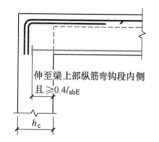

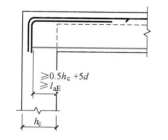

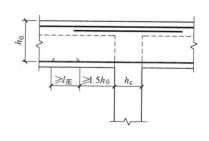

图 2-64 顶层端节点梁下部钢
筋端头加锚头（锚板）锚固

图 2-65 顶层端支座梁下部钢筋直锚

图 2-66 顶层中间节点梁下部
筋在节点外搭接

（2）柱外侧纵筋与梁上部纵筋在节点外侧弯折搭接构造要点

1）顶层端节点处梁上部纵筋伸至柱外侧纵筋内侧，向下弯折伸至梁底，且伸入柱内的水平段长度 $\geq 0.6l_{abE}$。

2）不小于 65% 的柱外侧纵筋伸入梁内与梁上部纵筋搭接，搭接长度 $\geq 1.5l_{abE}$。

3）当柱纵筋直径 $\geq 25mm$ 时，在柱宽范围的柱箍筋内侧设置间距 $\leq 150mm$，但不少于 3Φ10 的角部附加钢筋。

4）其余纵向钢筋构造要点与楼层框架梁 KL 纵向钢筋构造要点相同，不再重述。

2. 柱外侧纵筋与梁上部纵筋在柱顶外侧直线搭接构造

（1）柱外侧纵筋与梁上部纵筋在柱顶外侧直线搭接的标准构造详图如图 2-67 所示。

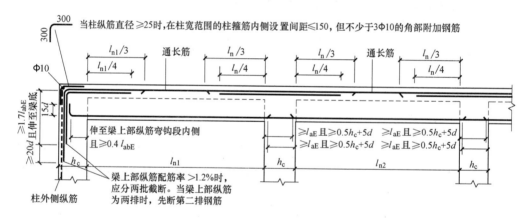

图 2-67 柱外侧纵筋与梁上部纵筋在柱顶外侧直线搭接构造

（2）柱外侧纵筋与梁上部纵筋在柱顶外侧直线搭接构造要点

1）顶层端节点处梁上部纵筋伸至柱外侧纵筋内侧向下弯折，与柱纵筋竖直搭接长度 $\geq 1.7l_{abE}$，且应伸过梁底。当梁上部纵筋配筋率 $> 1.2\%$ 时，梁上部纵筋应分两批截断，两批截断点距离 $\geq 20d$。当梁上部纵筋为两排时，先断第二排钢筋。

注：梁上部纵筋配筋率 = 梁上部全部纵筋截面面积 ÷ 梁截面面积 ×100%

2）柱外侧纵筋伸至柱顶截断。

3）当柱纵筋直径≥ 25mm 时，在柱宽范围的柱箍筋内侧设置间距≤ 150mm，但不少于 3 Φ 10 的角部附加钢筋。

4）其余纵向钢筋构造要点与楼层框架梁 KL 纵向钢筋构造要点相同，不再重述。

3. 梁宽范围内柱外侧纵筋弯入梁内作梁筋构造（图 2-68）

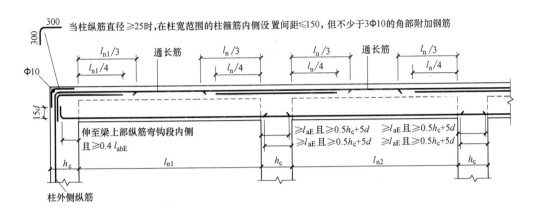

图 2-68 梁宽范围内柱外侧纵筋弯入梁内作梁筋构造

2.3.3 WKL、KL 中间支座纵向钢筋构造

1. WKL 中间支座纵筋标准构造详图（图 2-69）

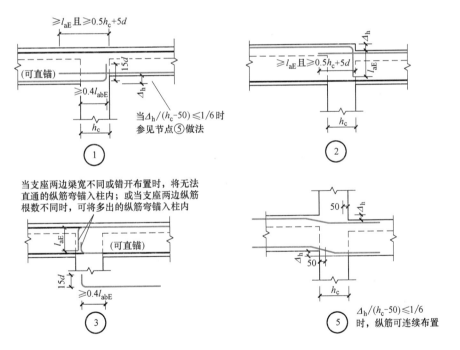

图 2-69 WKL 中间支座纵筋构造

2. WKL 中间支座纵筋构造要点

（1）节点①构造要点

1）适用于支座两边梁底有高差 Δ_h，且 $\Delta_h / (h_c-50) > 1/6$ 时。

2）当柱宽 h_c- 保护层厚度 $\geqslant l_{aE}$ 时，低位梁下部纵筋直锚，即锚入柱内长度为 l_{aE} 且 $\geqslant 0.5h_c+5d$；当柱宽 h_c- 保护层厚度 $< l_{aE}$ 时，低位梁下部纵筋弯锚，即梁纵筋伸至柱对边纵筋内侧弯折 $15d$，且伸入柱内的水平段长度 $\geqslant 0.4l_{abE}$。

3）高位梁下部纵筋直锚，直锚长度为 l_{aE} 且 $\geqslant 0.5h_c+5d$。

4）节点①三维示意图如图 2-70 所示。

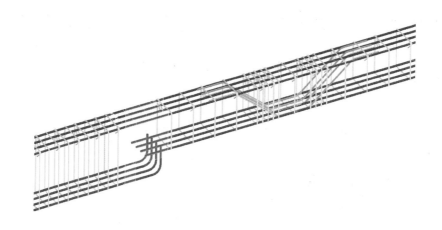

图 2-70　WKL 中间支座梁截面变化、吊筋、附加箍筋三维示意

（2）节点②构造要点

1）适用于支座两边梁顶有高差 Δ_h，且 $\Delta_h / (h_c-50) > 1/6$ 时。

2）高位梁上部纵筋伸至柱对边纵筋内侧弯折，弯折长度 $=\Delta_h+l_{aE}$- 保护层厚度。

3）低位梁上部纵筋直锚，直锚长度为 l_{aE} 且 $\geqslant 0.5h_c+5d$。

（3）节点③构造要点

当支座两边梁宽不同或错开布置时，将无法直通的纵筋弯锚入柱内，或当支座两边纵筋根数不同时，将多出的纵筋弯锚入柱内，即梁下部纵筋伸至柱对边纵筋内侧弯折 $15d$，梁上部纵筋伸至柱对边纵筋内侧弯折 l_{aE}，且伸入柱内的平直段长度 $\geqslant 0.4l_{abE}$。若支座宽 h_c- 保护层厚度 $\geqslant l_{aE}$，梁纵筋直锚，直锚长度为 l_{aE} 且 $\geqslant 0.5h_c+5d$。

（4）节点⑤构造要点

1）适用于支座两边梁有高差 Δ_h，且 $\Delta_h / (h_c-50) \leqslant 1/6$ 时，同时适用于 WKL、KL 中间支座。

2）上部、下部通长筋斜弯连续通过。

3. KL 中间支座纵筋标准构造详图（图 2-71）

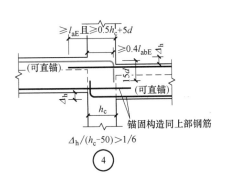

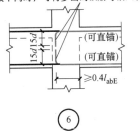

图 2-71　KL 中间支座纵筋构造

4. KL 中间支座纵筋构造要点

（1）节点④构造要点

1）适用于支座两边梁有高差 Δ_h，且 $\Delta_h/(h_c-50) > 1/6$ 时。

2）当柱宽 h_c- 保护层厚度 $\geqslant l_{aE}$ 时，高位梁上部纵筋（或低位梁下部纵筋）可直锚，即锚入柱内长度为 l_{aE} 且 $\geqslant 0.5h_c+5d$；当柱宽 h_c- 保护层厚度 $< l_{aE}$ 时，梁纵筋弯锚，即梁纵筋伸至柱对边纵筋内侧弯折 $15d$，且伸入柱内的水平段长度 $\geqslant 0.4l_{abE}$。

3）低位梁上部纵筋（或高位梁下部纵筋）直锚，直锚长度为 l_{aE} 且 $\geqslant 0.5h_c+5d$。

4）节点④三维示意图如图 2-72 所示。

（2）节点⑥构造要点

当支座两边梁宽不同或错开布置时，将无法直通的纵筋弯锚入柱内，或当支座两边纵筋根数不同时，将多出的纵筋弯锚入柱内，即梁纵筋伸至柱对边纵筋内侧弯折 $15d$，且伸入柱内的水平段长度 $\geqslant 0.4l_{abE}$。当支座宽 h_c- 保护层厚度 $\geqslant l_{aE}$ 时，梁纵筋直锚，直锚长度为 l_{aE} 且 $\geqslant 0.5h_c+5d$。节点⑥三维示意图如图 2-73 所示。

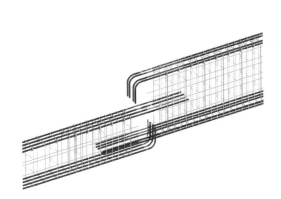

图 2-72　KL 中间支座梁截面变化三维示意

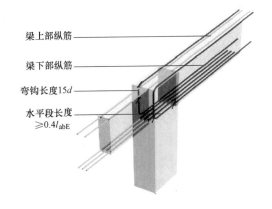

图 2-73　支座两边梁宽不同三维示意

2.3.4 纯悬挑梁 XL 及梁的悬挑端配筋构造

1. 纯悬挑梁 XL 标准构造详图（图 2-74），梁的悬挑端配筋标准构造详图（图 2-75、图 2-76）

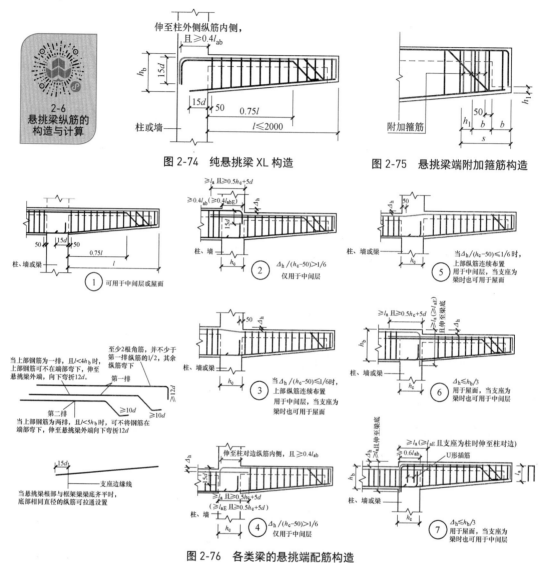

图 2-74　纯悬挑梁 XL 构造　　　　　图 2-75　悬挑梁端附加箍筋构造

图 2-76　各类梁的悬挑端配筋构造

注：括号内数值为框架梁纵筋锚固长度。当悬挑梁考虑竖向地震作用时（由设计明确），图中悬挑梁中钢筋锚固长度 l_a、l_{ab} 应改为 l_{aE}、l_{abE}，悬挑梁下部钢筋伸入支座长度也应采用 l_{aE}。

2. 纯悬挑梁 XL 及各类梁的悬挑端构造要点

（1）纯悬挑梁上部纵筋在支座中的构造

纯悬挑梁跨度不大于 2m 时，按非抗震设计。其位于中间层且当支座宽 h_c- 保护层厚度 $< l_a$ 时，梁上部纵筋弯锚，即梁纵筋伸至柱外侧纵筋内侧弯折 15d，且伸入柱内的水平段长度 $\geqslant 0.4l_{ab}$；当支座宽 h_c- 保护层厚度 $\geqslant l_a$ 时，梁上部纵筋可直锚，即锚入柱内长度为 l_a 且 $\geqslant 0.5h_c+5d$。

（2）梁的悬挑端各节点适用的条件不同，上部纵筋在节点（墙、柱）或支座（梁）处的构造也不同，要结合图纸实际情况正确选择。其中：

① 节点用于中间层或屋面，且框架梁顶与悬挑端顶没有高差，梁上部纵筋贯穿节点（墙、柱）或支座（梁）。

② 节点仅用于中间层，且悬挑端顶低于框架梁顶 Δ_h，$\Delta_h / (h_c-50) > 1/6$。梁上部纵筋在节点（墙、柱）处截断分别锚固，框架梁、悬挑端上部纵筋按框架中间层端节点构造锚固措施。即悬挑端的上部纵筋直锚长度为 $\geqslant l_a$ 且 $\geqslant 0.5h_c+5d$，框架梁上部纵筋伸至柱对边纵筋内侧弯折 $15d$，且伸入支座内的水平段长度 $\geqslant 0.4l_{ab}$（$\geqslant 0.4l_{abE}$）。

④ 节点仅用于中间层，且悬挑端顶高于框架梁顶 Δ_h，$\Delta_h / (h_c\ 50) > 1/6$。梁上部纵筋在节点（墙、柱）处截断分别锚固，框架梁、悬挑端上部纵筋按框架中间层端节点构造锚固措施。即框架梁的上部纵筋直锚长度为 $\geqslant l_a$ 且 $\geqslant 0.5h_c+5d$（$\geqslant l_{aE}$ 且 $\geqslant 0.5h_c+5d$）。悬挑端上部纵筋伸至柱对边纵筋内侧弯折 $15d$，且伸入支座内的水平段长度 $\geqslant 0.4l_{ab}$。

③、⑤ 节点用于中间层或支座为梁的屋面，且框架梁顶与悬挑端顶有高差 Δ_h，$\Delta_h / (h_c-50) \leqslant 1/6$。梁上部纵筋坡折贯穿节点（墙、柱）或支座（梁）。

⑥ 节点用于屋面或支座为梁的中间层，且悬挑端顶低于框架梁顶 Δ_h，$\Delta_h \leqslant h_b/3$。悬挑端的上部纵筋直锚长度为 $\geqslant l_a$ 且 $\geqslant 0.5h_c+5d$。框架梁上部纵筋伸入支座内弯锚，弯折长度 $\geqslant l_a$（$\geqslant l_{aE}$）且伸至梁底，伸入支座内的水平段长度 $\geqslant 0.6l_{ab}$。

⑦ 节点用于屋面或支座为梁的中间层，且悬挑端顶高于框架梁顶 Δ_h，且 $\Delta_h \leqslant h_b/3$。框架梁的上部纵筋直锚长度 $\geqslant l_a$（$\geqslant l_{aE}$，且支座为柱时伸至柱对边）。悬挑端上部纵筋伸入支座内弯锚，弯折长度 $\geqslant l_a$ 且伸至梁底，伸入支座内的水平段长度 $\geqslant 0.6l_{ab}$。

（3）① 节点构造要点

1）上部第一排纵筋在悬挑梁端部构造

上部第一排纵筋，至少有两根角筋，并不少于第一排纵筋的 1/2 的纵筋伸至悬挑梁端头，向下弯折 90° 伸至梁底且弯折长度 $\geqslant 12d$。其余第一排纵筋向下斜弯 45° 或 60°（梁高 $\leqslant 800mm$，弯 45°；梁高 $> 800mm$，弯 60°），至封口梁边 50mm 处再弯折 45° 或 60° 成水平段，且平直段长度 $\geqslant 10d$。其三维示意图如图 2-77 所示。

当上部钢筋为一排，且 $l < 4h_b$（注：l 为自支座边算起的悬挑净长，h_b 为悬挑梁根部的梁截面高度）时，上部第一排纵筋均伸至悬挑梁端头，向下弯折 90° 伸至梁底且弯折长度 $\geqslant 12d$。其三维示意图如图 2-78 所示。

2）上部第二排纵筋在悬挑梁端部构造

当 $l \geqslant 5h_b$ 时，梁上部第二排纵筋均伸至 $0.75l$ 处，然后向下斜弯 45° 或 60°（梁高 $\leqslant 800mm$，弯 45°；梁高 $> 800mm$，弯 60°），至梁底再弯折 45° 或 60° 成水平段，水平段长度 $\geqslant 10d$。其三维示意图如图 2-79 所示。

当上部钢筋为两排，且 $l < 5h_b$ 时，上部第二排纵筋均伸至悬挑梁端头，向下弯折 90°，弯折长度 $\geqslant 12d$。其三维示意图如图 2-80 所示。

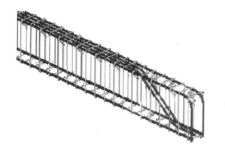

图 2-77 悬挑梁端部构造示意（一）

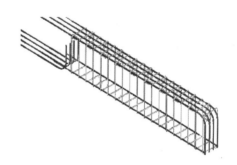

图 2-78 悬挑梁端部构造示意（二）

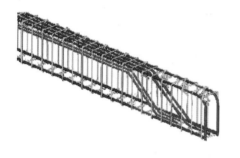

图 2-79 悬挑梁端部构造示意（三）

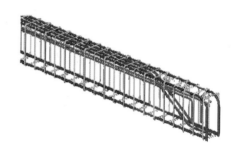

图 2-80 悬挑梁端部构造示意（四）

3）悬挑梁下部纵筋直锚入支座内 $15d$。当悬挑端与框架梁底平齐时，底部相同直径的纵筋可拉通设置。

4）悬挑梁的第一道箍筋距支座边缘 50mm 处开始设置，连续布置到封口梁内。悬挑梁端附加箍筋的布置范围如图 2-75 所示。

（4）①、⑥、⑦节点，当屋面框架梁与悬挑端根部底平，且下部纵筋通长设置时，框架柱中纵向钢筋锚固要求可按中柱柱顶节点。

（5）当梁上部设有第三排钢筋时，其伸出长度应由设计者注明。

2.3.5 梁箍筋构造

1. 框架梁箍筋加密区范围标准构造详图（图 2-81）

2. 框架梁箍筋构造要点

（1）抗震等级为一级时，箍筋加密区长度 $\geqslant 2.0h_b$ 且 $\geqslant 500$mm（h_b 为梁截面高度）；抗震等级为二～四级时，箍筋加密区长度 $\geqslant 1.5h_b$ 且 $\geqslant 500$mm。

（2）梁第一道箍筋距支座边缘 50mm 处开始设置。注意：在梁柱节点内，不设梁箍筋。

（3）尽端支座为梁时，此端可不设加密区，梁端箍筋规格及数量由设计确定。

（4）弧形梁沿梁中心线展开，其箍筋间距沿凸面线量度。

（5）框架梁箍筋设置三维示意图如图 2-56 所示。

2-7
如何计算
梁箍筋数量

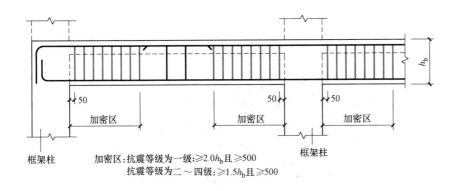

加密区：抗震等级为一级：≥2.0h_b且≥500
抗震等级为二～四级：≥1.5h_b且≥500

(a)

梁端纵筋构造
同非框架梁

此端箍筋构造可不设加密区
梁端箍筋规格及数量由设计确定

主梁

框架柱

加密区：抗震等级为一级：≥2.0h_b且≥500
抗震等级为二～四级：≥1.5h_b且≥500

(b)

注：1. 弧形梁沿梁中心线展开，箍筋间距沿凸面量度。h_b为梁截面高度。
2. 本图框架梁箍筋加密区范围同样适用于框架梁与剪力墙平面内连接的情况。
3. 当梁纵筋（不包括侧面G打头的构造筋及架立筋）采用绑扎搭接时，搭接区内箍筋直径不小于$d/4$（d为搭接钢筋最大直径），间距不应大于100mm及5d（d为搭接钢筋最小直径）。

图 2-81　框架梁 KL、WKL 箍筋加密区范围

(a) 两端支座均为框架柱；（b）一端支座为框架柱另一端为主梁

2.3.6　附加箍筋、吊筋构造

1. 附加箍筋、吊筋的标准构造详图（图 2-82、图 2-83）

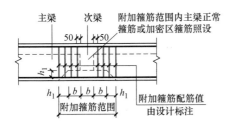

图 2-82　附加箍筋范围

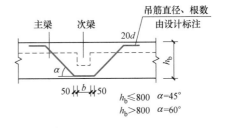

图 2-83　附加吊筋构造

2. 附加箍筋、吊筋的构造要点

（1）在主、次梁相交处，在主梁内要设置附加箍筋或吊筋。附加箍筋、吊筋的配筋值由设计标注。

（2）附加箍筋的布置范围 $s=3b+2h_1$（b 为次梁宽，h_1 为主次梁高差）。第一根附加箍筋距离次梁边缘 50mm，附加箍筋的布置范围内，主梁内原箍筋照常放置，如图 2-84 所示。

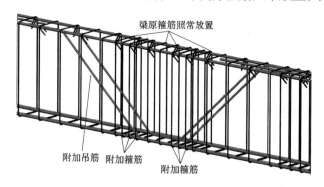

梁原箍筋照常放置

附加吊筋 附加箍筋 附加箍筋

图 2-84　附加箍筋、吊筋三维图

（3）吊筋的弯起角度：当主梁高度 ≤ 800mm 时，弯起角度为 45°；当主梁高度 > 800mm 时，弯起角度为 60°。

2-8
非框架梁的
钢筋构造

（4）吊筋下端的水平段要伸至梁底部的纵筋处，下端水平段长度 = 次梁宽 +100mm。弯起段应伸至梁上边缘处，且上端水平段为 20d。

2.3.7　非框架梁配筋构造

1. 非框架梁配筋标准构造详图（图 2-85）

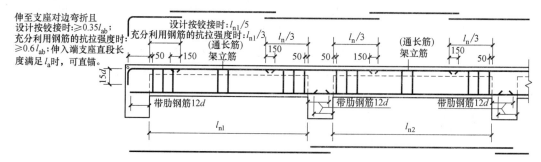

(a)
跨度值 l_n 为左跨 l_{ni} 和右跨 l_{ni+1} 之较大值，其中 $i=1, 2, 3\cdots$

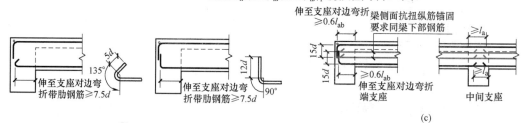

(b)
用于下部纵筋伸入边支座长度不满足直锚12d要求时

(c)
纵筋伸入端支座直段长度满足 l_a 时可直锚

图 2-85　非框架梁 L、Lg、LN 配筋构造

（a）非框架梁配筋构造；（b）端支座非框架梁下部纵筋弯锚构造；（c）受扭非框架梁 LN 纵筋构造

2. 非框架梁配筋构造要点

（1）"设计按铰接时"用于代号为 L 的非框架梁，"充分利用钢筋的抗拉强度时"用于代号为 Lg 的非框架梁或原位标注"g"的梁端。注意按梁代号选择构造做法。

（2）非框架梁支座上部非贯通纵筋的截断位置

1）端支座设计按铰接时，梁支座上部非贯通纵筋自端支座（主梁）边伸出长度为 $l_{n1}/5$，l_{n1} 为本跨的净跨长，如图 2-86（a）所示。

2）端支座充分利用钢筋的抗拉强度时，梁支座上部非贯通纵筋自支座（主梁）边伸出长度为 $l_{n1}/3$，l_{n1} 为本跨的净跨长，如图 2-86（b）所示。

3）中间支座处，梁支座上部非贯通纵筋自支座（主梁）边伸出长度为 $l_n/3$，l_n 为支座两边较大一跨的净跨长，如图 2-85（a）所示。

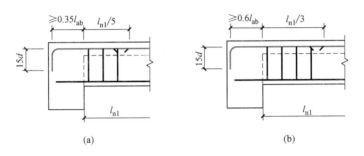

图 2-86　非框架梁端支座上部纵筋构造

（a）设计按铰接时；（b）充分利用钢筋的抗拉强度时

3. 非框架梁上部纵筋在端支座的锚固

（1）设计按铰接时，指理论上支座无负弯矩，在支座上部设置纵向构造钢筋。此时梁上部纵筋应伸至端支座（主梁）对边向下弯折 $15d$，且水平段长度 ≥ $0.35l_{ab}$（注：当端支座为中间层剪力墙时，为 $0.4l_{ab}$），当伸入支座的直段长度 ≥ l_a 时，可不弯折。

（2）充分利用钢筋的抗拉强度时，指支座上部钢筋按计算配置，承受支座负弯矩。此时梁上部纵筋应伸至端支座（主梁）对边向下弯折 $15d$，且水平段长度 ≥ $0.6l_{ab}$（注：当端支座为中间层剪力墙时，为 $0.4l_{ab}$），当伸入支座的直段长度 ≥ l_a 时，可不弯折。

（3）当支座宽度 < $0.35l_{ab}$ 或 $0.6l_{ab}$ 时，可采取如下措施：

1）当支座外侧有楼板时，可将上部钢筋延伸至外侧楼板内，满足锚固长度即可，如图 2-87 所示。

2）将非框架梁伸出支座形成梁头或在支座外侧设置挑板时，可在梁头或挑板中直锚或弯折锚固，如图 2-88 所示。

3）与设计人员协商，把上部纵筋等强度等面积代换为小直径的钢筋。

（4）非框架梁（不受扭时）下部纵筋在端支座的锚固

1）梁下部纵筋伸入支座的直锚长度，带肋钢筋 ≥ $12d$。

2）当支座宽度 < $12d$ 时，可采取如下措施：

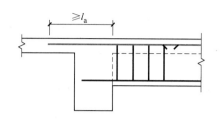

图 2-87　非框架梁端支座上部纵筋锚固在板内

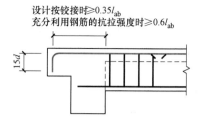

图 2-88　非框架梁端支座上部纵筋
锚固在梁头或挑板内

（注：当伸入支座内长度≥l_a 时，可不弯折）

① 可采用 135° 弯钩锚固方式。即梁下部纵筋伸至支座对边弯折 135°，弯钩的直段长度为 5d，平直段长度带肋钢筋≥7.5d，也可采用 90° 弯钩锚固方式，即梁下部纵筋伸至支座对边弯折 90°，弯后直段长度为 12d，平直段长度带肋钢筋≥7.5d。如图 2-85（b）所示。

② 可与设计人员协商，把梁下部纵筋等强度等面积代换为小直径的钢筋。

（5）受扭非框架梁 LN 构造要点

1）梁上、下部纵筋按"充分利用钢筋的抗拉强度"锚固在端支座内。当梁纵筋伸入支座的直段长度≥l_a 时，可直锚；当不满足直锚要求时，梁纵筋应伸至端支座（主梁）对边向上、向下（向节点内）弯折 15d，且水平段长度≥0.6l_{ab}，如图 2-85（c）端支座所示。

2）中间支座梁下部纵筋宜贯通，不能贯通时，锚入支座长度≥l_a，如图 2-85（c）中间支座所示。

3）非框架梁侧面受扭纵筋的锚固要求同下部钢筋。

4）受扭非框架梁的封闭箍筋采用 135° 弯钩，弯钩平直段长度为 10d，如图 2-89（a）所示。当采用复合箍筋时，仅最外侧箍筋计入受扭所需的箍筋面积，采用此种做法，不受扭非框架梁的箍筋及拉筋弯钩平直段长度为 5d，如图 2-89（b）所示。

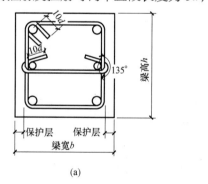

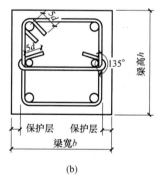

(a)　　　　　　　　　　　　(b)

图 2-89　非框架梁箍筋、拉筋弯钩

（a）受扭非框架梁；（b）非框架梁

（6）当梁上部设有架立筋时，架立筋与支座负筋的搭接长度为 150mm。

（7）当梁上部有通长钢筋时，连接位置宜位于跨中 $l_{ni}/3$ 范围内；梁下部钢筋连接位置宜位于支座 $l_{ni}/4$ 范围内；且在同一连接区段内钢筋接头面积百分率不宜大于 50%。

（8）当梁纵筋（不包括侧面 G 打头的构造筋及架立筋）采用绑扎搭接时，搭接区内箍筋直径不小于 $d/4$（d 为搭接钢筋最大直径），间距不应大于 100mm 及 $5d$（d 为搭接钢筋最小直径）。

（9）当梁纵筋兼做温度应力筋时，梁下部钢筋锚入支座长度由设计确定。

（10）弧形非框架梁的箍筋间距沿梁凸面线度量。

4. 非框架梁 L 中间支座梁截面变化的纵筋构造（图 2-90）

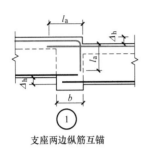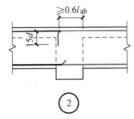

图 2-90　非框架梁 L 中间支座梁截面变化的纵筋构造

构造要点：

（1）节点①适用于支座两边纵筋互锚。即低位梁上部纵筋，直锚长度为 l_a；高位梁上部纵伸至支座（主梁）对边向下弯折 90°，弯折长度 =$\varDelta_h + l_a$。

（2）节点②适用于当支座两边梁宽不同或错开布置时，将无法直通的纵筋弯锚入梁内，或当支座两边纵筋根数不同时，将多出的纵筋弯锚入梁内，即梁纵筋伸至支座（主梁）对边弯折 $15d$，且伸入支座内的平直段长度 $\geqslant 0.6l_{ab}$。

（3）梁下部纵筋构造锚固要求同前面所述。

2.3.8　不伸入支座的梁下部纵筋构造

1. 不伸入支座的梁下部纵筋标准构造详图（图 2-91）

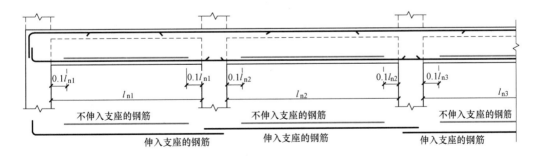

图 2-91　不伸入支座的梁下部纵筋断点位置

（注：本构造详图不适用于框支梁、框架扁梁）

2. 不伸入支座的梁下部纵筋构造要点

（1）当梁（不包括框支梁、框架扁梁）下部纵筋不全部伸入支座时，不伸入支座的梁下部纵筋截断点距支座边的距离，统一取为 $0.1l_{ni}$（l_{ni} 为本跨梁的净跨值）。

（2）不伸入支座的梁下部纵筋数量由设计人员确定，将不伸入支座的梁下部纵筋数量原位标注写在括号内。例如：梁下部纵筋注写为 6 Φ 25 2（-2）/4，表示上排纵筋为 2 Φ 25 且不伸入支座，下排纵筋为 4 Φ 25，全部伸入支座。

（3）框支梁、框架扁梁的下部纵筋应全部伸入支座内锚固。其纵筋连接应采用机械连接。

（4）箍筋（包括复合箍筋）角部的纵筋应全部伸入支座。

2.3.9 梁侧面纵向构造筋和拉筋构造

1. 梁侧面纵向构造筋和拉筋的标准构造详图（图 2-92）

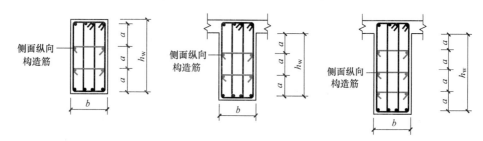

图 2-92 梁侧面纵向构造筋和拉筋

2. 梁侧面纵向构造筋和拉筋的构造要点

（1）当梁的腹板高度 $h_w \geqslant 450mm$ 时，在梁的两个侧面应沿高度配置纵向构造筋；纵向构造筋间距 $a \leqslant 200mm$。梁腹板高度 h_w 的确定如图 2-93 所示。

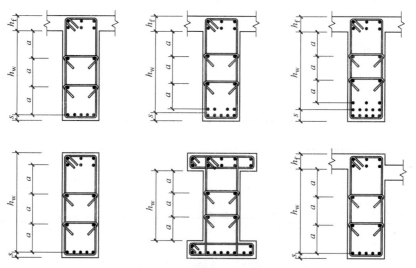

图 2-93 梁腹板高度 h_w 示意图

（当梁下部配置单层纵筋时，s 为下纵筋中心至梁底距离；当梁下部配置两层纵筋时，s 可取 70mm）

（2）当梁侧面配有直径不小于构造纵筋的受扭纵筋时，受扭钢筋可以代替构造钢筋。

（3）梁侧面构造纵筋的搭接与锚固长度可取为 $15d$。梁侧面受扭纵筋的搭接长度为 l_{lE} 或 l_l，其锚固长度为 l_{aE} 或 l_a，锚固方式同框架梁下部纵筋。

（4）当梁宽≤350mm 时，拉筋直径为 6mm；梁宽＞350mm 时，拉筋直径为 8mm。拉筋水平间距为非加密区箍筋间距的 2 倍。当设有多排拉筋时，上下两排拉筋竖向错开设置，如图 2-94 所示。

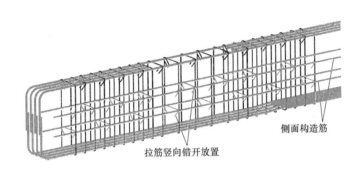

图 2-94 梁侧面纵向构造筋和拉筋三维图

2.3.10 框架梁水平加腋、竖向加腋构造

1. 框架梁水平加腋、竖向加腋的标准构造详图（图 2-95）

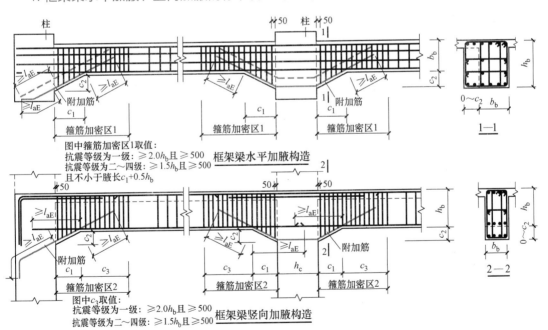

图 2-95 框架梁水平加腋、竖向加腋构造

2. 框架梁水平加腋构造要点

（1）箍筋加密区1的取值：抗震等级为一级时，$\geqslant 2.0h_b$ 且 $\geqslant 500mm$，抗震等级为二～四级时，$\geqslant 1.5h_b$ 且 $\geqslant 500mm$，且 $\geqslant c_1+0.5h_b$，h_b 为梁截面高度，c_1 为腋长。

（2）加腋部位箍筋规格及肢距与梁端部的箍筋相同。梁第一道箍筋距支座边缘 50mm 处开始设置。

（3）水平加腋梁附加筋锚入端支座长度为 l_{aE}，从加腋处伸入梁内 l_{aE}。

（4）当梁结构平法施工图中，水平加腋部位的配筋设计未给出时，其梁腋上下部斜纵筋（仅设置第一排）直径分别同梁内上下纵筋，水平间距不宜大于 200mm。

（5）水平加腋部位侧面纵向构造筋的设置及构造要求同梁内侧面纵向构造筋。

3. 框架梁竖向加腋构造要点

（1）框架梁竖向加腋构造适用于加腋部分参与框架梁计算，配筋由设计标注；其他情况设计应另行给出做法。

（2）箍筋加密区长度 $=c_1+c_3$（抗震等级为一级时，$c_3 \geqslant 2.0h_b$ 且 $\geqslant 500mm$；抗震等级为二～四级时，$c_3 \geqslant 1.5h_b$ 且 $\geqslant 500mm$。h_b 为梁截面高度，c_1 为腋长）。

（3）加腋部位箍筋规格及肢距与梁端部的箍筋相同。梁第一道箍筋距支座边缘 50mm 处开始设置。

（4）框架梁下部纵筋锚固长度从加腋处开始计算，而不是从柱边开始，直锚长度不小于 l_{aE}。

（5）加腋部位附加筋锚入端支座长度为 l_{aE}，从加腋处向梁内延伸 l_{aE}。附加筋在中柱内锚固也可按端支座形式分别锚固。

（6）框架梁竖向加腋三维示意图如图 2-96 所示。

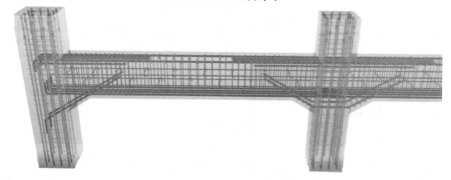

图 2-96　框架梁竖向加腋三维示意

2.3.11　框架扁梁构造

1. 框架扁梁中柱节点的标准构造详图（图 2-97）

构造要点：

（1）框架扁梁节点柱内核心区的箍筋同框架柱，柱外核心区应设置竖向拉筋，竖向拉筋同时勾住扁梁上下双向纵筋，拉筋末端采用135°弯钩，弯钩平直段长度为 $10d$。

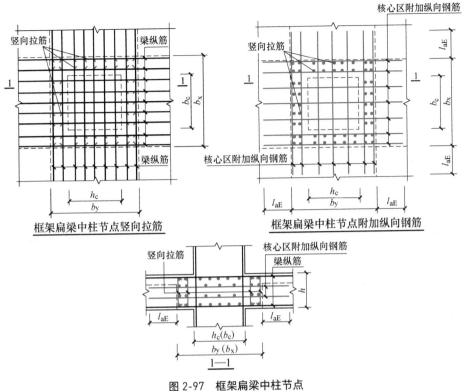

图 2-97　框架扁梁中柱节点

（2）附加纵向钢筋应贯穿中柱节点核心区，并分别向两边跨内延伸 l_{aE}。

（3）框架扁梁上部通长钢筋连接位置、非贯通钢筋伸出长度要求同框架梁。

（4）穿过柱截面的框架扁梁下部纵筋宜贯通支座，在相邻跨内连接，连接要求同框架梁（框架扁梁柱内外核心区均可视为梁的支座）；也可在柱内锚固，做法同框架梁。未穿过柱截面的下部纵筋在中间节点处应贯通节点区，可在相邻跨内采用连接方式接长。框架扁梁下部纵筋在节点外连接时，连接位置宜避开箍筋加密区，并宜位于支座边 1/3 跨度范围内。

（5）箍筋加密区要求如图 2-98 所示。中间节点箍筋加密区长度自另一方向框架扁梁边算起。箍筋加密区长度取 b_b+h_b、l_{aE} 的较大值，且不小于普通框架梁箍筋加密区长度范围的要求（b_b 为框架扁梁的宽度、h_b 为框架扁梁的高度、l_{aE} 为附加纵筋的抗震锚固长度）。

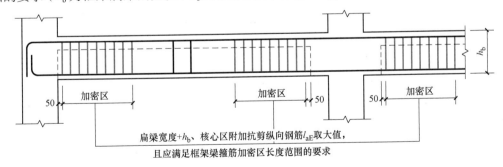

图 2-98　框架扁梁箍筋构造

2. 框架扁梁边柱节点一的标准构造详图（图 2-99）

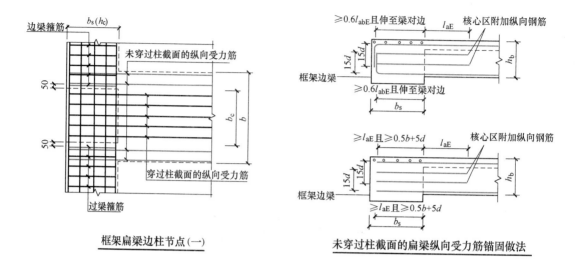

图 2-99　框架扁梁边柱节点（一）

构造要点：

（1）框架扁梁节点柱内核心区的箍筋同框架柱，柱外核心区应设置竖向拉筋，竖向拉筋同时钩住扁梁上下双向纵筋，拉筋末端采用 135° 弯钩，弯钩平直段长度为 $10d$。

（2）框架扁梁上部通长钢筋连接位置、非贯通钢筋伸出长度要求同框架梁。

（3）边柱端节点穿过柱截面的框架扁梁上部、下部纵筋锚固同框架梁。未穿过柱截面的纵筋，直锚时，钢筋锚固长度为 l_{aE} 且过框架边梁中心线 $5d$；弯锚时，钢筋伸至框架边梁对边弯折 $15d$，且伸入框架边梁内的水平段长度 $\geq 0.6l_{abE}$。

（4）节点核心区附加纵向钢筋在边柱节点中的锚固要求同框架扁梁纵向受力钢筋，钢筋另一端向跨内延伸 l_{aE}。

（5）箍筋加密区要求如图 2-98 所示。边节点箍筋加密区长度自框架柱边算起，箍筋加密区长度取 b_b+h_b、l_{aE} 的较大值，且不小于普通框架梁箍筋加密区长度范围的要求（b_b 为框架扁梁的宽度、h_b 为框架扁梁的高度、l_{aE} 为附加纵筋的抗震锚固长度）。

3. 框架扁梁边柱节点二的标准构造详图（图 2-100）

构造要点：

（1）该节点适用于 $h_c-b_s \geq 100mm$ 的框架扁梁边柱节点（h_c 为柱宽、b_s 为框架边梁宽），核心区需设置 U 形箍筋及竖向拉筋。U 形箍筋伸入框架柱内的长度为 l_{aE}，间距同箍筋加密区要求。

（2）框架扁梁纵筋在支座的锚固、搭接做法及箍筋加密区要求、竖向拉筋的做法同框架扁梁边柱节点（一）。

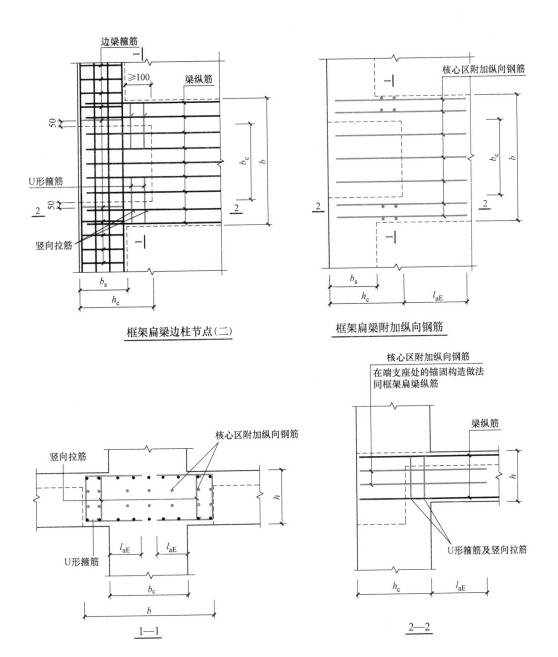

框架扁梁边柱节点（二）

框架扁梁附加纵向钢筋

图 2-100　框架扁梁边柱节点（二）

2.3.12　框支梁（托柱转换梁）构造

1. 框支梁（托柱转换梁）的标准构造详图（图 2-101）

2. 框支梁（托柱转换梁）的构造要点

（1）第一排上部纵筋为通长筋。第二排上部纵筋自支座边伸出长度为 $l_n/3$（对于端支座，l_n 为本跨的净跨长；对于中间支座，l_n 为支座两边较大一跨的净跨长）。

学习情境 2　梁识图与钢筋计算

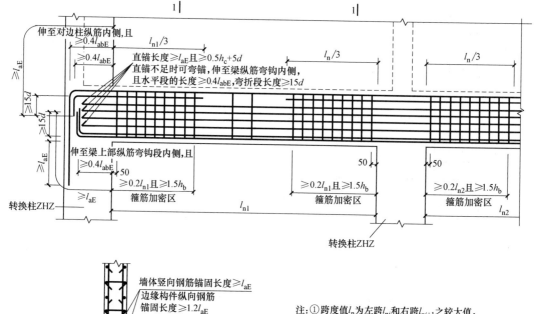

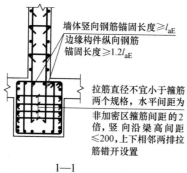

图 2-101　框支梁 KZL（也可用于托柱转换梁）配筋构造

（2）第一排上部纵筋伸至柱对边纵筋内侧向下弯锚，通过梁底后再下插 l_{aE}，且伸入柱内的水平段长度 $\geqslant 0.4l_{abE}$；第二排纵筋伸至第一排纵筋弯钩内侧向下弯折 $15d$，且伸入柱内的水平段长度 $\geqslant 0.4l_{abE}$。梁纵筋弯钩与柱纵筋之间、弯钩与弯钩之间净距不小于 25mm 和 d（d 为两排钢筋直径较大者）。

（3）侧面纵筋、下部纵筋，在端支座直锚时，直锚长度 $\geqslant l_{aE}$ 且 $\geqslant 0.5h_c+5d$；不能直锚时可弯锚，钢筋伸至梁纵筋弯钩内侧弯折 $15d$，且伸入柱内的水平段长度 $\geqslant 0.4l_{abE}$。

（4）箍筋加密区长度 $\geqslant 0.2l_n$ 且 $\geqslant 1.5h_b$（l_n 为本跨的净跨长，h_b 为梁截面高度）。

（5）拉筋直径不宜小于箍筋两个规格。拉筋水平间距为非加密区箍筋间距的 2 倍。竖向沿梁高间距 $\leqslant 200$mm，上下相邻两排拉筋错开设置。

（6）纵向钢筋宜采用机械连接接头，同一截面内接头钢筋截面面积不应超过全部纵筋截面面积的 50%，接头位置应避开上部墙体开洞部位、梁上托柱部位及受力较大部位。

（7）托柱转换梁的托柱部位或框支梁上部的墙体开洞部位，梁的箍筋应加密配置，加密区范围可取梁上托柱边或墙边两侧各 1.5 倍梁高，具体做法如图 2-102 所示。

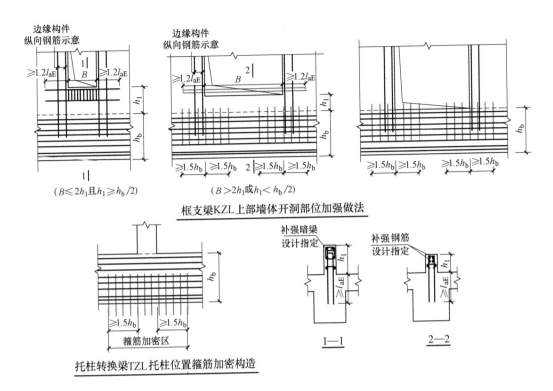

框支梁KZL上部墙体开洞部位加强做法

$1—1$ ($B \leqslant 2h_1$且$h_1 \geqslant h_b/2$)

$2—2$ ($B > 2h_1$或$h_1 < h_b/2$)

托柱转换梁TZL托柱位置箍筋加密构造

图 2-102 框支梁上部墙体开洞部位、托柱转换梁的托柱部位构造

2.3.13 框架梁（KL、WKL）与剪力墙连接构造

1. 框架梁（KL、WKL）与剪力墙平面内、平面外相交标准构造详图（图 2-103、图 2-104）

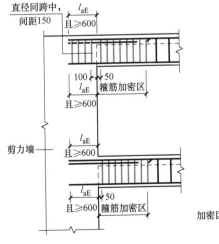

加密区：抗震等级为一级：$\geqslant 2.0h_b$，且$\geqslant 500mm$
抗震等级为二～四级：$\geqslant 1.5h_b$，且$\geqslant 500mm$

图 2-103 框架梁（KL、WKL）与剪力墙平面内相交构造

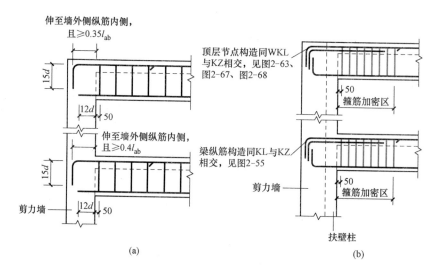

图 2-104 框架梁（KL、WKL）与剪力墙平面外相交构造
（a）构造（一）用于墙厚较小时；（b）构造（二）用于墙厚较大或设有扶壁柱时

2. 框架梁（KL、WKL）与剪力墙平面内、平面外相交构造要点

（1）框架梁（KL、WKL）与剪力墙平面内相交时，框架梁可视同剪力墙连梁，框架梁纵筋按连梁的纵筋构造要求锚固，即框架梁纵筋在剪力墙内直锚，框架梁纵筋伸入剪力墙内长度 $\geqslant l_{aE}$ 且 $\geqslant 600mm$。框架梁第一道箍筋距剪力墙边缘 50mm 处开始设置，并设箍筋加密区，抗震等级为一级时，箍筋加密区长度 $\geqslant 2.0h_b$ 且 $\geqslant 500mm(h_b$ 为梁截面高度)；抗震等级为二～四级时，箍筋加密区长度 $\geqslant 1.5h_b$ 且 $\geqslant 500mm$。WKL 还需要另外在纵筋伸入剪力墙长度范围内设构造箍筋，第一个构造箍筋在距剪力墙边缘 100mm 处开始设置，构造箍筋的直径同跨中，间距 150mm。

（2）框架梁（KL、WKL）与剪力墙平面外相交时，有构造（一）和构造（二）两种做法，构造（一）用于墙厚较小时，构造（二）用于墙厚较大或设有扶壁柱时，施工时选用哪种做法由设计指定。

（3）框架梁（KL、WKL）与剪力墙平面外相交，采用构造（一）时，KL 上部纵筋伸至剪力墙外侧纵筋内侧向下弯折 15d，且伸入剪力墙内水平段长度 $\geqslant 0.4l_{ab}$；WKL 上部纵筋伸至剪力墙外侧纵筋内侧向下弯折 15d，且伸入剪力墙内水平段长度 $\geqslant 0.35l_{ab}$。框架梁下部纵筋伸入剪力墙内直锚 12d。

（4）框架梁（KL、WKL）与剪力墙平面外相交，采用构造（二）时，框架梁上部纵筋、下部纵筋、箍筋等均按以框架柱为支座的抗震框架梁构造要求，KL 构造如图 2-55 所示，WKL 构造如图 2-63、图 2-67、图 2-68 所示，教材前面已有详述，不再重述。

【例 2-35】楼层框架梁 KL6 的梁平法施工图如图 2-105 所示,计算 KL6 中各钢筋的设计长度、根数,并画出钢筋形状及排布图。根据结构说明已知:混凝土强度等级为 C25,所处环境类别为二 a 类环境,设计使用年限为 50 年。抗震等级为四级抗震,钢筋为 HRB400 级,柱纵筋为 8⊕16,柱箍筋直径为Φ8。主次梁相交处,在次梁两侧各设置附加箍筋 3 个,间距 50mm,直径与主梁箍筋相同。次梁截面为 200×500。

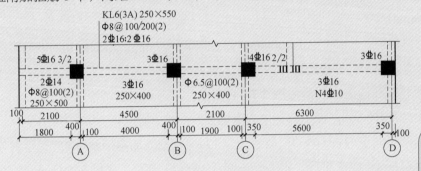

图 2-105 KL6 平法施工图

【解】

第一步,识读梁的平法施工图标注的内容。解析如图 2-106 所示。

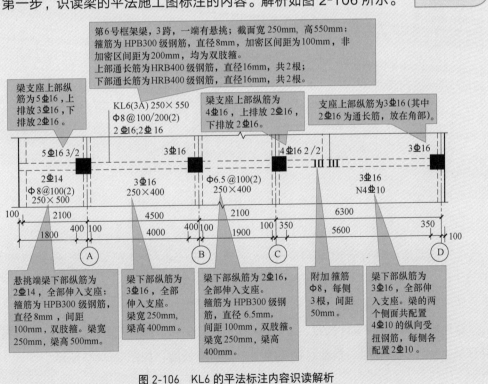

图 2-106 KL6 的平法标注内容识读解析

第二步，查规范数据。如：保护层厚度、抗震基本锚固长度 l_{abE}、抗震锚固长度 l_{aE}，判断钢筋在支座是直锚还是弯锚？找到适合该梁的标准构造详图。

根据已知：混凝土强度等级为 C25，环境类别为二 a 类环境，四级抗震，钢筋为 HRB400 级，查表 1-9，梁的最小保护层厚度为 30mm。查表 1-10，基本锚固长度 $l_{ab}=l_{abE}=40d$。查表 1-12，抗震锚固长度 $l_{aE}=l_a=40d$。

Φ16 的纵筋：$l_{aE}=40\times16=640$mm，而图中最大的柱宽 $h_c=500$mm，所以直径 16mm 以上的纵筋必须弯锚入支座，梁纵筋弯锚的标准构造详图如图 2-55（a）所示。

Φ16 的钢筋：$0.4l_{abE}=0.4\times40\times16=256$mm（即 Φ16 的钢筋在支座中的水平段长度需不小于 256mm）。

Φ10 的受扭钢筋：$l_{aE}=40\times10=400$mm，而柱宽 $h_c=450$mm，所以 Φ10 的纵筋可以直锚入支座，梁纵筋直锚的标准构造详图如图 2-55（b）所示。

梁的悬挑端标准构造详图适用图 2-76 节点①。因为梁悬挑端净长 $l=1800$mm，悬挑梁根部的梁高 $h_b=500$mm，即上部钢筋为两排且 $l<5h_b$，所以第一排纵筋的两根角筋，伸至悬挑梁端头，向下弯折 90° 伸至梁底且 $\geq 12d$，其余纵筋向下斜弯 45°，至封口梁边 50mm 处再弯折 45° 成水平段，水平段长度 $\geq 10d$。上部第二排纵筋均伸至悬挑梁端头，向下弯折 90°，弯钩长度 $\geq 12d$。其三维示意图如图 2-107 所示。

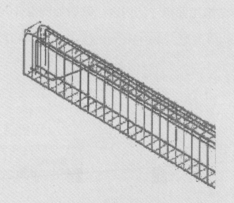

图 2-107　梁悬挑端钢筋示意

C 支座两边梁底有高差 $\Delta_h=150$mm，且 $\Delta_h/(h_c-50)>1/6$，下部纵筋适用图 2-71 节点④。

梁的箍筋加密区范围如图 2-81 所示。

第三步，计算纵筋设计长度。由于梁的钢筋种类较多，为便于理解，画出钢筋排布图，并在其上标注钢筋编号、根数、钢筋级别、直径及长度，如图 2-108 所示。

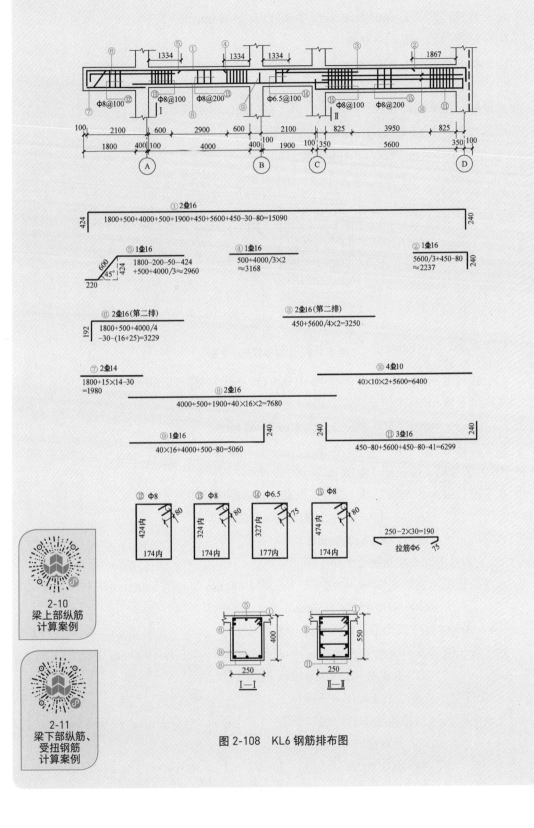

图 2-108　KL6 钢筋排布图

计算过程如下：

A～B 跨净跨长 l_{n1}=4000mm，l_{n1}/3=4000/3=1334mm；

B～C 跨净跨长 l_{n2}=1900mm；

C～D 跨净跨长 l_{n3}=5600mm，l_{n3}/3=5600/3=1867mm。

（1）①号上部通长筋 2 Φ 16

水平段长度=通跨全长－左端保护层－右端距柱边距离 c

注：c=柱保护层+柱箍筋直径+柱纵筋直径+钢筋净距25（图2-109）

　　　 =30+8+16+25=79≈80mm

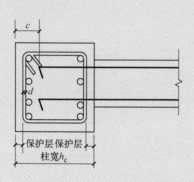

图 2-109　梁弯锚钢筋示意图

水平段长度=1800+500+4000+500+1900+450+5600+450-30-80=15090mm

左弯折长度=max（伸至梁底，12d）

　　　　　=max（500-38×2，12×16）=424mm

右弯折长度=15d=15×16=240mm

（2）②号端支座负筋 1 Φ 16

水平段长度=净跨长 l_{n3}/3+右端支座宽－右端距柱边距离 c

　　　　　=5600/3+450-80≈2237mm

右弯折长度=15d=15×16=240mm

（3）③号中间支座负筋 2 Φ 16（第二排）

水平段长度=支座宽度+l_n/4×2（l_n 为左跨1900mm与右跨5600mm的较大值）

　　　　　=450+5600/4×2=3250mm

（4）④号中间支座负筋 1 Φ 16（第一排）

水平段长度=支座宽度+l_n/3×2（l_n 为左跨4000mm与右跨1900mm的较大值）

　　　　　=500+4000/3×2≈3167mm

（5）⑤号端支座负筋 1 Φ 16（第一排）

上水平段长度=悬挑端净长－封口梁宽-50-［梁高－（保护层+箍筋直径）×2］

　　　　　　+支座宽+净跨长 l_{n1}/3

　　　　　　=1800-200-50-［500-（30+8）×2］+500+4000/3≈2960mm

下水平段长度 =max（封口梁宽 +50- 保护层，10d）

$\quad$ =max（200+50-30，10×16）=220mm

斜段长度 =［梁高 -（保护层 + 箍筋直径）×2］/sin45°

$\quad$ =［500-（30+8）×2］/sin45°≈600mm

（6）⑥号端支座负筋 2 ⏀ 16（第二排）

水平段长度 = 悬挑端净长 + 支座宽 + 净跨长 l_{n1}/4- 保护层 -（第一排纵筋直径

$\quad$ + 钢筋净距 25mm）

$\quad$ =1800+500+4000/4-30-（16+25）=3229mm

左弯折长度 =12d=12×16=192mm

（7）⑦号下部纵筋 2 ⏀ 14

水平段长度 = 悬挑端净长 + 锚入支座 15d- 左端保护层

$\quad$ =1800+15×14-30=1980mm

A ～ B 跨下部纵筋为 3 ⏀ 16，B ～ C 跨下部纵筋为 2 ⏀ 16，且两跨梁高相同，为避免两跨下部纵筋在 B 支座交错弯锚，影响混凝土浇筑质量，考虑 2 ⏀ 16 钢筋连通设置。

（8）⑧号下部纵筋 2 ⏀ 16

水平段长度 =AB 跨净跨长 +B 支座宽 + BC 跨净跨长 +2× 直锚长度 l_{aE}

$\quad$ =4000+500+1900+2×40×16=7680mm

（9）⑨号下部纵筋 1 ⏀ 16

水平段长度 = 直锚长度 l_{aE}+AB 跨净跨长 +B 支座宽 - 右端距柱边距离 c

$\quad$ =40×16+4000+500-80=5060mm

右弯折长度 =15d=15×16=240mm

（10）⑩号梁侧受扭钢筋 4 ⏀ 10

水平段长度 =CD 跨净跨长 +2× 直锚长度 l_{aE}

$\quad$ =5600+2×40×10=6400mm

（11）⑪号下部纵筋 3 ⏀ 16

水平段长度 = C 支座宽 - 左端距柱边距离 +CD 跨净跨长 +D 支座宽 -

$\quad$ 右端距柱边距离

$\quad$ =450-80+5600+450-（80+41）=6299mm

左弯折长度 = 右弯折长度 =15d=15×16=240mm

注意：由于 D 支座上部纵筋向下弯折 240mm，下部纵筋向上弯折 240mm，为保证梁上部、下部纵筋的弯钩之间有 25mm 的净距，下部纵筋再后退一定距离（25mm+ 前排钢筋直径）。此时要注意验算钢筋在支座中的水平段长度是否不小于 0.4l_{abE}。

第四步，计算箍筋、拉筋的长度及数量。

箍筋的构造要求如图 2-110 所示。

箍筋内皮宽 = 梁宽 -2× 保护层厚度 -2× 箍筋直径

箍筋内皮高 = 梁高 -2× 保护层厚度 -2× 箍筋直径

箍筋弯钩长度 = max（10d，75）

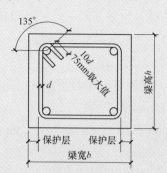

图 2-110　箍筋构造（d 为箍筋直径）

（1）梁悬挑端箍筋为Φ8 @ 100，编为⑫号，其长度及数量计算如下：

箍筋内皮宽 = 250 -2×30 -2×8=174mm

箍筋内皮高 = 500 -2×30 -2×8=424mm

箍筋弯钩长度 = max（10×8，75）=80mm

⑫号箍筋数量：（1800-50-30）/100+1=19 根，另加悬挑梁端附加箍筋 3 根，合计 22 根。

（2）A ~ B 跨箍筋为Φ8 @ 100/200，编为⑬号，其长度及数量计算如下：

箍筋内皮宽 = 250 -2×30 -2×8=174mm

箍筋内皮高 = 400 -2×30 -2×8=324mm

箍筋弯钩长度 = max（10×8，75）=80mm

加密区长度 = max（1.5h_b，500）=1.5×400=600mm

加密区数量：[（1.5×400-50）/100+1]×2=14 根

非加密区数量：（4000-1.5×400×2）/200-1=13 根

⑬号箍筋数量合计：14+13=27 根

（3）B ~ C 跨箍筋为Φ6.5 @ 100，编为⑭号，其长度及数量计算如下：

箍筋内皮宽 = 250 -2×30 -2×6.5=177mm

箍筋内皮高 = 400 -2×30 -2×6.5=327mm

箍筋弯钩长度 = max（10×6.5，75）=75mm

⑭号箍筋数量：（1900-50×2）/100+1=19 根

（4）C ~ D 跨箍筋为Φ8 @ 100/200，编为⑮号，其长度及数量计算如下：

箍筋内皮宽 = 250 -2×30 -2×8=174mm

箍筋内皮高 = 550 -2×30 -2×8=474mm

箍筋弯钩长度 = max（10×8，75）=80mm

加密区长度 = max（1.5h_b，500）=1.5×550=825mm

加密区数量：[（1.5×550−50）/100+1]×2=18 根

非加密区数量：（5600−1.5×550×2）/200−1=19 根

另加次梁处附加箍筋6根，⑮号箍筋合计：18+19+6=43 根

（5）C～D跨拉筋的长度及数量

当梁宽≤350mm时，拉筋直径为6mm，拉筋间距为非加密区箍筋间距的2倍。因为该梁宽为250mm，非加密区箍筋间距为200mm，所以拉筋直径取6mm，拉筋间距取400mm。拉筋的构造要求如图2-111所示。

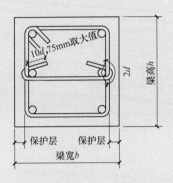

图 2-111　拉筋构造（d 为拉筋直径）

拉筋内皮长度 = 梁宽 −2× 保护层厚度 =250−2×30=190mm

拉筋弯钩长度 =max（10d，75）= max（10×6，75）=75mm

拉筋数量 =[（5600−50×2）/400+1]×2≈30 根

【例2-36】屋面框架梁WKL3的梁平法施工图如图2-112所示，计算WKL3中各钢筋的设计长度、根数，并画出钢筋形状及排布图。根据结构说明已知：混凝土强度等级为C25，所处环境类别为二a类环境，设计使用年限为50年。抗震等级为四级抗震，钢筋为HRB400级，楼板厚度=120mm，柱纵筋为8Φ16，柱箍筋直径为Φ8。

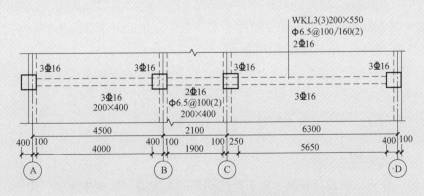

图 2-112　WKL3 平法施工图

【解】

第一步，识读梁的平法施工图标注的内容。解析如图 2-113 所示。

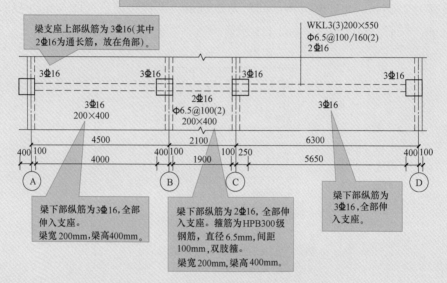

第3号屋面框架梁，3跨；截面宽 200mm，高 550mm；
箍筋为 HPB300 级钢筋，直径 6.5mm，加密区间距为 100mm，非加密区间距为 160mm，均为双肢箍。
上部通长筋为 HRB400 级钢筋，直径 16mm，共 2 根。

梁支座上部纵筋为 3Φ16（其中 2Φ16 为通长筋，放在角部）。

WKL3(3)200×550
Φ6.5@100/160(2)
2Φ16

3Φ16   3Φ16   3Φ16   3Φ16

3Φ16
200×400

2Φ16
Φ6.5@100(2)
200×400

3Φ16

400 100   4500   400 100   2100   100 250   6300   400 100
         4000   1900   5650
A   B   C   D

梁下部纵筋为 3Φ16，全部伸入支座。
梁宽 200mm，梁高 400mm。

梁下部纵筋为 2Φ16，全部伸入支座。箍筋为 HPB300 级钢筋，直径 6.5mm，间距 100mm，双肢箍。
梁宽 200mm，梁高 400mm。

梁下部纵筋为 3Φ16，全部伸入支座。

图 2-113   WKL3 的平法标注内容识读解析

第二步，查规范数据。如：保护层厚度、抗震基本锚固长度 l_{abE}、抗震锚固长度 l_{aE}，判断钢筋在支座是直锚还是弯锚？找到适合该梁的标准构造详图。

根据已知：混凝土强度等级为 C25，环境类别为二 a 类环境，四级抗震，钢筋为 HRB400 级，查表 1-9，梁的最小保护层厚度为 30mm。查表 1-10，基本锚固长度 $l_{ab}=l_{abE}=40d$。查表 1-12，抗震锚固长度 $l_{aE}=l_a=40d$。

Φ16 的纵筋：其 $l_{aE}=40 \times 16=640$mm，而图中最大的柱宽 $h_c=500$mm，即钢筋在端支座内的平直段长度 < l_{aE}，所以直径 16mm 以上的纵筋必须弯锚入支座，屋面框架梁纵筋构造如图 2-63 所示，即：端支座梁上部纵筋伸至梁底，下部纵筋伸至梁上部纵筋弯钩段内侧弯折 15d，纵筋在支座内的水平段长度 ≥ $0.4l_{abE}$。

Φ16 的钢筋：$0.4l_{abE}=0.4 \times 40 \times 16=256$mm（即Φ16 的钢筋在支座中的水平段长度需 ≥ 256mm）。

梁的箍筋加密区范围如图 2-81 所示。

注意：楼板厚度 =120mm，C ~ D 跨梁截面高度 =550mm，梁腹板高度 h_w < 450mm，所以不需配置侧面构造钢筋。

第三步，计算纵筋设计长度。由于梁的钢筋种类较多，为便于理解，画出钢筋排布图，并在其上标注钢筋编号、根数、钢筋级别、直径及长度，如图 2-114 所示。

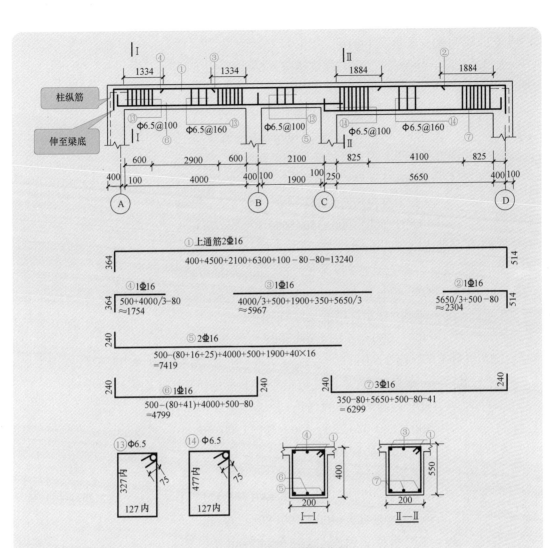

图 2-114　WKL3 钢筋排布图

计算过程如下：

A ~ B 跨净跨长 l_{n1}=4000mm，l_{n1}/3=4000/3=1334mm；

B ~ C 跨净跨长 l_{n2}=1900mm；

C ~ D 跨净跨长 l_{n3}=5650mm，l_{n3}/3=5650/3=1884mm。

（1）①号上部通长筋 2 Φ 16

水平段长度 = 通跨全长 - 左端距柱边距离 - 右端距柱边距离

$$= 400+4500+2100+6300+100-80-80=13240mm$$

左弯折长度 = 梁高 - 保护层厚度及箍筋直径

$$= 400-（30+6.5）≈364mm$$

右弯折长度 = 梁高 - 保护层厚度及箍筋直径

$$= 550-（30+6.5）≈514mm$$

（2）②号端支座负筋 1 Φ 16

水平段长度 = 净跨长 $l_{n3}/3$ + 右端支座宽 - 右端距柱边距离

$$= 5650/3 + 500 - 80 \approx 2304mm$$

右弯折长度 = 梁高 - 保护层厚度及箍筋直径

$$= 550 - (30 + 6.5) \approx 514mm$$

（3）③号贯通中间短跨支座负筋 1 Φ 16

水平段长度 = $l_n/3$ + B 支座宽度 + BC 净跨长 + C 支座宽度 + $l_n/3$

（l_n 为左跨与右跨的较大值）

$$= 4000/3 + 500 + 1900 + 350 + 5650/3 \approx 5967mm$$

（4）④号端支座负筋 1 Φ 16

水平段长度 = 右端支座宽 + 净跨长 $l_{n1}/3$ - 左端距柱边距离

$$= 500 + 4000/3 - 80 \approx 1754mm$$

左弯折长度 = 梁高 - 保护层厚度及箍筋直径

$$= 400 - (30 + 6.5) \approx 364mm$$

（5）⑤号下部纵筋 2 Φ 16

水平段长度 = A 支座宽 - 左端距柱边距离 + AB 跨净跨长 + B 支座宽

+ BC 跨净跨长 + 直锚长 l_{aE}

$$= 500 - (80 + 16 + 25) + 4000 + 500 + 1900 + 40 \times 16 = 7419mm$$

左弯折长度 = $15d = 15 \times 16 = 240mm$

（6）⑥号下部纵筋 1 Φ 16

水平段长度 = A 支座宽 - 左端距柱边距离 + AB 跨净跨长 + B 支座宽 - 右端距柱边距离

$$= 500 - (80 + 41) + 4000 + 500 - 80 = 4799mm$$

左弯折长度 = 右弯折长度 = $15d = 15 \times 16 = 240mm$

（7）⑦号下部纵筋 3 Φ 16

水平段长度 = C 支座宽 - 左端距柱边距离 + CD 跨净跨长 + D 支座宽 - 右端距柱边距离

$$= 350 - 80 + 5650 + 500 - (80 + 41) = 6299mm$$

左弯折长度 = 右弯折长度 = $15d = 15 \times 16 = 240mm$

注意：由于 A、D 支座上部纵筋向下弯折伸至梁底，下部纵筋向上弯折 240mm，为保证梁上部、下部纵筋的弯钩之间有 25mm 的净距，下部纵筋再后退一定距离（25mm+ 前排钢筋直径）。此时要注意验算钢筋在支座中的水平段长度是否不小于 $0.4l_{abE}$。

第四步，计算箍筋的长度及数量。

箍筋内皮宽 = 梁宽 - 2× 保护层厚度 - 2× 箍筋直径

箍筋内皮高 = 梁高 - 2× 保护层厚度 - 2× 箍筋直径

箍筋弯钩长度 = max（10d, 75）

（1）A ~ B 跨箍筋为Φ6.5 @ 100/160，编为⑬号，其长度及数量计算如下：

箍筋内皮宽 =200−2×30−2×6.5=127mm

箍筋内皮高 =400−2×30−2×6.5=327mm

箍筋弯钩长度 =max（10×6.5，75）=75mm

加密区长度 =max（$1.5h_b$，500）=1.5×400=600mm

加密区数量：［（1.5×400−50）/100+1］×2=14 根

非加密区数量：（4000−1.5×400×2）/160−1=17 根

A ~ B 跨⑬号箍筋数量合计：14+17=31 根

（2）B ~ C 跨箍筋为Φ6.5 @ 100，编为⑬号，其数量计算如下：

B ~ C 跨⑬号箍筋数量：（1900−50×2）/100+1=19 根

（3）C ~ D 跨箍筋为Φ6.5 @ 100/160，编为⑭号，其长度及数量计算如下：

箍筋内皮宽 =200−2×30−2×6.5=127mm

箍筋内皮高 =550−2×30−2×6.5=477mm

箍筋弯钩长度 =max（10×6.5，75）=75mm

加密区长度 =max（$1.5h_b$，500）=1.5×550=825mm

加密区数量：［（1.5×550−50）/100+1］×2=18 根

非加密区数量：（5650−1.5×550×2）/160−1=24 根

⑭号箍筋数量合计：18+24=42 根

【例 2-37】非框架梁 L1 的梁平法施工图如图 2-115 所示，计算 L1 中各钢筋的设计长度、根数，并画出钢筋形状及排布图。根据结构说明已知：混凝土强度等级为 C25，所处环境类别为二 a 类环境，设计使用年限为 50 年。抗震等级为四级抗震，钢筋为 HRB400 级，支座（主梁）角筋直径为Φ16、箍筋直径为Φ8。设计按铰接考虑。

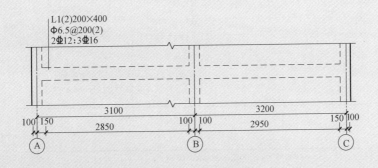

L1(2)200×400
Φ6.5@200(2)
2Φ12:3Φ16

3100　　　　　3200

100　150　　　　　100　100　　　　　150　100

2850　　　　　2950

Ⓐ　　　　　Ⓑ　　　　　Ⓒ

2-13
非框架梁钢筋
计算实例

图 2-115　L1 平法施工图

【解】

第一步，识读梁的平法施工图标注的内容。解析如图 2-116 所示。

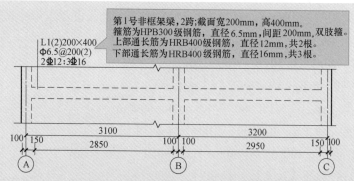

第1号非框架梁,2跨;截面宽200mm,高400mm。
箍筋为HPB300级钢筋,直径6.5mm,间距200mm,双肢箍。
上部通长筋为HRB400级钢筋,直径12mm,共2根。
下部通长筋为HRB400级钢筋,直径16mm,共3根。

L1(2)200×400
Φ6.5@200(2)
2Φ12;3Φ16

图 2-116　L1 的平法标注内容识读解析

第二步,查规范数据。如:保护层厚度、抗震基本锚固长度 l_{abE}、抗震锚固长度 l_{aE},判断钢筋在支座是直锚还是弯锚?找到适合该梁的标准构造详图。

根据已知:混凝土强度等级为 C25,环境类别为二 a 类环境,四级抗震,钢筋为 HRB400 级,查表 1-9,梁的最小保护层厚度为 30mm。查表 1-10,基本锚固长度 $l_{ab}=l_{abE}=40d$。查表 1-12,抗震锚固长度 $l_{aE}=l_a=40d$。

Φ12 的钢筋:$l_a=40×12=480mm$,而图中端支座的梁宽 =250mm,所以 Φ12 的上部钢筋必须弯锚入支座,其标准构造详图如图 2-85 所示。设计按铰接,梁上部纵筋伸至主梁角筋内侧向下弯折 15d,且水平段长度 $≥0.35l_{ab}$（Φ12 的钢筋:$0.35 l_{ab}=0.35×40×12=168mm$）;梁下部纵筋伸入支座直锚 12d。

第三步,计算纵筋设计长度。由于梁的钢筋种类较多,为便于理解,画出钢筋排布图,并在其上标注钢筋编号、根数、钢筋级别、直径及长度,如图 2-117 所示。

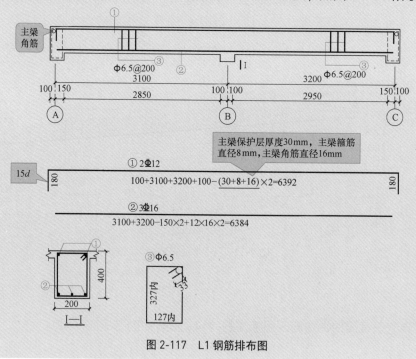

图 2-117　L1 钢筋排布图

快速平法识图与钢筋计算(第二版)

第四步，计算箍筋的长度及数量。

梁箍筋为$\phi 6.5 @ 200$，编为③号，其长度及数量计算如下：

箍筋内皮宽 = 梁宽 $-2\times$ 保护层厚度 $-2\times$ 箍筋直径

$\qquad\qquad =200-2\times 30-2\times 6.5=127\text{mm}$

箍筋内皮高 = 梁高 $-2\times$ 保护层厚度 $-2\times$ 箍筋直径

$\qquad\qquad =400-2\times 30-2\times 6.5=327\text{mm}$

箍筋弯钩长度 $=5d=5\times 6.5=33\text{mm}$（注：非框架梁箍筋及拉筋弯钩平直段长度为$5d$，如图 2-89b 所示）

A ~ B 跨箍筋数量：（2850-50×2）/200+1=15 根

B ~ C 跨箍筋数量：（2950-50×2）/200+1=16 根

箍筋数量合计：15+16=31 根

引古喻今——中流砥柱

　　宋朝朱熹的《朱子文集·答胡宽夫》中提到："学者之患，在于好谈高妙，而自己脚跟却不点地。"这劝诫人们学习和工作要脚踏实地、求真务实，要重视打好基础，基础扎实牢固才能建成高楼大厦，才可能有高、精、尖。而不注重夯实基础，心浮气躁，急功近利，往往是欲速则不达。

　　在建筑结构中，柱是重要的竖向承重构件，担负着把楼层荷载传递给基础的重任。正是由于柱坚实落地且深深扎根于土壤的基础中，这才很好地保证了房屋的结构安全与稳定。建造高质量的柱，需要注意很多细节，如：柱纵筋在基础中的锚固长度、柱纵筋的连接区与非连接区、箍筋的加密区与非加密区等，这些都需要我们严格按照国家建筑标准设计图集《混凝土结构施工图平面整体表示方法制图规则和构造详图》22G101 中柱的钢筋构造要求，并结合图纸实际认真计算。

　　严谨细致，绑好每一根钢筋，确保每一根钢筋的长度、间距、位置的正确性；爱岗敬业，做好本职工作，钻研技术改进工艺，不断精益求精，发扬不怕苦不怕累的工匠精神，在保证工程质量的同时，节约钢筋、节约能源。只有这样你才能成为建筑行业的中流砥柱。

　　按照国家建筑标准设计图集《混凝土结构施工图平面整体表示方法制图规则和构造详图（现浇混凝土框架、剪力墙、梁、板）》**22G101-1** 有关柱的知识，对附录中"南宁市××综合楼工程的柱平法施工图"进行识读，使学生能正确识读柱平法施工图，正确理解设计意图；掌握柱的钢筋构造要求，能正确计算柱构件中的各类钢筋设计长度及数量，为进一步计算钢筋工程量、编写钢筋下料单打下基础，同时为能胜任施工现场柱钢筋绑扎安装质量检查的工作打下基础。

✅ 学习目标

❶ 了解柱构件基本知识。

❷ 熟悉柱平法施工图的制图规则，能正确识读柱平法施工图。

❸ 掌握框架柱的钢筋构造要求。

❹ 熟悉梁上柱、剪力墙上柱、转换柱、芯柱的钢筋构造要求。

❺ 掌握框架柱的钢筋计算方法。

▦ 任务分组

学生任务分配表　　　　　　　　　　　　　　表 3-1

班级		组号		指导老师	
组长		学号			
组员	姓名	学号	姓名	学号	姓名	学号
任务分工						

1. 柱基本知识

引导问题 1：柱分为：框架柱、_____、_____、_____、_____。

引导问题 2：柱的钢筋种类包括哪些?

_____

引导问题 3：在框架结构中，柱的传力路线为：_____
柱的支座是_____。

2. 柱平法施工图制图规则

引导问题 4：柱平法施工图有_____注写和_____注写两种注写方式。

引导问题 5：当设计图纸中没有注明框架柱嵌固部位时，则可以理解为框架柱嵌固部位在_____面。

引导问题 6：当框架柱嵌固部位不在基础顶面时，可以在_____表中查到嵌固部位标高，表中在嵌固部位标高下使用_____注明，在表下也注明有上部结构嵌固部位标高。

引导问题 7：识读附录"南宁市 × × 综合楼结构施工图"，本工程框架柱嵌固部位标高为：_____。

引导问题 8：柱表中包括的内容有：_____
_____。

引导问题 9：KZ2 表示_____；XZ3 表示_____；转换柱的代号是_____。

引导问题 10：框架柱的根部标高指_____标高。

引导问题 11：圆柱的截面尺寸用圆柱的_____表示。

引导问题 12：芯柱的定位随_____柱，在柱表中可以查到芯柱的_____和_____的配筋信息。

引导问题 13：在框架柱平法施工图中，柱井字箍筋的肢数表示为 3×4，则表示沿 Y 向的肢数是_____肢、沿 X 向的肢数是_____肢。

引导问题 14：在框架柱平法施工图中，箍筋的配筋信息：L Φ 8@100/250 表示_____
_____。

引导问题 15：识读附录中的结施 3，图中框架柱的编号分别为：_____。

引导问题 16：识读附录中的结施 4 中的框架柱 KZ 表，画出 KZ1、KZ3 的截面配筋图。

引导问题 17：识读图 3-1 柱截面配筋图，根据提示内容完成识图报告。

柱截面 b 边_____mm、h 边_____mm；角筋_____；

箍筋_____, 箍筋的肢数为____×____;

b 边一侧中部纵筋：_____;

h 边一侧中部纵筋：_____;

全部纵筋为____根。

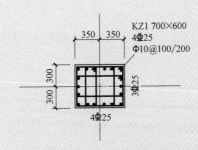

KZ1 700×600
4Φ25
Φ10@100/200
350 350
300 300
3Φ25
4Φ25

图 3-1　柱截面配筋图

3. 柱钢筋构造

引导问题 18：当基础高度满足直锚时，柱纵筋伸至_____ 底部，支承在底板钢筋网之上并弯折，弯折长度取_____。当基础高度不满足直锚时，弯折长度取_____，从基础顶面至弯折间的竖向长度要求取_____。

引导问题 19：在基础内，固定柱插筋的第一道箍筋距离基础顶面_____mm 处设，基础内箍筋设置间距不大于_____mm，且不少于_____道矩形封闭箍筋(_____箍筋)。

引导问题 20：柱纵向钢筋的连接方式有_____、_____、_____。

引导问题 21：柱相邻纵向钢筋连接接头应_____，在同一连接区段内钢筋接头面积百分率不宜大于_____。

引导问题 22：柱纵向钢筋的非连接区位置：从嵌固部位以上_____范围；中间楼层为框架梁以下_____+_____+楼面以上_____。

引导问题 23：柱纵筋采用绑扎搭接时，搭接接头需要错开的净距离为_____；采用焊接连接时，相邻焊接接头需要错开的距离为_____；采用机械连接时，相邻机械连接接头需要错开的距离为_____。

引导问题 24：当上层柱纵筋配筋数量比下层柱纵筋配筋数量多时，上层增加的纵筋应从楼面开始锚入下层____的长度；当上层柱纵筋配筋直径比下层柱纵筋配筋直径大时，上层柱大直径的纵筋应从楼面开始，穿过_____及下层柱顶的_____长度，伸入下层连接区与小直径钢筋进行连接。

引导问题 25：当上下柱截面某边有变化且变化值 Δ 与所在楼层框架梁梁高 h_b 的比值 Δ/h_b____1/6 时，下柱纵筋从梁底开始至距梁顶_____mm 区域略向柱内弯折，贯通穿过非连接区与上柱纵筋进行连接；比值 Δ/h_b____1/6 时，下层柱纵筋从楼层框架梁底锚固_____，并向柱内弯折_____，上层的柱纵筋从楼面开始锚入下层柱内的锚固长度为_____。

引导问题 26：框架柱中柱到柱顶时，当柱纵筋从顶层框架梁底伸至柱顶满足

_____时，梁宽范围内柱纵筋采用直锚；当柱纵筋从顶层框架梁底伸至柱顶不能满足____时，柱纵筋从顶层框架梁底伸至_____，且要满足竖向长度_____，至柱顶后向柱内 90° 弯折_____，当柱顶周围有不小于_____mm 厚的现浇板时，也可以向柱外弯折_____。顶层框架梁的底标高不相同时，柱纵向钢筋的锚固长度起算点以梁截面高度_____的梁底算起。

引导问题 27：框架柱边柱或角柱到柱顶时，柱内侧（即柱与梁交接一侧）纵筋的构造同_____柱。

引导问题 28：框架柱边柱或角柱到柱顶时，采用"柱外侧纵筋与梁上部纵筋在节点外侧弯折搭接"方法，伸入梁内的柱外侧钢筋从梁底算起，与梁上部纵向钢筋的搭接长度不应小于_____，伸入梁内的柱外侧钢筋截面积不宜小于柱外侧纵向钢筋全部面积的_____%；当梁的截面高度较大，柱外侧钢筋从梁底算起的弯折搭接长度未伸至柱内侧边缘即已满足 $1.5l_{abE}$ 的要求时，其弯折后包括弯弧在内的水平段长度不应小于_____；当柱外侧纵向钢筋配筋率大于 1.2% 时，柱外侧纵筋应分两批截断，截断点之间距离不宜小于_____。

引导问题 29：框架柱边柱或角柱到柱顶时，采用"柱外侧纵筋与梁上部纵筋在节点外侧弯折搭接"方法，未伸入梁内的柱外侧钢筋，位于柱顶第一层时，伸至柱内边后向下弯折_____；位于柱顶第二层时，伸至_____边截断；当柱周边有不小于_____mm 的现浇板时，柱外侧纵筋也可以伸入现浇板内，其伸入板内长度不宜小于_____。

引导问题 30：框架柱边柱或角柱到柱顶时，柱外侧纵筋与梁上部纵筋在柱顶部外侧直线搭接，梁上部纵向钢筋伸至柱外侧纵向钢筋内侧弯折，与柱外侧纵向钢筋搭接长度不应小于_____，且伸至梁底；当梁上部纵向钢筋配筋率大于 1.2% 时，宜分两批截断，截断点之间距离不宜小于_____。

引导问题 31：框架柱在顶层端节点外侧上角处，至少设置_____根φ10 的钢筋，间距不大于_____mm 并与主筋绑扎。在角部设置_____根φ10 的附加钢筋，当有框架边梁通过时，此钢筋可以取消。

引导问题 32：框架柱箍筋的加密区范围同柱纵筋的_____区范围一致，底层刚性地面上下_____mm 范围内箍筋应加密。

引导问题 33：矩形复合箍筋，沿复合箍周边，箍筋局部重叠不宜多于_____层。以复合箍最外围的_____箍筋为基准，柱内的横向箍筋紧贴其设置在下（或在上），柱内纵向箍筋紧贴其设置在_____（或在_____）；如果在同一组内复合箍筋各肢位置不能满足对称性要求时，沿柱竖向相邻两组箍筋应_____放置。

引导问题 34：梁上起柱 KZ 的纵筋应伸至梁底并水平弯折_____，竖向锚固长度取 max_____；在梁内设置间距不大于_____mm，且至少_____柱箍筋。

引导问题 35：剪力墙上起柱时，当柱与墙重叠一层，柱纵筋从_____顶面直伸至下层剪力墙_____楼面；当柱纵筋锚固在墙顶部时，柱纵筋从_____顶面锚入剪力墙内的竖向长度为＿＿＿＿＿＿，水平向内弯折＿＿＿＿＿＿mm。在墙顶面标高以下锚固范围内的柱箍筋按上柱＿＿＿＿＿＿区箍筋要求配置。

引导问题 36：当设计文件中未注明芯柱截面尺寸时，芯柱的截面尺寸不宜小于柱边长的＿＿＿＿＿＿，且不小于＿＿＿＿＿＿mm。芯柱的纵向钢筋应在上、下楼层中锚固，并满足＿＿＿＿＿＿的长度要求。

4. 柱钢筋计算实例

引导问题 37：识读附录中的结施 3 ~ 结施 6，计算②轴与①轴相交处 KZ2 的钢筋设计长度、根数，并画出钢筋形状及排布图。

📋 评价反馈

1. 学生进行自我评价，并将结果填入表 3-2 中。

学生自评表　　　　　　　　　　　　　　　　　　表 3-2

班级：　　　　　　　姓名：　　　　　　　　　　学号：

学习情境 3	柱识图与钢筋计算		
评价项目	评价标准	分值	得分
柱基本知识	理解柱的分类和柱的传力方式，熟悉柱的钢筋种类	5	
柱平法施工图制图规则	能正确识读柱表并能根据柱表信息绘制出柱截面配筋图，理解柱截面注写方式中各数据的含义	20	
柱钢筋构造	能准确理解柱纵筋在基础中的做法以及纵筋的连接区和非连接区范围、纵筋在顶层节点的构造要求，柱箍筋在基础中的设置以及箍筋加密区和非加密区范围、柱箍筋的复合方式等的构造要求	20	
柱钢筋计算	能正确计算框架柱中各类钢筋的设计长度及根数	20	
工作态度	态度端正，无无故缺勤、迟到、早退现象	10	
工作质量	能按计划完成工作任务	5	
协调能力	与小组成员之间能合作交流、协调工作	5	
职业素质	能做到保护环境，爱护公共设施	5	
创新意识	通过阅读附录中"南宁市 ×× 综合楼图纸"，能更好地理解有关柱的图纸内容，并写出柱图纸的会审记录	10	
合计		100	

2. 学生以小组为单位进行互评，并将结果填入表 3-3 中。

班级：　　　　　　　　　　　　　　　　　　小组：

学习情境 3		柱识图与钢筋计算				
评价项目	分值	评价对象得分				
柱基本知识	5					
柱平法施工图制图规则	20					
柱钢筋构造	20					
柱钢筋计算	20					
工作态度	10					
工作质量	5					
协调能力	5					
职业素质	5					
创新意识	10					
合计	100					

3. 教师对学生工作过程与结果进行评价，并将结果填入表 3-4 中。

教师综合评价表　　　　　　　　　　　　　　表 3-4

班级：　　　　　　　姓名：　　　　　　　　学号：

学习情境 3	柱识图与钢筋计算		
评价项目	评价标准	分值	得分
柱基本知识	理解柱的分类和柱的传力方式，熟悉柱的钢筋种类	5	
柱平法施工图制图规则	能正确识读柱表并能根据柱表信息绘制出柱截面配筋图，理解柱截面注写方式中各数据的含义	20	
柱钢筋构造	能准确理解柱纵筋在基础中的做法以及纵筋的连接区和非连接区范围、纵筋在顶层节点的构造要求，柱箍筋在基础中的设置以及箍筋加密区和非加密区范围、柱箍筋的复合方式等的构造要求	20	
柱钢筋计算	能正确计算框架柱中各类钢筋的设计长度及根数	20	
工作态度	态度端正，无无故缺勤、迟到、早退现象	10	
工作质量	能按计划完成工作任务	5	
协调能力	与小组成员之间能合作交流、协调工作	5	
职业素质	能做到保护环境，爱护公共设施	5	
创新意识	通过阅读附录中"南宁市 ×× 综合楼图纸"，能更好地理解有关柱的图纸内容，并写出柱图纸的会审记录	10	
合计		100	
综合评价	自评（20%）　　小组互评（30%）　　教师评价（50%）		综合得分

3.1　柱基本知识

3-1
柱基本知识

3.1.1　柱的分类及特征

1. 柱的分类

柱是竖向受力构件，按力的作用线和截面形心位置关系，可以分为轴心受压柱和偏心受压柱。《22G101-1》图集中柱的分类如图 3-2 所示。

2. 各类柱的主要特征

框架柱的柱根部嵌固在基础或地下结构上，并与框架梁刚性连接构成框架。

转换柱的柱根部嵌固在基础或地下结构上，并与框支梁刚性连接构成框支结构。

梁上起框架柱是支承或悬挂在梁上的框架柱。

剪力墙上起框架柱是支承在剪力墙顶部的框架柱。

芯柱是设置在框架柱、转换柱核心部位的暗柱。

3. 柱分类的三维图（图 3-3）

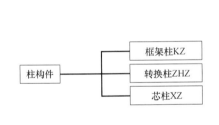

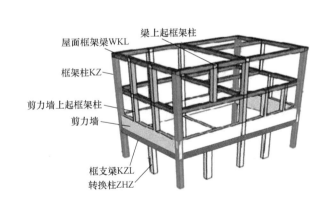

图 3-2　柱的分类

图 3-3　柱分类三维图

3.1.2　柱的钢筋种类

1. 柱的钢筋

柱的钢筋骨架中有纵向钢筋和箍筋两大类，如图 3-4 所示。

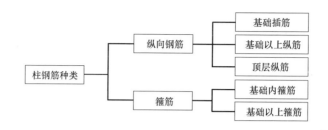

图 3-4 柱的钢筋种类

2. 柱钢筋骨架三维图（图 3-5）

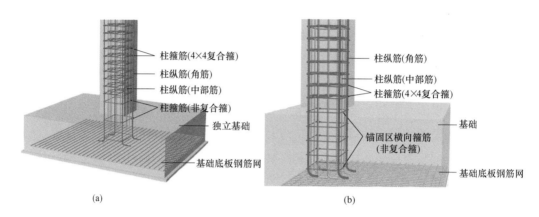

(a)   (b)

图 3-5 柱钢筋骨架三维示意

3. 柱各类钢筋的主要作用

（1）柱纵向钢筋

钢筋混凝土柱属于受压构件，柱纵向钢筋的主要作用：①与混凝土共同承受压力，提高构件与截面受压承载力；②提高构件的变形能力，改善受压破坏的脆性；③承受可能产生的偏心弯矩、混凝土收缩及温度变化引起的拉应力；④减少混凝土的徐变变形。

（2）柱箍筋

钢筋混凝土柱中的箍筋主要是用来满足斜截面抗剪强度，并联结纵向钢筋和受压区混凝土使其共同工作。此外，用来固定纵向钢筋的位置而使柱构件内各种钢筋形成整体的钢筋骨架。箍筋应做成封闭式的箍筋，而且通常是复合箍筋。

3.1.3 柱的支座

在框架结构中，框架柱接收框架梁传来的力，并把所受的力自上而下传递到基础，框架柱是框架梁的支座，基础是框架柱的支座，所以，柱纵向钢筋必须要伸入基础内有足够的锚固长度。

3.1.4 柱的受力特点

框架在竖向均布荷载的作用下，其弯矩图如图 3-6 所示。

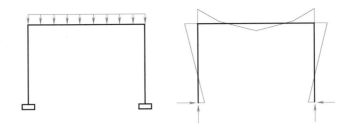

图 3-6　框架柱在竖向荷载作用下的内力简图

从图中可以看出：柱弯矩通常会在柱底或者柱顶出现较大值，而柱中段弯矩较小甚至出现弯矩为零的点。柱纵筋的连接部位应避开柱子的薄弱区域，在弯矩较小处连接。为确保柱在地震作用下具有一定的延性，需要考虑地震作用的柱应在柱顶和柱底处进行箍筋加密，柱纵筋的连接点应避开箍筋加密区范围。

3.2　柱平法施工图制图规则

3.2.1　柱平法施工图的表示方法

1.柱平法施工图有列表注写方式和截面注写方式两种表达方式。

2.柱平面布置图，可采用适当比例单独绘制，也可与剪力墙平面布置图合并绘制。

3.在柱平法施工图中，用表格或其他方式注明包括地下和地上各层的结构层楼（地）面标高、结构层高及相应的结构层号，还应注明上部结构嵌固部位的位置。

【例 3-1】如图 3-7 所示的结构层楼面标高、结构层高表，从表中可知以下信息：建筑物地下有 2 层，地上有 16 层及 2 层塔层；地下 1 层、2 层及地上 1 层的层高均为 4.5m，2 层的层高为 4.2m，3~16 层的层高均为 3.6m，2 层塔层的层高均为 3.3m；每层的楼面标高；上部结构嵌固部位在标高 -4.530m 处。

4.上部结构嵌固部位的注写。

（1）框架柱嵌固部位在基础顶面时，无需注明，如图 3-8 所示。

（2）框架柱嵌固部位不在基础顶面时，在层高表嵌固部位标高下使用双细线注明，并在层高表下注明上部结构嵌固部位标高。

【例 3-2】如图 3-7 所示的上部结构嵌固部位在标高 -4.530m 处，-4.530m 下使用双细线注明。

（3）框架柱嵌固部位不在地下室顶板，如图 3-9 所示，但仍需考虑地下室顶板对上部结构实际存在嵌固作用时，可在层高表地下室顶板标高下使用双虚线注明，此时首层柱端箍筋加密区长度范围及纵筋连接位置均按嵌固部位要求设置。

【例 3-3】如图 3-7 所示的上部结构嵌固部位不在地下室顶板（标高 -0.030m），而在标高 -4.530m 处，但仍考虑地下室顶板对上部结构实际存在嵌固作用，所以在层高表地下室顶板标高 -0.030m 下使用双虚线注明。

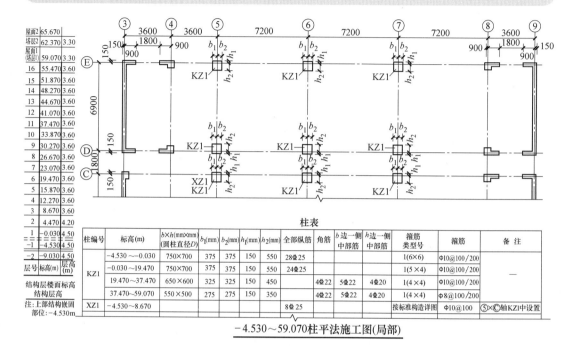

柱表

柱编号	标高(m)	b×h(mm×mm)(圆柱直径D)	b₁(mm)	b₂(mm)	h₁(mm)	h₂(mm)	全部纵筋	角筋	b边一侧中部筋	h边一侧中部筋	箍筋类型号	箍筋	备注
KZ1	-4.530～-0.030	750×700	375	375	150	550	28Φ25				1(6×6)	Φ10@100/200	
	-0.030～19.470	750×700	375	375	150	550	24Φ25				1(5×4)	Φ10@100/200	一
	19.470～37.470	650×600	325	325	150	450		4Φ22	5Φ22	4Φ20	1(4×4)	Φ10@100/200	
	37.470～59.070	550×500	275	275	150	350		4Φ22	5Φ22	4Φ20	1(4×4)	Φ8@100/200	
XZ1	-4.530～8.670						8Φ25				按标准构造详图	Φ10@100	⑤×ⓒ轴KZ1中设置

-4.530～59.070柱平法施工图(局部)

图 3-7　柱平法施工图列表注写方式表达示例

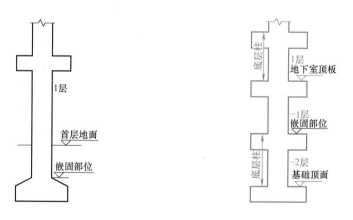

图 3-8　嵌固部位在基础顶面　　　　图 3-9　嵌固部位不在基础顶面

3.2.2　柱列表注写方式

1. 定义

柱列表注写方式，是在柱平面布置图上（一般只需采用适当比例绘制一张柱平面布置图，包括框架柱、转换柱、芯柱等），分别在同一编号的柱中选择一个（有时需要选择几个）截面标注几何参数代号；在柱表中注写柱编号、柱段起止标高、几何尺寸（含柱截面对轴线的定位情况）与配筋的具体数值，并配以各种柱截面形状及其箍筋类型的方式，来表达柱平法施工图。

采用列表注写方式表达的柱平法施工图主要有以下几个部分：柱平面布置图、柱表、结构层楼面标高及结构层高表等内容，如图 3-7 所示。柱平面布置图明确定位轴线、柱号、柱截面形状及与轴线的位置关系。

2. 柱表注写内容

柱表注写内容包括：柱编号，各段柱的起止标高，柱截面尺寸 $b \times h$（圆柱直径 d）及与轴线关系的几何参数代号 b_1、b_2 和 h_1、h_2 的具体数值，柱纵筋（全部纵筋或角筋、中部筋分别标注），箍筋类型号及箍筋肢数，柱箍筋等。

（1）注写柱编号

柱编号由类型代号和序号组成，柱编号应符合表 3-5 的规定。

柱编号　　　　　　　　　　　　　　　　表 3-5

柱类型	代号	序号
框架柱	KZ	××
转换柱	ZHZ	××
芯柱	XZ	××

注：编号时，当柱的总高、分段截面尺寸和配筋均对应相同，仅截面与轴线的关系不同时，仍可将其编为同一柱号，但应在图中注明截面与轴线的关系。

（2）注写各段柱的起止标高

注写各段柱的起止标高，自柱根部往上以变截面位置或截面未变但配筋改变处为界分段注写。

1）从基础起的柱，其根部标高是指基础顶面标高。

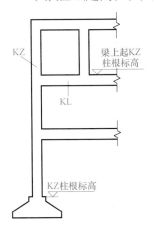

2）芯柱的根部标高指根据结构实际需要而定的起始位置标高。

3）梁上起框架柱的根部标高指梁顶面标高，如图 3-10 所示。

4）剪力墙上起框架柱的根部标高为墙顶面标高。在《22G101-1》中，剪力墙上起框架柱有两种构造做法，一种是"柱纵筋锚固在墙顶部时柱根构造"，一种是"柱与墙重叠一层"，设计人员应注明选用哪种做法。

5）当屋面框架梁上翻时，框架柱顶标高应为梁顶面标高。

（3）注写柱截面尺寸

1）矩形柱。注写柱截面尺寸 $b \times h$ 及与轴线关系的几

图 3-10　KZ、LZ 根部示意

何参数代号 b_1、b_2 和 h_1、h_2 的具体数值，需对应于各段柱分别注写。其中 $b=b_1+b_2$，$h=h_1+h_2$。当截面的某一边收缩变化至与轴线重合或偏到轴线的另一侧时，b_1、b_2、h_1、h_2 中的某项为零或为负值。

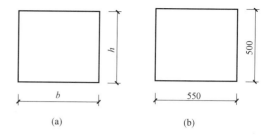

图 3-11　柱截面尺寸示意

当两向轴网正交布置时，图面从左至右为 X 向、从下至上为 Y 向，截面 b 边与 X 向平行，截面 h 边与 Y 向平行，如图 3-11（a）所示。

【例 3-4】柱截面尺寸 550×500 表示 X 向边为 550mm，Y 向边为 500mm，如图 3-11（b）所示。

柱与轴线定位示意图如图 3-12 所示。图 3-12（a）中的 b_1 在柱表中为负值，图 3-12（c）中的 b_2 在柱表中为零。

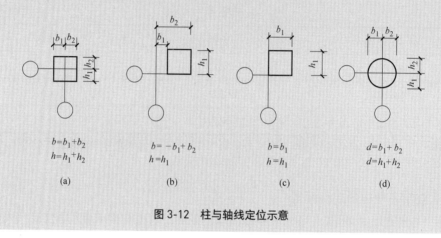

图 3-12　柱与轴线定位示意

2）圆柱。表中 $b×h$ 改在圆柱直径数字前加 d 表示。圆柱截面与轴线的关系也用 b_1、b_2 和 h_1、h_2 表示，并使 $d=b_1+b_2=h_1+h_2$，如图 3-12（d）所示。

3）芯柱。根据结构需要，可以在某些框架柱的一定高度范围内，在其内部的中心位置设置（分别引注其柱编号）。芯柱中心应与柱中心重合，并标注其截面尺寸，按《22G101-1》标准构造详图施工；当设计者采用与图集的构造详图不同的做法时，应另行注明。芯柱定位随框架柱，不需要注写其与轴线的几何关系。

芯柱的标准构造详图如图 3-13 所示。芯柱的截面尺寸不宜小于柱边长（或者圆柱直径）的 1/3，且不小于 250mm。

【例 3-5】识读图 3-7 柱表中的 XZ1（标高 -4.530~8.670）的注写信息，可知：在 ⑤×ⓒ 轴的 KZ1（标高 -4.530~8.670）中设置了芯柱。柱表中没有标注芯柱的截面尺寸，需按芯柱的标准构造详图确定。KZ1 的截面尺寸为 750×700，所以其芯柱 XZ1 的截面 b 边尺寸为 250mm，截面 h 边尺寸为 250mm。

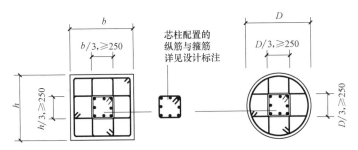

注：芯柱纵筋的连接及根部锚固同框架柱，往上直通至芯柱柱顶标高。

图 3-13　芯柱配筋构造

（4）注写柱纵筋

当柱纵筋直径相同，各边根数也相同时（包括矩形柱、圆柱和芯柱），将纵筋注写在"全部纵筋"一栏中；除此之外，柱纵筋分为角筋、截面 b 边中部筋及 h 边中部筋，需分别注写（对于采用对称配筋的矩形截面柱，可仅注写一侧中部筋，对称边省略不注；对于采用非对称配筋的矩形截面柱，必须每侧注写中部筋）。

【例 3-6】柱表中标注"全部纵筋 8 Φ 25"。表示：全部纵筋为 8 根 HRB400 级钢筋，直径 25mm，其截面配筋图如图 3-14 所示。

【例 3-7】柱表中标注"角筋 4 Φ 25""b 边一侧中部筋 1 Φ 22""h 边一侧中部筋 2 Φ 22"。分别表示：角筋为 4 根 HRB400 级钢筋，直径 25mm；b 边一侧中部筋为 1 根 HRB400 级钢筋，直径 22mm；h 边一侧中部筋为 2 根 HRB400 级钢筋，直径 20mm。其截面配筋图如图 3-15 所示。

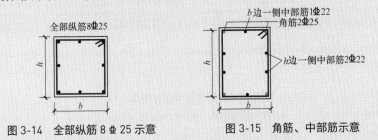

图 3-14　全部纵筋 8 Φ 25 示意　　　图 3-15　角筋、中部筋示意

【例 3-8】识读图 3-7 柱表中的 KZ1（标高 -0.030~19.470）的注写信息，可知：KZ1 的截面 b 边尺寸为 750mm，截面 h 边尺寸为 700mm，全部纵筋为 24 Φ 25（24 根 HRB400 级钢筋，直径 25mm），即柱各边纵筋直径、根数均相同，其截面配筋图如图 3-18 所示。

【例 3-9】识读图 3-7 柱表中的 KZ1（标高 19.470~37.470）的注写信息，可知：KZ1 的截面 b 边尺寸为 650mm，截面 h 边尺寸为 600mm，角筋为 4 Φ 22（4 根 HRB400 级钢筋，直径 22mm），b 边一侧中部筋为 5 Φ 22（5 根 HRB400 级钢筋，直径 22mm），h 边一侧中部筋为 4 Φ 20（4 根 HRB400 级钢筋，直径 20mm），其截面配筋图如图 3-19 所示。

（5）注写柱箍筋类型编号及箍筋肢数

在箍筋类型号一栏内注写箍筋类型编号及箍筋肢数，按图 3-16 规定的箍筋类型编号和箍筋肢数注写。

设计者确定箍筋肢数时要满足对柱纵筋"隔一拉一"以及箍筋肢距的要求。

箍筋肢数可有多种组合，应在表中注明具体的数值：m、n 及 Y 等。矩形复合箍筋的箍筋肢数表示方式 $m \times n$，m 表示 Y 方向的肢数，n 表示 X 方向的肢数。

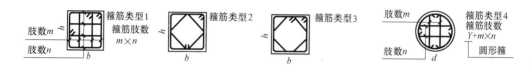

图 3-16　箍筋类型编号及箍筋肢数

【例 3-10】如图 3-7 柱表中所示的 KZ1（标高 -0.030~19.470），箍筋类型号注写为"1（5×4）"，表示箍筋是类型 1，矩形复合箍筋的箍筋肢数为 5×4，箍筋肢数满足对柱纵筋"隔一拉一"的要求，如图 3-17 所示。

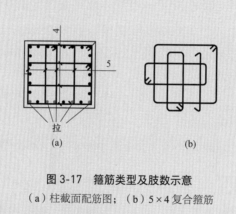

图 3-17　箍筋类型及肢数示意
（a）柱截面配筋图；（b）5×4 复合箍筋

（6）注写柱箍筋的钢筋级别、直径与间距等

1）用斜线"/"区分柱端箍筋加密区与柱身非加密区长度范围内箍筋的不同间距。施工人员需根据标准构造详图的规定，在规定的几种长度值中取其最大者作为加密区长度。

【例 3-11】φ10@100/200，表示箍筋为 HPB300 级钢筋，箍筋直径 10mm，加密区间距为 100mm，非加密区间距为 200mm。

2）当框架节点核心区内箍筋与柱端箍筋设置不同时，应在括号中注明核心区箍筋直径及间距。

【例 3-12】Φ10@100/200（Φ12@100），表示柱中箍筋为 HPB300 级钢筋，箍筋直径 10mm，加密区间距为 100mm，非加密区间距为 200mm，框架节点核心区箍筋为 HPB300 级钢筋，直径 12mm，间距为 100mm。

3）当箍筋沿柱全高为一种间距时，则不使用"/"线。

【例 3-13】Φ10@100，表示沿柱全高范围内箍筋均为 HPB300 级钢筋，箍筋直径 10mm，间距 100mm。

4）当圆柱采用螺旋箍筋时，需在箍筋前加"L"。

【例 3-14】LΦ10@100/250，表示采用螺旋箍筋，HPB300 级钢筋，箍筋直径 10mm，加密区间距为 100mm，非加密区间距为 250mm。

【例 3-15】识读图 3-7 柱表中 KZ1（标高 -0.030~19.470）的信息，画出其截面配筋图如图 3-18 所示。

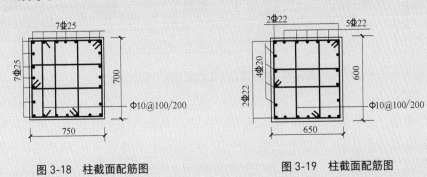

图 3-18　柱截面配筋图　　　　　　　图 3-19　柱截面配筋图

【例 3-16】识读图 3-7 柱表中 KZ1（标高 19.470~37.470）标注的信息，画出其截面配筋图如图 3-19 所示。

3.2.3　柱截面注写方式

3-3
柱制图规则
——截面
注写方式

1. 定义

截面注写方式，是在柱平面布置图的柱截面上，分别在同一编号的柱中选择一个截面，以直接注写截面尺寸和配筋具体数值的方式来表达柱平法施工图。

采用截面注写方式表达的柱平法施工图示例如图 3-20 所示。截面注写方式表达的柱平法施工图主要包括以下几个部分：柱平面布置图、原位放大的柱截面配筋图、结构层楼面标高及结构层高表。

2. 注写方法

对除芯柱之外的所有柱截面按规定进行编号（柱编号同列表注写），从相同编号的柱

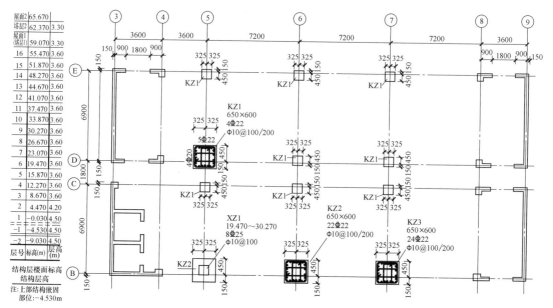

图 3-20　柱平法施工图截面注写方式示例

中选择一个截面，原位放大绘制柱截面配筋图，并在各配筋图上继其编号后再注写截面尺寸 $b \times h$、角筋或全部纵筋（当纵筋采用一种直径且能够图示清楚时）、箍筋的具体数值（箍筋的注写方式同列表注写），以及在柱截面配筋图上标注柱截面与轴线关系 b_1、b_2、h_1、h_2 的具体数值。如图 3-21 所示。

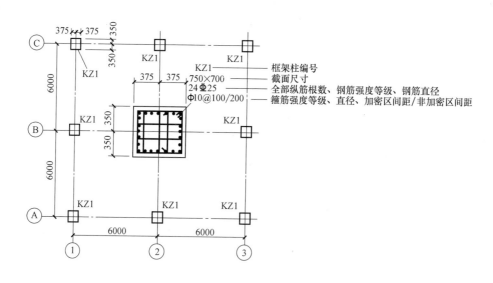

图 3-21　截面注写内容

快速平法识图与钢筋计算（第二版）

【例 3-17】识读图 3-21 中 KZ1 的注写信息，可知：KZ1 的截面 b 边尺寸为 750mm，截面 h 边尺寸为 700mm，全部纵筋为 24 ⊈ 25（24 根 HRB400 级钢筋，直径 25mm），每侧配置的纵筋为 7 ⊈ 25（纵筋数量看截面图示）。箍筋为 HPB300 级钢筋，直径 10mm，加密区间距为 100mm，非加密区间距为 200mm，箍筋肢数为 5×4（箍筋肢数看截面图示）。轴线居柱中。

（1）当纵筋采用两种直径时，需再注写截面各边中部筋的具体数值（对于采用对称配筋的矩形截面柱，可仅在一侧注写中部筋，对称边省略不注）。

【例 3-18】识读图 3-20 中 ⑤ × ⑩ 轴 KZ1 的注写信息，可知：KZ1 的截面 b 边尺寸为 650mm，截面 h 边尺寸为 600mm，角筋为 4 ⊈ 22（4 根 HRB400 级钢筋，直径 22mm）。b 边一侧中部筋为 5 ⊈ 22（5 根 HRB400 级钢筋，直径 22mm），h 边一侧中部筋为 4 ⊈ 20（4 根 HRB400 级钢筋，直径 20mm），对称边省略不注。箍筋为 HPB300 级钢筋，直径 10mm，加密区间距为 100mm，非加密区间距为 200mm，箍筋肢数为 4×4。柱左边至 ⑤ 轴的尺寸为 325mm，右边至 ⑤ 轴的尺寸为 325mm，上边至 ⑩ 轴的尺寸为 450mm，下边至 ⑩ 轴的尺寸为 150mm。

（2）当在某些框架柱的一定高度范围内，在其内部的中心位置设置芯柱时，首先按规定进行编号，继其编号后注写芯柱的起止标高、全部纵筋及箍筋的具体数值，芯柱截面尺寸按构造确定，设计不注；当设计者采用与构造详图不同的做法时，应另行注明。芯柱定位随框架柱走，不需要注写其与轴线的几何关系。

【例 3-19】识读图 3-20 中 ⑤ × ⑧ 轴 KZ2 中 XZ1 的注写信息，可知：在框架柱 KZ2 标高 19.470~30.270 的高度范围内设置芯柱 XZ1，芯柱 XZ1 配置的全部纵筋为 8 ⊈ 25（8 根 HRB400 级钢筋，直径 25mm）、箍筋为 ⏀ 10@100（HPB300 级钢筋，直径 10mm，间距 100mm），箍筋肢数按构造要求为 2×2。芯柱的截面尺寸设计不注，需按构造确定，如图 3-13 所示。KZ2 的截面尺寸为 650×600，所以其芯柱的截面尺寸为 250×250。

（3）在截面注写方式中，如柱的分段截面尺寸和配筋均相同，仅截面与轴线的关系不同时，可将其编为同一柱号。但此时应在未画配筋的柱截面上注写该柱截面与轴线关系的具体尺寸。

【例 3-20】图 3-20 中 ⑤ × ⑥ 轴的 KZ1，其左边至 ⑤ 轴的尺寸为 325mm，右边至 ⑤ 轴的尺寸为 325mm，上边至 ⑥ 轴的尺寸为 150mm，下边至 ⑥ 轴的尺寸为 450mm。而 ⑤ × ⑩ 轴的 KZ1，其左边至 ⑤ 轴的尺寸为 325mm，右边至 ⑤ 轴的尺寸为 325mm，上边至 ⑩ 轴的尺寸为 450mm，下边至 ⑩ 轴的尺寸为 150mm。虽然这两个柱截面与轴线的关系不同，但编为同一柱号 KZ1，说明柱的分段截面尺寸和配筋均相同。

柱钢筋主要包括纵向受力钢筋（简称"纵筋"）和箍筋两种，根据柱钢筋所处的部位和具体构造要求不同，分为柱根部钢筋构造、柱中间层钢筋构造、柱顶钢筋构造、柱箍筋构造。

3.3.1 框架柱 KZ 根部钢筋构造

1. 柱纵筋在基础中的标准构造详图

柱纵筋在基础中的标准构造详图如图 3-22 所示。

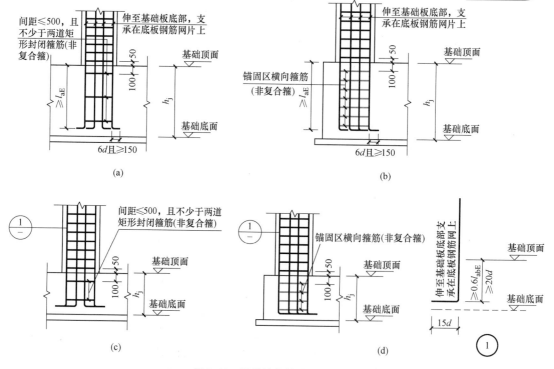

图 3-22　柱纵筋在基础中的构造

（a）保护层厚度 > 5d；基础高度满足直锚；（b）保护层厚度 ≤ 5d；基础高度满足直锚；
（c）保护层厚度 > 5d；基础高度不满足直锚；（d）保护层厚度 ≤ 5d；基础高度不满足直锚

2. 柱纵筋在基础中的构造要点

柱纵筋要插入下部基础内锚固，所以这段钢筋又称为"柱插筋"。根据《22G101-3》，柱纵筋在基础内的锚固形式与基础的类型无关，与柱纵筋在基础内的侧向混凝土保护层厚度和基础高度有关，根据保护层厚度和基础高度的不同划分为图 3-22 中的四种构造，施工时要结合图纸实际情况正确选择。图 3-22 中 d 为柱纵筋直径，h_j 为基础底面至基础顶面的高度，柱下为基础梁时，h_j 为基础梁底面至顶面的高度。当柱两侧基础梁标高不同时取较低标高计算。

（1）图 3-22（a）中的构造适用于保护层厚度＞5d，且基础高度满足直锚时，其构造要点如下：

1）柱纵筋全部伸至基础底部钢筋网上，弯折 6d 且≥150mm，钢筋三维图如图 3-23 所示。

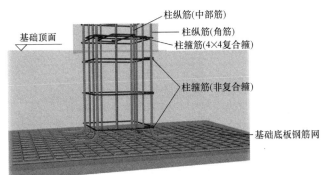

基础顶面

柱纵筋(中部筋)
柱纵筋(角筋)
柱箍筋(4×4复合箍)

柱箍筋(非复合箍)

基础底板钢筋网

图 3-23　柱钢筋在基础中三维图

2）在基础内，距离基础顶面 100mm 处设第一道箍筋，基础内箍筋间距≤500mm，且不少于两道矩形封闭箍筋（非复合箍筋）。

3）基础顶面以上第一道箍筋距离基础顶面 50mm，通常为复合箍筋，详见图纸设计标注。

（2）图 3-22（b）中的构造适用于保护层厚度≤5d，且基础高度满足直锚时，其构造要点如下：

1）柱纵筋全部伸至基础底部钢筋网上，弯折 6d 且≥150mm，钢筋三维图如图 3-5（b）所示。

2）当柱纵筋在基础中保护层厚度不一致时（如纵筋部分位于梁中，部分位于板内），保护层厚度小于 5d 的部位应设置锚固区横向箍筋（非复合箍），横向箍筋直径≥d/4（d 为纵筋最大直径），间距≤5d（d 为纵筋最小直径）且≤100mm。

3）在基础内，距离基础顶面 100mm 处设第一道锚固区横向箍筋（非复合箍）。基础顶面以上第一道箍筋距离基础顶面 50mm，通常为复合箍筋，详见图纸设计标注。

（3）图 3-22（c）中的构造适用于保护层厚度＞5d，且基础高度不满足直锚时，其构造要点如下：

1）柱纵筋全部伸至基础底部钢筋网上，弯折 15d，伸入基础内竖直段长度≥$0.6l_{abE}$ 且≥20d。

2）箍筋构造要求同图 3-22（a）构造。

（4）图 3-22（d）中的构造适用于保护层厚度≤5d，且基础高度不满足直锚时，其构造要点如下：

1）柱纵筋全部伸至基础底部钢筋网上，弯折 15d，伸入基础内竖直段长度≥$0.6l_{abE}$ 且≥20d。

2）箍筋构造要求同图 3-22（b）构造。

（5）当符合下列条件之一时，可仅将柱四角纵筋伸至底板钢筋网片上或者筏形基础中间层钢筋网片上（伸至钢筋网片上的柱纵筋间距不应大于 1000mm），其余纵筋锚固在基础顶面下 l_{aE} 即可。钢筋三维图如图 3-5（a）所示。

1）柱为轴心受压或小偏心受压，基础高度或基础顶面至中间层钢筋网片顶面距离不小于 1200mm 时。

2）柱为大偏心受压，基础高度或基础顶面至中间层钢筋网片顶面距离不小于 1400mm。

3.3.2 框架柱 KZ 纵筋连接构造

柱纵筋有三种连接方式：绑扎搭接、机械连接、焊接连接。

1. 框架柱 KZ 纵筋连接标准构造详图

框架柱 KZ 纵筋连接标准构造详图如图 3-24 所示。

3-5
楼层节点
柱纵筋构造

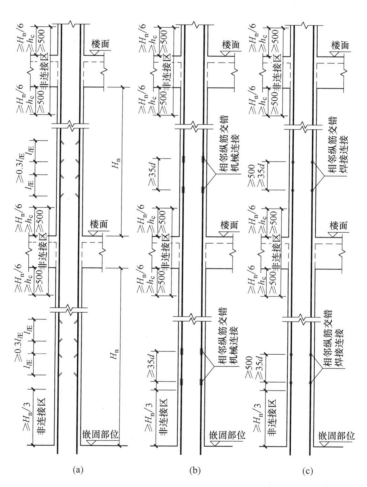

图 3-24　框架柱 KZ 纵筋连接构造

（a）绑扎搭接构造；　（b）机械连接构造；　（c）焊接连接构造

2. 框架柱 KZ 纵筋构造要点

（1）KZ 纵筋采用绑扎搭接、焊接连接的三维图如图 3-25 所示。

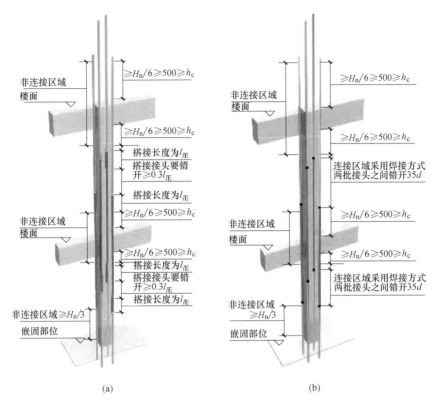

图 3-25 KZ 纵筋连接构造三维图

（a）绑扎搭接；（b）焊接连接

（2）非连接区是纵筋要求连续通过的区域（该区域纵筋不宜连接）。对于框架柱，柱端箍筋加密区、节点核心区是其关键部位，为实现"强节点"的要求，纵向受力钢筋接头要求尽量避开这两个部位。框架柱的非连接区，就是"柱端箍筋加密区＋节点核心区"。

1）嵌固部位以上≥ $H_n/3$ 范围为非连接区，H_n 为所在楼层的柱净高。

2）中间楼层的非连接区为楼面以上和框架梁底以下各取 max（$H_n/6$，500，h_c）高度范围，以及节点核心区（即梁高范围），其中：H_n 为所在楼层的柱净高，h_c 为柱截面长边尺寸（圆柱为截面直径）。

3）顶层柱的非连接区为屋面梁及屋面梁底以下取 max（$H_n/6$，500，h_c）高度范围。

（3）柱相邻纵筋连接接头相互错开。在同一连接区段内钢筋接头面积百分率不宜大于 50%。采用绑扎搭接时，搭接接头错开的净距离为 $0.3l_{lE}$（l_{lE} 为抗震搭接长度）；采用焊接连接时，相邻焊接连接接头错开距离 max（500，35d）；采用机械连接时，相邻机械连接接头错开距离≥ 35d。

（4）当施工采用绑扎搭接时，某层连接区的高度小于纵筋分两批搭接所需的高度时，应改用机械连接或焊接连接。

（5）柱轴心受拉及小偏心受拉时，柱内的纵向钢筋不得采用绑扎搭接接头，设计者应在柱平法结构施工图中注明其平面位置及层数。

（6）上柱钢筋比下柱多时的构造如图 3-26（a）所示。上层柱多出的纵筋锚固在下层柱内，从框架梁顶算起的长度不小于 $1.2l_{aE}$。

（7）上柱钢筋直径比下柱钢筋直径大时的构造如图 3-26（b）所示。上层柱较大直径钢筋可在下层柱内连接，但应在非连接区以外进行连接，且接头面积百分率不宜大于 50%。

（8）下柱钢筋比上柱多时的构造如图 3-26（c）所示。下层柱多出的钢筋锚固在上层柱内，从框架梁底算起的长度不小于 $1.2l_{aE}$。

（9）下柱钢筋直径比上柱钢筋直径大时的构造如图 3-26（d）所示。下层柱较大直径钢筋伸至上层柱内连接，但应在非连接区以外进行连接，且接头面积百分率不宜大于 50%。

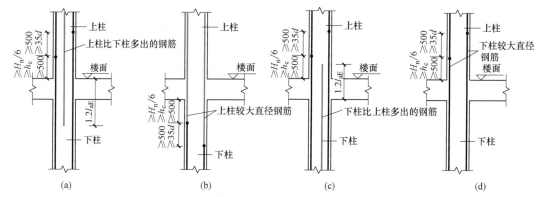

注：图中为焊接连接，也可采用机械连接和绑扎搭接。
　　此图不适用于柱纵向钢筋在嵌固部位的构造。

图 3-26　上下柱钢筋数量、直径不同时的构造

（a）上柱钢筋比下柱多；（b）上柱钢筋直径比下柱大；（c）下柱钢筋比上柱多；（d）下柱钢筋直径比上柱大

3.3.3　地下室框架柱 KZ 纵筋连接构造

1. 地下室框架柱 KZ 纵筋连接标准构造详图

地下室框架柱 KZ 纵筋标准构造详图如图 3-27、图 3-28 所示。

2. 地下室框架柱 KZ 纵筋构造要点

（1）图 3-27 用于嵌固部位不在基础顶面情况下地下室部分（基础顶面至嵌固部位）的框架柱 KZ 纵向钢筋的连接构造，其非连接区为：

1）基础顶面以上 max（$H_n/6$，500，h_c）高度范围为非连接区。其中：H_n 为所在楼层的柱净高，h_c 为柱截面长边尺寸（圆柱为截面直径）。

2）中间楼层的非连接区为地下室楼面以上和框架梁底以下各取 max（$H_n/6$，500，h_c）高度范围，以及节点核心区（即梁高范围）。

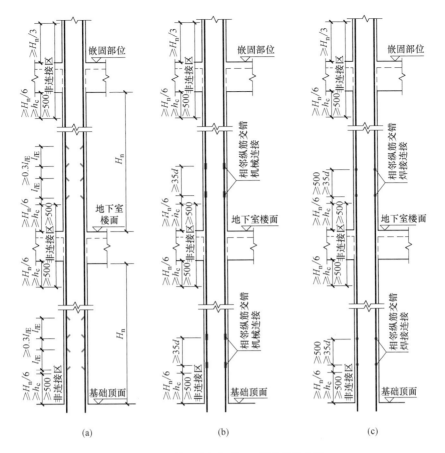

图 3-27　地下室框架柱 KZ 纵筋连接构造

（a）绑扎搭接构造；（b）机械连接构造；（c）焊接连接构造

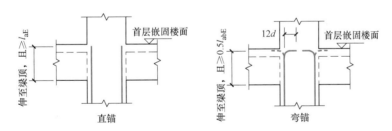

图 3-28　地下一层增加钢筋在嵌固部位的锚固构造

3）嵌固部位以上不小于 $H_n/3$ 的范围为非连接区。

4）当设计注明框架柱嵌固部位不在地下室顶板，但仍需考虑地下室顶板对上部结构实际存在嵌固作用时，此时首层柱端纵筋连接位置均按嵌固部位要求设置。

（2）地下一层增加钢筋在嵌固部位的锚固构造形式，仅用于《建筑抗震设计规范（2016 年版）》GB 50011—2010 第 6.1.14 条在地下一层增加的钢筋，由设计指定。当未指定时，表示地下一层比上层柱多出的钢筋。若多出钢筋从首层嵌固楼面框架梁底伸至框架梁顶面长度 ≥ l_{aE} 时，纵筋采用直锚；若多出钢筋从首层嵌固楼面框架梁底伸至框架梁顶面长度＜l_{aE}时，纵筋采用弯锚，即纵筋伸至框架梁顶后向柱内或者柱外弯折$12d$，且锚入梁内的竖直段长度≥$0.5l_{abE}$。

3.3.4 框架柱 KZ 变截面位置纵筋构造

1. 框架柱 KZ 变截面位置纵筋标准构造详图（图 3-29）

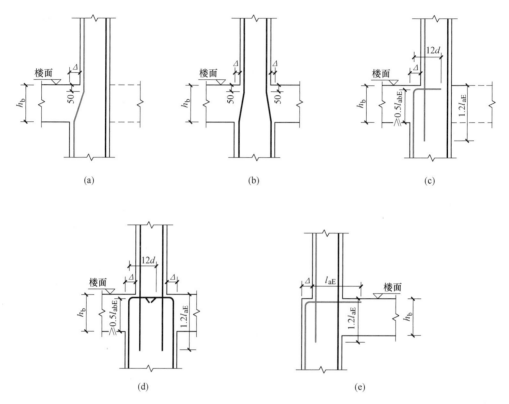

图 3-29 框架柱变截面位置纵筋构造

（a）$\Delta/h_b \leqslant 1/6$、单侧变截面；（b）$\Delta/h_b \leqslant 1/6$、多侧变截面；（c）$\Delta/h_b > 1/6$、单侧变截面

（d）$\Delta/h_b > 1/6$、多侧变截面；（e）边柱或角柱外侧变截面

2. 框架柱 KZ 变截面位置纵向钢筋构造要点

（1）当上下层柱截面一侧或多侧有变化，且变化值 Δ 与所在楼层框架梁梁高 h_b 的比值$\Delta/h_b \leqslant 1/6$ 时，截面变化一侧的下层柱钢筋从梁底开始至距梁顶 50mm 区域略向柱内弯折贯通穿过非连接区，在上层柱连接区与上层柱纵筋进行连接，截面无变化侧的柱纵筋正常贯通非连接区与上层柱纵筋进行连接。如图 3-29（a）（b）所示。

（2）当上下层柱截面一侧或多侧有变化，且变化值 Δ 与所在楼层框架梁梁高 h_b 的比值$\Delta/h_b > 1/6$ 时，截面变化一侧的下层柱纵筋伸至梁顶向柱内弯折 $12d$，且锚入框架梁内的竖直段长度≥$0.5l_{abE}$；截面变化一侧的上层柱纵筋从楼面开始锚入下层柱内 $1.2l_{aE}$；截面无变化侧的柱纵筋正常贯通非连接区与上层柱纵筋进行连接。如图 3-29（c）（d）所示。

（3）当上下层柱截面发生变化，且截面变化一侧位于边柱或角柱时，下层柱外侧纵筋伸至梁顶后向柱内弯折锚固，弯折长度 $=\Delta+l_{aE}$；上层柱外侧纵筋从楼面开始锚入下层柱内 $1.2l_{aE}$；截面无变化侧的柱纵筋正常贯通非连接区与上柱纵筋进行连接。如图 3-29（e）所示。

3.3.5 框架柱 KZ 柱顶纵筋构造

1. 中柱、边柱、角柱的区分

顶层柱纵筋需要区分中柱、边柱、角柱（图 3-30）分别计算。中柱是位于 X 向梁与 Y 向梁（不包括悬挑端）"十"形相交处的柱；边柱是位于 X 向梁与 Y 向梁（不包括悬挑端）"T"形相交处的柱；角柱是位于 X 向梁和 Y 向梁（不包括悬挑端）"L"形相交处的柱。边柱、角柱的内侧纵筋构造做法与中柱相同，边柱、角柱的外侧纵筋构造做法有多种选择，详见构造做法。

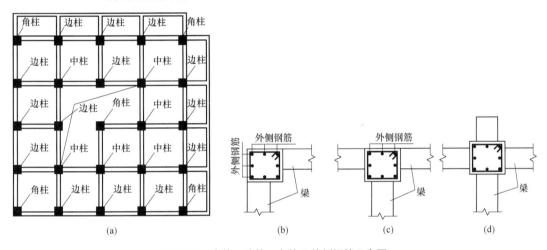

图 3-30　中柱、边柱、角柱及外侧钢筋示意图

（a）中柱、边柱、角柱示意图；（b）角柱外侧钢筋；（c）边柱外侧钢筋；（d）中柱

2. 框架柱 KZ 中柱柱顶纵筋构造

（1）框架柱 KZ 中柱柱顶纵筋标准构造详图（图 3-31）

（2）框架柱 KZ 中柱柱顶纵筋构造要点

1）根据梁高与锚固长度大小，柱顶纵筋可分为：钢筋直锚、钢筋端头加锚头（锚板）、钢筋弯锚三种情况。施工人员应根据各种做法所要求的条件正确选用。

① 钢筋直锚

当顶层框架梁高 - 保护层厚度 $\geqslant l_{aE}$ 时，梁宽范围内柱纵筋采用直锚，即柱纵筋伸至柱顶，且锚入梁内的竖直段长度 $\geqslant l_{aE}$。梁宽范围外柱纵筋伸至柱顶后向柱内弯折 $12d$，当柱顶周围有不小于 100mm 厚的现浇板时，柱纵筋也可以向柱外弯折 $12d$。如图 3-31（a）所示。

② 钢筋端头加锚头（锚板）

当顶层框架梁高－保护层厚度＜l_{aE}时，柱纵筋可采用端头加锚头（锚板）的机械锚固措施，即柱纵筋伸至柱顶，且锚入梁内的竖直段长度≥$0.5l_{abE}$。如图3-31（b）所示。

③钢筋弯锚

当顶层框架梁高－保护层厚度＜l_{aE}时，柱纵筋可采用90°弯锚措施，即柱纵筋伸至柱顶后向柱内弯折12d，且锚入梁内的竖直段长度≥$0.5l_{abE}$，如图3-31（c）所示。当柱顶周围有不小于100mm厚的现浇板时，柱纵筋也可以向柱外弯折12d，如图3-31（d）所示。

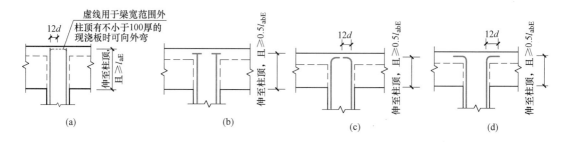

图3-31　框架柱中柱柱顶纵向钢筋构造

（a）梁宽范围内纵筋伸至柱顶直锚；（b）纵筋伸至柱顶加锚头（锚板）；（c）纵筋伸至柱顶向内弯折；

（d）纵筋伸至柱顶向外弯折（当柱顶有不小于100mm厚的现浇板）

2）顶层框架梁的底标高不相同时，柱纵筋的锚固长度起算点以梁截面高度小的梁底算起。如图3-32所示。

3）沿某一方向，与柱相连的梁为竖向加腋梁，此时柱纵筋的锚固起算点以与柱交界面处竖向加腋梁的腋底算起。如图3-33所示。

4）无梁楼盖的中柱柱顶纵筋锚固如图3-34所示，框架柱纵筋以托板或柱帽底算起，伸入长度满足l_{aE}时，还应伸至柱顶并弯折12d；或不满足直锚要求时，柱纵筋应伸至柱顶，包括弯弧段在内的钢筋竖向投影长度≥$0.5l_{abE}$，在弯折平面内包含弯弧段的水平投影长度不宜小于12d。

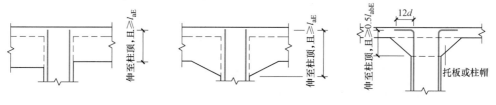

图3-32　梁底标高不同时　　　图3-33　梁为竖向加腋梁时　　图3-34　无梁楼盖中柱柱顶纵筋构造

3. 框架柱KZ边柱、角柱柱顶纵筋构造

（1）框架柱KZ边柱、角柱柱顶纵筋标准构造详图（图3-35～图3-37）

（2）框架柱KZ边柱、角柱柱顶纵筋构造要点

框架顶层端节点的梁、柱端相当于90°折梁，节点外侧钢筋不是锚固受力，而属于搭接传力。其构造包括柱外侧纵筋弯入梁内作梁筋（图3-36）、柱外侧纵筋与梁上部纵筋

在节点外侧弯折搭接（图 3-35）、柱外侧纵筋与梁上部钢筋在柱顶外侧直线搭接（图 3-37）
三种类型。

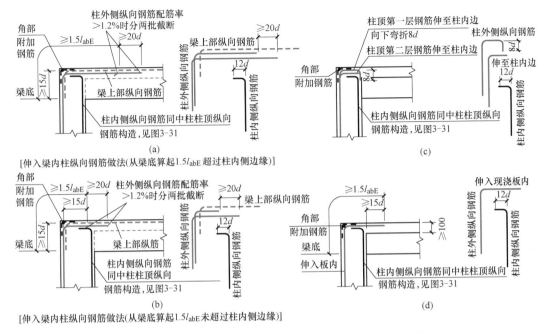

图 3-35 柱外侧纵筋与梁上部纵筋在节点外侧弯折搭接构造
（a）梁宽范围内钢筋；（b）梁宽范围内钢筋；（c）梁宽范围外钢筋在节点内锚固；
（d）梁宽范围外钢筋伸入现浇板内锚固（现浇板厚度不小于 100mm 时）

1）采用"柱外侧纵筋弯入梁内作梁钢筋"时，如图 3-36 所示。构造要求如下：

① 当柱外侧纵筋直径不小于梁上部钢筋时，梁宽范围内柱外侧纵筋可弯入梁内作梁上
部纵筋，与柱外侧纵筋和梁上部纵筋在节点外侧弯折搭接构造（梁宽范围内钢筋）组合使用。

② 柱内侧纵筋构造同中柱柱顶纵筋构造。

2）采用"柱外侧纵筋与梁上部纵筋在节点外侧弯折搭接"时，搭接长度 $\geqslant 1.5l_{abE}$，
如图 3-35（a）（b）所示。构造要求如下：

① 梁上部纵筋伸至柱外侧纵筋内侧弯折，弯折段伸至梁底，且弯折段长度 $\geqslant 15d$。

② 伸入梁内的柱外侧钢筋与梁上部纵向钢筋搭接，从梁底算起的搭接长度 $\geqslant 1.5l_{abE}$，
如图 3-35（a）所示；当从梁底算起 $1.5l_{abE}$ 未超过柱内侧边缘时，其弯折后的水平段长
度 $\geqslant 15d$，如图 3-35（b）所示。

③ 当柱外侧纵筋配筋率 $> 1.2\%$ 时，伸入梁内的柱外侧纵筋分两批截断，截断点
之间距离 $\geqslant 20d$。柱外侧纵筋配筋率 = 柱外侧纵筋面积 ÷ 柱截面面积。梁宽范围内
KZ 边柱和角柱柱顶纵筋伸入梁内的柱外侧纵筋不宜少于柱外侧全部纵筋面积的 65%。

④ 梁宽范围外的柱外侧钢筋，若位于柱顶第一层时，伸至柱内边后向下弯折 $8d$；
若位于柱顶第二层时，伸至柱内边截断，如图 3-35(c) 所示当柱周边有厚度 $\geqslant 100mm$
的现浇板时，也可按图 3-35（d）节点方式伸入现浇板内锚固，即柱外侧钢筋从梁底算
起的长度 $\geqslant 1.5l_{abE}$，且伸入板内长度不小于 $15d$。

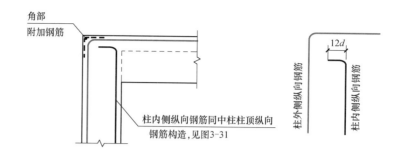

图 3-36　梁宽范围内柱外侧纵筋弯入梁内作梁筋构造

⑤ 柱内侧纵筋构造同中柱柱顶纵筋构造。

⑥ KZ 边柱和角柱梁宽范围外节点外侧柱纵向钢筋构造应与梁宽范围内节点外侧和梁端顶部弯折搭接构造配合使用。

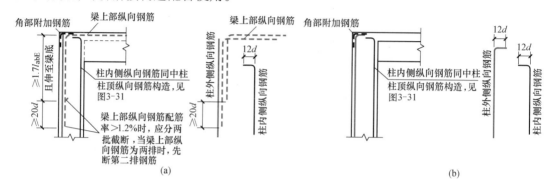

图 3-37　柱外侧纵筋与梁上部钢筋在柱顶外侧直线搭接构造

（a）梁宽范围内钢筋；（b）梁宽范围外钢筋

3）采用"柱外侧纵筋与梁上部钢筋在柱顶外侧直线搭接"时，搭接长度 ≥ 1.7l_{abE}，如图 3-37 所示。构造要求如下：

① 梁上部纵筋伸至柱外侧纵筋内侧弯折，且伸至梁底，与柱外侧纵筋搭接长度 ≥ 1.7l_{abE}。当梁上部纵筋配筋率 > 1.2% 时，宜分两批截断，截断点之间距离 ≥ 20d。当梁上部纵筋为两排时，先截断第二排钢筋。梁上部纵筋配筋率 = 梁上部纵筋面积 ÷ 梁截面面积。

② 柱内侧纵筋构造同中柱柱顶纵筋构造。

③ 梁宽范围内柱外侧纵筋伸到柱顶截断，梁宽范围外柱外侧纵筋伸至柱顶后向柱内弯折 12d。

（3）角部附加钢筋与节点纵筋弯折要求

角部附加钢筋与节点纵筋弯折要求标准构造如图 3-38 所示。

框架柱顶层端节点处，柱外侧纵向受力钢筋弯弧内半径比其他部位要大，目的是防止节点内弯折钢筋弯弧下的混凝土局部被压碎。柱外侧纵向钢筋在节点角部的弯弧内半径，当钢筋直径不大于 25mm 时，取不小于 6d；当钢筋直径大于 25mm 时，取不小于 8d（d 为钢筋的直径）。

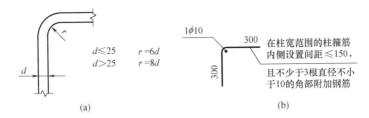

（a）

（b）

在柱宽范围的柱箍筋内侧设置间距≤150，且不少于3根直径不小于10的角部附加钢筋

图 3-38　KZ 边柱和角柱柱顶节点纵筋弯折要求和角部附加钢筋构造

（a）节点纵筋弯折要求；（b）角部附加钢筋构造

由于顶层梁上部钢筋和柱外侧纵筋的弯弧内半径加大，在框架角节点钢筋外弧以外可能会形成保护层很厚的素混凝土区，因此要设置附加构造钢筋加以约束，防止混凝土出现裂缝。

框架柱在顶层端节点外侧上角处，至少设置 3 根 ϕ 10 的钢筋，间距不大于 150mm 并与主筋绑扎。在角部设置 1 根 ϕ 10 的附加钢筋，当有框架边梁通过时，此钢筋可以取消。

3.3.6　柱箍筋构造

1. 框架柱 KZ 箍筋构造

（1）KZ 箍筋加密区范围标准构造详图如图 3-39 ～图 3-41 所示。

（2）KZ 箍筋加密区范围构造要点

1）除具体工程设计标注有箍筋全高加密的柱外，其余柱箍筋加密区可根据具体工程情况，选用图 3-39 ～图 3-41。

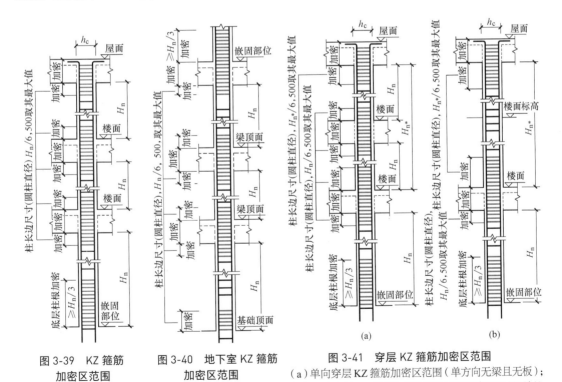

图 3-39　KZ 箍筋加密区范围

图 3-40　地下室 KZ 箍筋加密区范围

图 3-41　穿层 KZ 箍筋加密区范围

（a）单向穿层 KZ 箍筋加密区范围（单方向无梁且无板）；

（b）双向穿层 KZ 箍筋加密区范围（双方向无梁且无板）

2）框架柱的箍筋加密区范围即框架柱纵筋的非连接区范围。嵌固部位以上柱箍筋加密区长度≥H_n/3；其他部位箍筋加密区为楼面以上和框架梁底以下各 max（H_n/6，500，h_c）高度范围内及梁柱节点范围，H_n 为所在楼层的柱净高，h_c 为柱截面长边尺寸（圆柱为截面直径）。

3）当框架柱双向穿层（双向无梁且无板）时，如图 3-41（b）所示，柱的上、下端箍筋加密区范围为楼面以上和框架梁底以下各 max（H_{n*}/6，500，h_c）高度范围内及梁柱节点范围，H_{n*} 为穿层时的柱净高。

4）当框架柱单向穿层（单向无梁且无板）时，如图 3-41（a）所示，柱的上、下端箍筋加密区范围为楼面以上和框架梁底以下各 max（H_{n*}/6，500，h_c）高度范围内及梁柱节点范围。中间层有框架梁处的柱箍筋加密范围为中间层楼面以上和框架梁底以下各 max（H_n/6，500，h_c）高度范围内及梁柱节点范围。

5）当柱纵筋采用搭接连接时，搭接区范围内箍筋直径不小于 d/4（d 为搭接钢筋最大直径），间距不应大于 100mm 及 5d（d 为搭接钢筋最小直径）。

2. 柱箍筋排布构造如图 3-42 所示，柱净高范围最下一组箍筋距底部梁顶 50mm，最上一组箍筋距顶部梁底 50mm，节点区最下、最上一组箍筋距节点区梁底、梁顶不大于 50mm；当顶层柱顶与梁标高相同时，节点区最上一组箍筋距梁顶不大于 150mm。

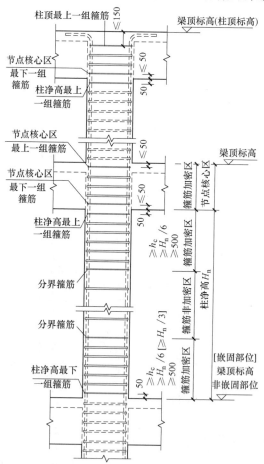

图 3-42　柱箍筋排布构造详图

3. 底层刚性地面上下 500mm 范围内箍筋加密

刚性地面指无框架梁的建筑地面，其平面内的刚度比较大，在水平力作用下，平面内变形很小，对柱根有较大的侧向约束作用。震害表明，在刚性地面附近范围若未对柱做箍筋加密构造，会使框架柱根部产生剪切破坏。

通常现浇混凝土地面会对混凝土柱产生约束，其他硬质地面达到一定厚度也属于刚性地面，如石材地面、沥青混凝土地面及有一定基层厚度的地砖地面等。

（1）底层刚性地面上下 500mm 范围内箍筋加密标准构造详图（图 3-43）。

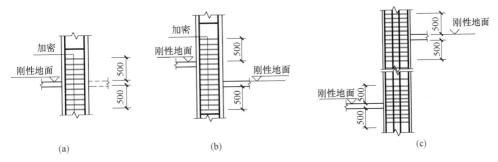

图 3-43　底层刚性地面上下各加密 500mm 柱箍筋构造

（2）底层刚性地面上下 500mm 范围内箍筋加密构造要点

在底层刚性地面上下各 500mm 范围内设置箍筋加密，其箍筋直径和间距按柱端箍筋加密区的要求，如图 3-43（a）所示。当柱两侧均为刚性地面时，加密区范围取各自上下的 500mm，如图 3-43（b）（c）所示；当柱仅一侧有刚性地面时，也应按刚性地面上下各 500mm 范围内设置箍筋加密。

当与柱箍筋加密区范围重叠时，重叠区域的箍筋可按柱端部加密区箍筋要求设置，加密区范围需要同时满足柱端加密区高度及刚性地面上下各 500mm 的要求。

柱纵向受力钢筋不宜在底层刚性地面上下 500mm 范围内连接。

4. 非焊接矩形复合箍筋构造

（1）非焊接矩形箍筋复合方式（图 3-44）。

（2）非焊接矩形复合箍筋构造要点

1）柱纵筋、复合箍筋排布应遵循对称均匀原则，箍筋转角处应有纵筋。

2）柱复合箍筋应采用截面周边外封闭大箍加内封闭小箍的组合方式（大箍套小箍），内部复合箍筋的相邻两肢形成一个内封闭小箍，当复合箍筋的肢数为单数时，设一个单肢箍。沿外封闭箍筋周边箍筋局部重叠不宜多于两层。以复合箍最外围的封闭箍筋为基准，柱内的横向箍筋紧贴其设置在下（或在上），柱内纵向箍筋紧贴其设置在上（或在下）。

3）图示单肢箍为紧靠箍筋并勾住纵筋，也可以同时勾住纵筋和箍筋。

4）若在同一组内复合箍筋各肢位置不能满足对称性要求，钢筋绑扎时，沿柱竖向相邻两组箍筋位置应交错对称排布。

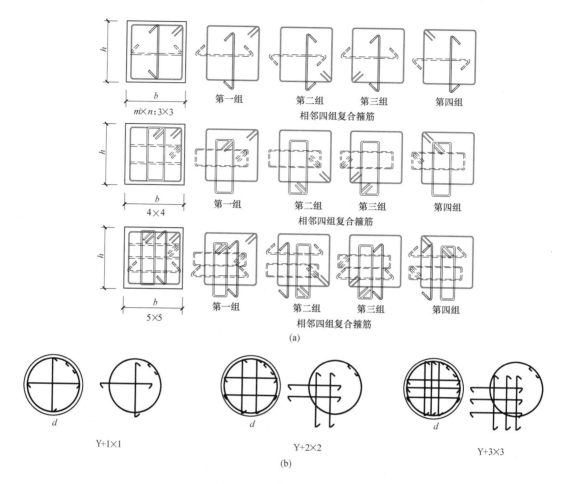

图 3-44　非焊接箍筋复合方式

（a）非焊接矩形箍筋复合方式（箍筋类型 1）；（b）非焊接圆形箍筋复合方式（箍筋类型 4）

5）柱封闭箍筋（外封闭大箍与内封闭小箍）弯钩位置应沿柱竖向按顺时针方向（或逆时针方向）顺序排布。

6）矩形箍筋复合方式同样适用于芯柱的箍筋。

3.3.7　梁上起柱 KZ 钢筋构造

在框架梁上起柱时，框架梁是柱的支座，因此梁截面宽度应大于柱宽，当柱宽度大于梁宽时，梁应设水平加侧腋以提高梁对柱钢筋的锚固性能。梁上起柱时，梁的平面外方向应设梁，以平衡柱脚在该方向的弯矩。此类柱常见设置在支撑层间楼梯梁的柱。

1. 梁上起柱 KZ 钢筋构造详图（图 3-45）

2. 梁上起柱 KZ 钢筋构造要点

（1）柱纵筋伸至梁底并水平弯折 $15d$，且伸入梁内的竖向长度取 max（$0.6l_{abE}$，$20d$）。

（2）梁顶面以上 $H_n/3$（H_n 为柱净高）范围为柱根箍筋加密区，也是柱纵筋的非连接区，纵筋连接构造同框架柱纵筋的连接构造。

（3）在梁内设置间距不大于 500mm，且至少两道柱箍筋，梁顶面以上箍筋按设计要求。

3.3.8　剪力墙上起柱 KZ 钢筋构造

1. 剪力墙上起柱 KZ 钢筋构造详图（图 3-46）

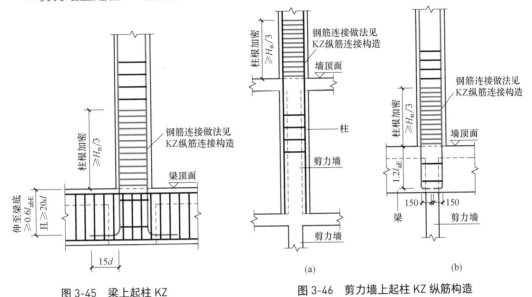

图 3-45　梁上起柱 KZ

图 3-46　剪力墙上起柱 KZ 纵筋构造
（a）柱与墙重叠一层；（b）柱纵筋锚固在墙顶部时柱根构造

2. 剪力墙上起柱 KZ 钢筋构造要点

（1）对剪力墙上起柱 KZ，图集《22G101-1》提供了"柱纵筋锚固在墙顶部时柱根构造""柱与墙重叠一层"两种构造做法，设计人员应注明选用哪种做法。

（2）当选用"柱纵筋锚固在墙顶部"做法时，剪力墙平面外方向应设梁，以平衡柱脚在该方向的弯矩。柱纵筋从墙顶面锚入剪力墙内的竖向长度为 $1.2l_{aE}$，水平向内弯折 150mm。

（3）当选用"柱与墙重叠一层"做法时，柱纵筋从墙顶面一直伸至下层剪力墙底部楼面。

（4）剪力墙顶面以上 $H_n/3$（H_n 为柱净高）范围为柱纵筋的非连接区，纵筋连接构造同框架柱纵筋的连接构造。

（5）墙顶面以上 $H_n/3$ 范围为柱根箍筋加密区，在墙顶面标高以下锚固范围内的柱箍筋按上柱非加密区箍筋要求配置；墙顶面标高以上按设计要求。

3.3.9　芯柱 XZ 钢筋构造

1. 芯柱 XZ 钢筋构造详图（图 3-47、图 3-48）

2. 芯柱 XZ 钢筋构造要点

芯柱的设置应由设计确定，芯柱应设置在框架柱的截面中心部位，其截面尺寸的确定需要考虑框架梁纵向钢筋方便穿过。若设计文件中未注明芯柱截面尺寸，可按以下原则确定构造做法：

（1）芯柱的截面尺寸不宜小于柱边长（或者圆柱直径）的 1/3，且不小于 250mm，如图 3-47 所示。

（2）芯柱内根据施工图中的要求，单独配置箍筋。

（3）芯柱的纵筋应在上、下楼层中锚固，并满足 l_{aE} 的长度要求，如图 3-48 所示。

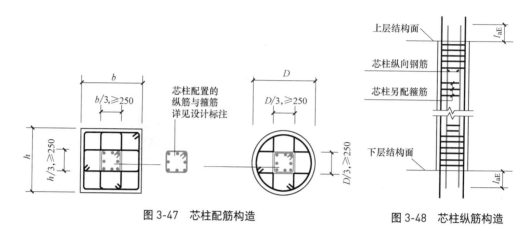

图 3-47 芯柱配筋构造

图 3-48 芯柱纵筋构造

3.3.10 转换柱 ZHZ 钢筋构造

由于建筑结构底部有大空间的使用要求，使部分结构的竖向构件（剪力墙、框架柱）不能直接连续贯通落地，因此需要设置转换层。这样的结构体系属于竖向抗侧力构件不连续体系。部分不能落地的剪力墙和框架柱，需要在转换层的梁上"生根"。承托剪力墙的梁称作框支梁 KZL，而承托框架柱的梁称为托柱转换梁 TZL，框支梁和托柱转换梁统称为转换梁，支承转换梁的柱统称为转换柱 ZHZ。

1. 转换柱 ZHZ 构造详图（图 3-49）

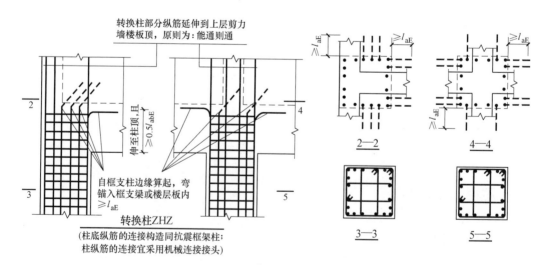

图 3-49 转换柱 ZHZ 构造

2. 转换柱 ZHZ 构造要点

在水平荷载作用下，转换层上下结构的侧向刚度对构件的内力影响比较大，会导致构件中的内力突变，使部分构件提前破坏。因此，转换柱的截面尺寸会比普通的框架柱要大，且构造措施更为严格，具体要求如下：

（1）转换柱 ZHZ 底纵筋的连接构造同抗震框架柱，柱纵筋的连接宜采用机械连接。

（2）转换柱 ZHZ 柱顶纵筋如图 3-49 所示。部分框支剪力墙结构中的转换柱在上部墙体范围内的纵筋，应伸入上部墙体内不少于一层，即这部分纵筋延伸到上层剪力墙楼板顶，原则为：能通则通。其余钢筋应水平弯折锚入梁内或板内，弯锚入梁内或板内的钢筋长度，从转换柱边算起不少于 l_{aE}。

（3）转换柱 ZHZ 中纵向受力钢筋的间距不宜大于 200mm，且不应小于 80mm。

（4）箍筋应采用复合螺旋箍或井字复合箍，箍筋的直径不应小于 10mm，间距不应大于 100mm 和 6 倍纵筋直径的较小值，并应沿柱全高加密。

3.4 柱钢筋计算实例

1. 柱施工图

本实例为采用列表注写方式表达的柱施工图，包括：柱平法施工图（图 3-50），基础剖面图（图 3-51），层高标高表（表 3-6），柱表（表 3-7）。已知：基础混凝土强度等级为 C30，柱、梁混凝土强度等级均为 C25，环境类别为二 a 类，设计使用年限为 50 年，抗震等级为四级抗震，柱纵筋采用电渣压力焊接，现浇屋面板厚度为 100mm，屋面梁箍筋直径为 10mm，梁上部纵筋直径为Φ16，基础保护层厚度为 40mm，室内刚性地面厚度为 100mm。

3-7
变截面边柱
柱表识读及
构造分析实例

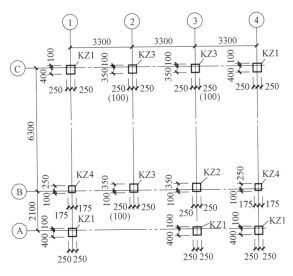

图 3-50　柱平法施工图

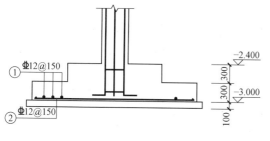

图 3-51　基础剖面图

结构层楼面标高、层高表　　　表 3-6

层号	标高（m）	层高（mm）	梁高（mm）
屋面	10.470		550
3	7.47	3000	550
2	3.870	3600	550
1	−0.030	3900	
基础顶面	−2.400		

注：上部结构嵌固部位在基础顶面 −2.400m。

柱表　　　表 3-7

柱号	标高（m）	$b \times h$（mm）	b_1（mm）	b_2（mm）	h_1（mm）	h_2（mm）	角筋	b 边一侧中部筋	h 边一侧中部筋	箍筋类型号	箍筋
KZ2	−2.400 ~ 10.470	500× 450	250	250	100	350	4Φ16	1Φ16	1Φ16	（1）3×3	Φ10@100/200
KZ3	−2.400 ~ 7.470	500× 450	250	250	350	100	4Φ16	1Φ16	1Φ16	（1）3×3	Φ8@100/200
	7.470 ~ 10.470	350× 450	100	250	350	100	4Φ16	1Φ16	1Φ16	（1）3×3	Φ6.5@100/200

2. 中柱钢筋计算

【例 3-21】计算图 3-50 中③ × ⑧轴中柱 KZ2 的钢筋设计长度、根数，并画出钢筋排布简图。

【解】

第一步，识读柱表中 KZ2 标注的内容。

KZ2 表示 2 号框架柱。

从基础顶标高 −2.400m ~ 柱顶标高 10.470m，截面均为 500mm×450mm，角筋为 4Φ16（4 根直径 16mm 的 HRB400 级钢筋），b 边一侧中部筋、h 边一侧中部筋均为 1Φ16（1 根直径 16mm 的 HRB400 级钢筋）。

箍筋是类型 1，矩形复合箍筋的箍筋肢数为 3×3。箍筋为直径 10mm 的 HPB300 级钢筋，加密区间距 100mm，非加密区间距 200mm。

第二步，查规范数据。如：保护层厚度、抗震锚固长度 l_{aE}，找到适合该框架柱的标准构造详图。

根据已知：柱混凝土强度等级为 C25，环境类别为二 a 类，四级抗震，钢筋为 HRB400 级；查表 1-9，柱的最小保护层厚度为 30mm；查表 1-10，$l_{abE}=l_{ab}=40d$；查表 1-12，$l_{aE}=l_a=40d$；Φ16 的纵筋，$l_{aE}=40×16=640mm$。

从基础剖面图得知，框架柱插筋的混凝土保护层 ≥ 5d，基础高度 h_j=600mm ＜ l_{aE}，所以基础高度不满足直锚，其构造如图 3-22（c）、①大样所示，即柱纵筋全部伸至基础底部钢筋网上，弯折 15d。基础内箍筋间距 ≤ 500mm，且不少于两道矩形封闭箍筋。

3-8 中柱钢筋计算实例

柱纵筋采用焊接连接，柱中间层钢筋构造如图 3-24（c）所示，柱相邻纵筋焊接接头相互错开，错开距离 max（500，35d），取 35d=35×16=560mm。

柱顶梁高 550mm < l_{aE}，所以纵筋在柱顶不能直锚，柱纵筋采用 90°弯锚措施，即柱纵筋伸至柱顶后向柱内或柱外弯折 12d，柱顶钢筋构造如图 3-31（c）（d）所示。

箍筋加密区范围如图 3-39 所示。

第三步，确定各层的柱净高 H_n 及纵筋非连接区域，如图 3-52 所示。

（1）一层：H_n=3870+2400-550=5720mm

1）从嵌固部位 -2.400m 以上纵筋非连接区域：H_n/3=5720/3=1907mm

刚性地面上下 500mm 处箍筋应加密，纵筋也不宜在此处连接，则从嵌固部位以上跨过刚性地面上 500mm 处高度 H_1=2400+500=2900mm

由于 $H_1 > H_n/3$，则从嵌固部位以上纵筋非连接区域长度取：2900mm。

2）一层柱顶纵筋非连接区域，即从二层楼面框架梁底以下，取 max（H_n/6，500，h_c）高度范围，由于 H_n/6=5720/6=954mm，h_c=500mm，所以取大值 954mm。

（2）二层：H_n=7470-3870-550=3050mm

1）二层楼面纵筋非连接区域，即从二层楼面以上取 max（H_n/6，500，h_c）高度范围，由于 H_n/6=3050/6=509mm，h_c=500mm，所以取大值 509mm。

2）二层柱顶纵筋非连接区域，即从三层楼面框架梁底以下，取 max（H_n/6，500，h_c）高度范围，由于 H_n/6=509mm，h_c=500mm，所以取大值 509mm。

（3）三层：H_n=10470-7470-550=2450mm

1）从三层楼面以上取 max（H_n/6，500，h_c）高度范围，由于 H_n/6=2450/6=409mm，h_c=500mm，所以取大值 500mm。

2）三层柱顶纵筋非连接区域，即从屋面框架梁底以下，取 max（H_n/6，500，h_c）高度范围，由于 H_n/6=2450/6=409mm，h_c=500mm，所以取大值 500mm。

第四步，计算柱纵筋设计长度。

均以柱纵筋连接区域与非连接区域临界点计算最短长度。

（1）柱插筋

1）①号钢筋（4 ⏀ 16）

水平弯折长度 =15d=15×16=240mm

竖向长度 = 基础内长度 + 嵌固部位以上非连接区长度

　　　　 = 基础高度 - 基础保护层厚度 - 基础底部钢筋网直径 + 嵌固部位以上非连接区长度

　　　　 =600-40-12×2+2900=3436mm

2）②号钢筋（4 ⏀ 16）

水平弯折长度 =15d=15×16=240mm

竖向长度 = ①号钢筋长度 + 相邻纵筋接头错开距离 =3436+35×16=3996mm

（2）一层柱纵筋

1）③号钢筋（4Φ16）

竖向长度 = 一层柱净高 − 嵌固部位以上非连接区长度 + 二层梁高 + 二层楼面以上
非连接区长度

$$=5720-2900+550+509=3879mm$$

2）④号钢筋（4Φ16）

竖向长度 = ③号钢筋长度 = 3879mm

（3）二层柱纵筋

1）⑤号钢筋（4Φ16）

竖向长度 = 二层柱净高 − 二层楼面以上非连接区长度 + 三层梁高 + 三层楼面以上
非连接区长度

$$=3050-509+550+500=3591mm$$

2）⑥号钢筋（4Φ16）

竖向长度 = ⑤号钢筋长度 = 3591mm

（4）三层柱纵筋

1）⑦号钢筋（4Φ16）

竖向长度 = 三层柱净高 − 三层楼面以上非连接区长度 + 屋面梁高 − （梁保护层 + 梁
箍筋直径 + 梁纵筋直径 + 钢筋净距）

$$=2450-500+550-（30+10+16+25）=2419mm$$

水平弯折长度 $=12d=12×16=192mm$

2）⑧号钢筋（4Φ16）

竖向长度 = ⑦号钢筋长度 − 三层柱相邻纵筋接头错开距离 = 2419-560=1859mm

水平弯折长度 $=12d=12×16=192mm$

第五步，计算箍筋设计长度及根数。

（1）箍筋为Φ10@100/200，箍筋形状、尺寸如图 3-52 所示，计算过程如下：

1）⑨号箍筋Φ10（外侧大箍筋）

水平内尺寸 = 柱 b 边宽 − 保护层厚度 ×2− 箍筋直径 ×2=500-30×2-10×2=420mm

竖向内尺寸 = 柱 h 边宽 − 保护层厚度 ×2− 箍筋直径 ×2=450-30×2-10×2=370mm

箍筋弯钩长度 $=\max（75，10d）=100mm$

2）⑩号箍筋Φ10（Y 方向单肢箍）

竖向内尺寸 = 柱 h 边宽 − 保护层厚度 ×2=450-30×2=390mm

箍筋弯钩长度 $=\max（75，10d）=100mm$

3）⑪号箍筋Φ10（X 方向单肢箍）

水平内尺寸 = 柱 b 边宽 − 保护层厚度 ×2=500-30×2=440mm

箍筋弯钩长度 $=\max（75，10d）=100mm$

（2）计算箍筋根数

箍筋加密区即纵筋非连接区域，箍筋根数计算见表 3-8 ～表 3-10。

一层柱箍筋根数计算   表 3-8

部位	箍筋间距	箍筋布置范围（mm）	根数计算（根）
基础内部	@500	基础高度 -100- 保护层厚度	根数 = 布置范围 / 间距 +1（不少于 2 道）
		600-100-40=460	根数 =2（封闭外箍，非复合箍）
嵌固部位以上	加密区 @100	2900	根数 =（加密区长度 -50）/ 加密间距 +1
			根数 =（2900-50）/100+1=30
梁高	加密区 @100	550	根数 =（梁高 + 梁下加密）/ 加密间距 +1
梁下加密		max（H_n/6, h_c, 500）	根数 =（550+954）/100+1=17
		max（5720/6, 500, 500）=954	
中间部位	非加密区 @200	H_n- 上下加密区长度	根数 = 非加密长度 / 非加密间距 -1
		5720-2900-954=1866	根数 =1866/200-1=9

一层小计：2+30+17+9=58 根，其中⑨号箍筋 58 根，⑩号、⑪号箍筋均为 56 根

二层柱箍筋根数计算   表 3-9

部位	箍筋间距	箍筋布置范围（mm）	根数计算（根）
底部加密	加密区 @100	max（H_n/6, h_c, 500）	根数 = 加密区长度 / 加密间距 +1
		max（3050/6, 500, 500）=509	根数 =509/100+1=7
梁高	加密区 @100	550	根数 =（梁高 + 梁下加密）/ 加密间距 +1
梁下加密		max（H_n/6, h_c, 500）	根数 =（550+509）/100+1=12
		max（3050/6, 500, 500）=509	
中间部位	非加密区 @200	H_n- 上下加密区长度	根数 = 非加密区长度 / 非加密间距 -1
		3050-509-509=2032	根数 =2032/200-1=10

二层小计：7+12+10=29 根，其中⑨号、⑩号、⑪号箍筋均为 29 根

三层柱箍筋根数计算   表 3-10

部位	箍筋间距	箍筋布置范围（mm）	根数计算（根）
底部加密	加密区 @100	max（H_n/6, h_c, 500）	根数 = 加密区长度 / 加密间距 +1
		max（2450/6, 500, 500）=500	根数 =500/100+1=6
梁高	加密区 @100	550	根数 =（梁高 + 梁下加密）/ 加密间距 +1
梁下加密		max（H_n/6, h_c, 500）	根数 =（550+500）/100+1=12
		max（2450/6, 500, 500）=500	
中间部位	非加密区 @200	H_n- 上下加密区长度	根数 = 非加密区长度 / 非加密间距 -1
		2450-500-500=1450	根数 =1450/200-1=7

三层小计：6+12+7=25 根，其中⑨号、⑩号、⑪号箍筋均为 25 根

第六步，画出柱立面图、剖面图及钢筋排布简图，如图 3-52 所示。

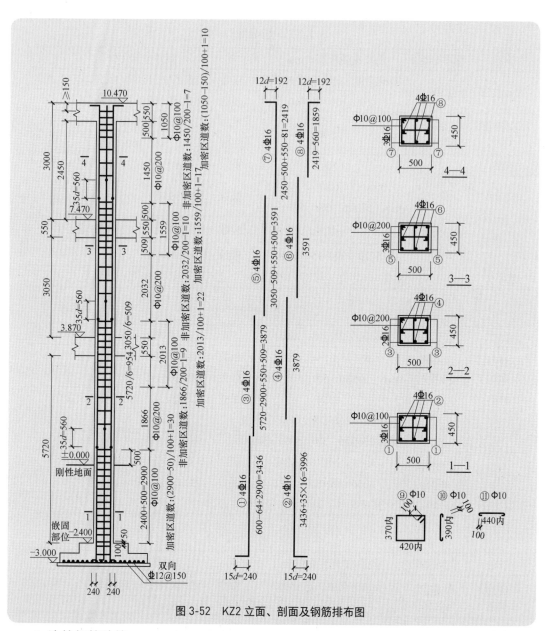

图 3-52　KZ2 立面、剖面及钢筋排布图

3. 边柱钢筋计算

【例 3-22】计算图 3-50 中 ② × Ⓒ轴边柱 KZ3 的钢筋设计长度、根数，并画出钢筋排布简图。

3-9
变截面边柱
纵筋计算实例

【解】

第一步，识读柱表中 KZ3 标注的内容。

KZ3 表示 3 号框架柱。

从基础顶标高 -2.400m ~ 标高 7.470m，截面为 500mm × 450 mm，角筋为 4Φ16（4 根直径 16mm 的 HRB400 级钢筋），b 边一侧中部筋、h 边一侧中部筋均为 1Φ16（1 根直径 16mm 的 HRB400 级钢筋）。箍筋是类型 1，矩形复合箍筋的箍筋肢数为

3×3。箍筋为直径 8mm 的 HPB300 级钢筋，加密区间距 100mm，非加密区间距 200mm。

从标高 7.470m ~ 柱顶标高 10.470m，截面变化为 350mm×450mm，角筋为 4 Φ 16，b 边一侧中部筋、h 边一侧中部筋均为 1 Φ 16（纵筋未改变）。箍筋是类型 1，矩形复合箍筋的箍筋肢数为 3×3。箍筋直径变化为 6.5mm 的 HPB300 级钢筋，加密区间距 100mm，非加密区间距 200mm。

第二步，查规范数据。如：保护层厚度、抗震锚固长度 l_{aE}，找到适合该框架柱的标准构造详图。

根据已知：柱混凝土强度等级为 C25，环境类别为二 a 类，四级抗震，钢筋为 HRB400 级；查表 1-9，柱的最小保护层厚度为 30mm；查表 1-10，$l_{abE}=l_{ab}=40d$；查表 1-12，$l_{aE}=l_a=40d$，Φ 16 的纵筋，$l_{aE}=40 \times 16=640mm$。

从基础剖面图得知，框架柱插筋的混凝土保护层 ≥ 5d，基础高度 $h_j=600mm < l_{aE}$，所以基础高度不满足直锚，其构造如图 3-22（c）、①大样所示，即柱纵筋全部伸至基础底部钢筋网上，弯折 15d。基础内箍筋间距 ≤ 500mm，且不少于两道矩形封闭箍筋。

柱纵筋采用焊接连接，柱中间层钢筋构造如图 3-24（c）所示，柱相邻纵筋焊接接头相互错开，错开距离 max（500，35d），取 35d=35×16=560mm。

在标高 7.470m 处，上层柱有梁一侧截面发生变化，变化值 Δ=150mm，且变化值 Δ 与梁高 h_b 的比值 > 1/6，柱变截面位置纵筋构造如图 3-29（c）所示。即截面变化一侧的下层柱纵筋伸至梁顶向柱内弯折 12d、上层柱纵筋从楼面开始锚入下层柱内 $1.2l_{aE}$。

柱顶梁高 550mm < l_{aE}，所以纵筋在柱顶不能直锚，柱内侧纵筋采用 90° 弯锚措施，即柱内侧纵筋伸至柱顶后向柱内或柱外弯折 12d，柱内侧纵筋构造如图 3-31（c）（d）所示。伸入梁内的柱外侧纵筋采用"柱外侧纵筋与梁上部纵筋在节点外侧弯折搭接"方式，搭接长度 ≥ $1.5l_{abE}$，如图 3-35（a）所示；不伸入梁内的柱外侧纵筋，伸至柱内边后向下弯折 8d，如图 3-35（c）所示。

箍筋加密区范围如图 3-39 所示。

第三步，确定各层的柱净高 H_n 及纵筋非连接区域，如图 3-53 所示。

（1）一层：$H_n=3870+2400-550=5720mm$

1）从嵌固部位 -2.400m 以上纵筋非连接区域：$H_n/3=5720/3=1907mm$

刚性地面上下 500mm 处箍筋应加密，纵筋也不宜在此处连接，则从嵌固部位以上跨过刚性地面上 500mm 处高度 $H_1=2400+500=2900mm$

由于 $H_1 > H_n/3$，则从嵌固部位以上纵筋非连接区域长度取：2900mm。

2）一层柱顶纵筋非连接区域，即从二层楼面框架梁底以下，取 max（$H_n/6$，500，h_c）高度范围，由于 $H_n/6=5720/6=954mm$，$h_c=500mm$，所以取大值 954mm。

（2）二层：$H_n=7470-3870-550=3050mm$

1）二层楼面纵筋非连接区域，即从二层楼面以上，取 max（$H_n/6$，500，h_c）高度范围，由于 $H_n/6=3050/6=509mm$，$h_c=500mm$，所以取大值 509mm。

2）二层柱顶纵筋非连接区域，即从三层楼面框架梁底以下，取 max（H_n/6，500，h_c）高度范围，由于 H_n/6=509mm，h_c=500mm，所以取大值 509mm。

（3）三层：H_n=10470-7470-550=2450mm

1）从三层楼面以上，取 max（H_n/6，500，h_c）高度范围，由于 H_n/6=2450/6=409mm，h_c=500mm，所以取大值 500mm。

2）三层柱顶纵筋非连接区域，即从屋面框架梁底以下，取 max（H_n/6，500，h_c）高度范围，由于 H_n/6=2450/6=409mm，h_c=500mm，所以取大值 500mm。

第四步，计算柱纵筋设计长度。

均以柱纵筋连接区域与非连接区域临界点计算最短长度。

（1）柱插筋

1）①号钢筋（4Φ16）

水平弯折长度 =15d=15×16=240mm

竖向长度 = 基础内长度 + 嵌固部位以上非连接区长度

　　　　　 = 基础高度 - 基础保护层厚度 - 基础底部钢筋网直径 + 嵌固部位以上非连接区长度

　　　　　 =600-40-12×2+2900=3436mm

2）②号钢筋（4Φ16）

水平弯折长度 =15d=15×16=240mm

竖向长度 = ①号钢筋长度 + 相邻纵筋接头错开距离 =3436+35×16=3996mm

（2）一层柱纵筋

1）③号钢筋（4Φ16）

竖向长度 = 一层柱净高 - 嵌固部位以上非连接区长度 + 二层梁高 + 二层楼面以上非连接区长度

　　　　　 =5720-2900+550+509=3879mm

2）④号钢筋（4Φ16）

竖向长度 = ③号钢筋长度 =3879mm

（3）二层柱纵筋

在标高 7.470m 处，上层柱有梁一侧截面发生变化，截面变化一侧的下层柱纵筋伸至梁顶向柱内弯折 12d，如图 3-53 中的⑤号筋、⑥号筋，截面变化一侧的上层柱纵筋从楼面开始锚入下层柱内 1.2l_{aE}，如图 3-53 中的⑨号筋、⑩号筋。

1）⑤号钢筋（2Φ16，截面变化一侧钢筋）

竖向长度 = 二层柱净高 - 二层楼面以上非连接区长度 + 梁高 -（梁保护层 + 梁箍筋直径 + 梁纵筋直径 + 钢筋净距）

　　　　　 =3050-509+550 -（30+10+16+25）=3010mm

水平弯折长度 =12d=12×16=192mm

2）⑥号钢筋（1⊈16，截面变化一侧钢筋）

竖向长度＝⑤号钢筋长度－二层柱相邻纵筋接头错开距离

$$=3010-560=2450mm$$

水平弯折长度 $=12d=12\times16=192mm$

3）⑦号钢筋（2⊈16）

竖向长度＝二层柱净高－二层楼面以上非连接区长度＋三层梁高＋三层楼面以上

非连接区长度

$$=3050-509+550+500=3591mm$$

4）⑧号钢筋（3⊈16）

竖向长度＝⑦号钢筋长度 $=3591mm$

（4）三层柱纵筋

因为柱顶梁高550mm $< l_{aE}$ ，所以纵筋在柱顶不能直锚，屋面板厚100mm，柱内侧纵筋伸至柱顶后向柱外弯折12d。伸入梁内的柱外侧纵筋从梁底算起的搭接长度为： $1.5l_{abE}=1.5\times40\times16=960mm$ ，不伸入梁内的柱外侧纵筋，伸至柱内边后向下弯折8d。按伸入梁内的柱外侧钢筋截面积不宜小于柱外侧纵筋面积的65%的要求，⑩、⑪号筋伸入梁内，⑫号筋伸到柱内边向下弯折8d。

1）⑨号钢筋（2⊈16，内侧纵筋）

竖向长度＝从楼面开始锚入下层柱内长度＋三层层高－（梁保护层＋梁箍筋直径＋

梁纵筋直径＋钢筋净距）

$$=1.2\times40\times16+3000-（30+10+16+25）=3687mm$$

水平弯折长度 $=12d=12\times16=192mm$

2）⑩号钢筋（1⊈16，外侧纵筋锚入梁内）

竖向长度＝从楼面开始锚入下层柱内锚固长度＋三层层高－（梁保护层＋梁箍筋直

径＋梁纵筋直径＋钢筋净距）

$$=1.2\times40\times16+3000-（30+10+16+25）=3687mm$$

水平弯折长度 $=1.5l_{abE}-（梁高－梁保护层－梁箍筋直径－梁纵筋直径－钢筋净距）$

$$=1.5\times40\times16-（550-30-10-16-25）=491mm$$

水平弯折长度 $> 15d$ ，满足要求。

3）⑪号钢筋（1⊈16，外侧纵筋锚入梁内）

竖向长度＝三层层高－三层楼面以上非连接区长度－（梁保护层＋梁箍筋直径＋梁

纵筋直径＋钢筋净距）

$$=3000-500-（30+10+16+25）=2419mm$$

水平弯折长度 $=491mm$ （同⑩号钢筋）

4）⑫号钢筋（1⊈16，外侧纵筋不伸入梁内，伸到柱内边向下弯折8d）

竖向长度＝⑪号钢筋竖向长度－三层柱相邻纵筋接头错开距离 $=2419-560=1859mm$

水平弯折长度＝柱h边长－（柱保护层＋柱箍筋）×2－柱纵筋直径－钢筋净距

=450－（30+6.5）×2－16－25=336mm

向下弯折=8d=8×16=128mm

5）⑬号钢筋（1Φ16，内侧第一批连接纵筋）

竖向长度＝三层层高－三层楼面以上非连接区长度－（梁保护层＋梁箍筋直径＋梁纵筋直径＋钢筋净距）

=3000－500－（30+10+16+25）=2419mm

水平弯折长度=12d=12×16=192mm

6）⑭号钢筋（2Φ16，内侧第二批连接纵筋）

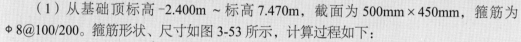

3-10
变截面边柱
箍筋计算实例

竖向长度＝⑬号钢筋竖向长度－三层柱相邻纵筋接头错开距离

=2419－560=1859mm

水平弯折长度=12d=12×16=192mm

第五步，计算箍筋设计长度及根数。

（1）从基础顶标高-2.400m～标高7.470m，截面为500mm×450mm，箍筋为Φ8@100/200。箍筋形状、尺寸如图3-53所示，计算过程如下：

1）⑮号箍筋Φ8（外侧大箍筋）

水平内尺寸＝柱b边宽－保护层厚度×2－箍筋直径×2=500－30×2－8×2=424mm

竖向内尺寸＝柱h边宽－保护层厚度×2－箍筋直径×2=450－30×2－8×2=374mm

箍筋弯钩长度=max（75mm，10d）=80mm

2）⑯号箍筋Φ8（Y方向单肢箍）

竖向内尺寸＝柱h边宽－保护层厚度×2=450－30×2=390mm

箍筋弯钩长度=max（75mm，10d）=80mm

3）⑰号箍筋Φ8（X方向单肢箍）

水平内尺寸＝柱b边宽－保护层厚度×2=500－30×2=440mm

箍筋弯钩长度=max（75mm，10d）=80mm

（2）从标高7.470m～柱顶标高10.470m，截面为350mm×450mm，箍筋为Φ6.5@100/200。箍筋形状、尺寸如图3-53所示，计算过程如下：

1）⑱号箍筋Φ6.5（外侧大箍筋）

水平内尺寸＝柱b边宽－保护层厚度×2－箍筋直径×2=350－30×2－6.5×2=277mm

竖向内尺寸＝柱h边宽－保护层厚度×2－箍筋直径×2=450－30×2－6.5×2=377mm

箍筋弯钩长度=max（75mm，10d）=75mm

2）⑲号箍筋Φ6.5（Y方向单肢箍）

竖向内尺寸＝柱h边宽－保护层厚度×2=450－30×2=390mm

箍筋弯钩长度=max（75mm，10d）=75mm

3）⑳号箍筋Φ6.5（X方向单肢箍）

水平内尺寸=350－30×2=290mm

箍筋弯钩长度=max（75mm，10d）=75mm

（3）计算箍筋根数

箍筋加密区即纵筋非连接区域，箍筋根数计算见表 3-11～表 3-13。

一层柱箍筋根数计算　　　　　表 3-11

部位	箍筋间距	箍筋布置范围（mm）	根数计算（根）
基础内部	@500	基础高度 -100- 保护层厚度	根数 = 布置范围 / 间距 +1（不少于 2 道）
		600-100-40=460	根数 =2（封闭外箍，非复合箍）
嵌固部位以上	加密区 @100	2900	根数 =（加密区长度 -50）/ 加密间距 +1
			根数 =（2900-50）/100+1=30
梁高	加密区 @100	550	根数 =（梁高 + 梁下加密）/ 加密间距 +1
梁下加密		max（H_n/6, h_c, 500）	根数 =（550+954）/100+1=17
		max（5720/6, 500, 500）=954	
中间部位	非加密区 @200	H_n- 上下加密区长度	根数 = 非加密长度 / 非加密间距 -1
		5720-2900-954=1866	根数 =1866/200-1=9

一层小计：2+30+17+9=58 根，其中⑮号箍筋 58 根，⑯号、⑰号箍筋均为 56 根

二层柱箍筋根数计算　　　　　表 3-12

部位	箍筋间距	箍筋布置范围（mm）	根数计算（根）
底部加密	加密区 @100	max（H_n/6, h_c, 500）	根数 = 加密区长度 / 加密间距 +1
		max（3050/6, 500, 500）=509	根数 =509/100+1=7
梁高		550	根数 =（梁高 + 梁下加密）/ 加密间距 +1
梁下加密	加密区 @100	max（H_n/6, h_c, 500）	根数 =（550+509）/100+1=12
		max（3050/6, 500, 500）=509	
中间部位	非加密区 @200	H_n- 上下加密区长度	根数 = 非加密长度 / 非加密间距 -1
		3050-509-509=2032	根数 =2032/200-1=10

二层小计：7+12+10=29 根，其中⑮号、⑯号、⑰号箍筋均为 29 根

三层柱箍筋根数计算　　　　　表 3-13

部位	箍筋间距	箍筋布置范围（mm）	根数计算（根）
底部加密	加密区 @100	max（H_n/6, h_c, 500）	根数 = 加密区长度 / 加密间距 +1
		max（2450/6, 500, 500）=500	根数 =500/100+1=6
梁高		550	根数 =（梁高 + 梁下加密）/ 加密间距 +1
梁下加密	加密区 @100	max（H_n/6, hc, 500）	根数 =（550+500）/100+1=12
		max（2450/6, 500, 500）=500	
中间部位	非加密区 @200	H_n- 上下加密区长度	根数 = 非加密长度 / 非加密间距 -1
		2450-500-500=1450	根数 =1450/200-1=7

三层小计：6+12+7=25 根，其中⑱号、⑲号、⑳号箍筋均为 25 根

第六步，画出柱立面图、剖面图及钢筋排布简图。如图 3-53 所示。

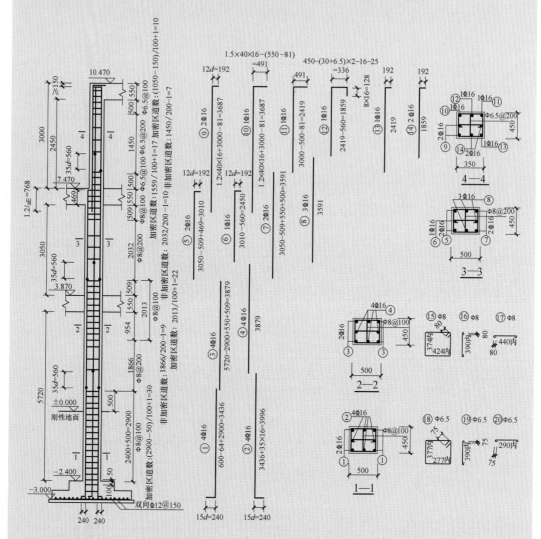

图 3-53 KZ3 立面、剖面及钢筋排布图

学习情境 4
板识图与
钢筋计算

4.1 板基本知识
4.2 有梁楼盖平法施工图制图规则
4.3 板钢筋构造
4.4 有梁楼盖板钢筋计算实例

引古喻今——细心、耐心、有心

清朝诗人袁枚有云："天下无难事，只怕有心人。天下无易事，只怕粗心人。"意思是事情再难，只要有心都能做到。事情再简单，如果粗心都有可能办砸。这告诉我们不管是做难事还是易事、大事还是小事，都要用心认真去做，才能成功。遇到难事、大事，只要有毅力、有恒心；就没有办不到的事情。

建筑工程的质量关系到人民的生命财产安全，更是容不得出半点差错。工程无小事，每一道细小的工序都要严格按照规范认真实施。例如：在计算楼板钢筋工程量、编写钢筋翻样下料单时，由于楼板的钢筋工程量较大，钢筋翻样工作繁琐、枯燥，经常会涉及几十甚至上百张图纸和成千上万个数据，如果缺乏耐心和细心就很容易出错，哪怕是按错计算器的一个键、抄错一个数字，都有可能导致质量事故或返工，既浪费材料和人工，又延误工期。因此，做事严谨认真、专注细致、持之以恒是我们每一位工程技术人员应具备的基本素质。

对自己高标准、严要求，无论项目大小，无论施工难易，都视作行业经典精心雕琢，为人们建造安全舒适的房屋尽一份自己的力量。

📋 学习情境描述

　　按照国家建筑标准设计图集《混凝土结构施工图平面整体表示方法制图规则和构造详图（现浇混凝土框架、剪力墙、梁、板）》22G101-1 有关板的知识对附录中"南宁市××综合楼工程的板平法施工图"进行识读，使学生能正确识读有梁楼盖板平法施工图，正确理解设计意图；掌握板的钢筋构造要求，能正确计算板构件中的各类钢筋设计长度及数量，为进一步计算钢筋工程量、编写钢筋下料单打下基础，同时为能胜任施工现场板钢筋绑扎安装质量检查的工作打下基础。

📝 学习目标

❶ 了解板基本知识。
❷ 熟悉板平法施工图的制图规则，能正确识读板平法施工图。
❸ 掌握楼（屋）面板、悬挑板的钢筋构造要求。
❹ 掌握楼（屋）面板、悬挑板的钢筋计算方法。

🎲 任务分组

学生任务分配表　　　　　　　表 4-1

班级		组号		指导老师			
组长		学号					
	姓名	学号	姓名	学号	姓名	学号	
组员							
任务分工							

1. 板基本知识

引导问题 1：有梁楼盖板分为：楼面板 LB、_____、_____。

引导问题 2：有梁楼盖的传力路线为：_____。

引导问题 3：板的钢筋种类包括哪些?

_____。

引导问题 4：板上部贯通纵筋的连接位置宜位于_____范围内，板下部贯通纵筋的连接位置宜位于_____范围内。

引导问题 5：识读图 4-1 传统板施工图，根据提示内容完成识图报告。

板底筋：_____。

板支座负筋：_____。

板分布筋及板厚：_____。

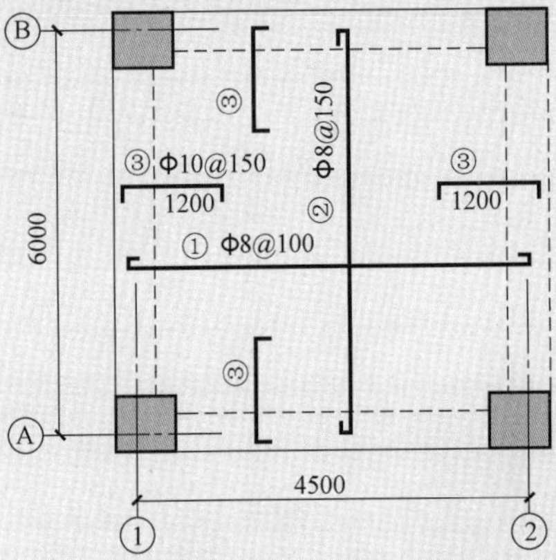

说明：1.楼板厚均为120mm，设计按铰接。
　　　2.未表示的板分布筋均为Φ8@250。

图 4-1　传统板施工图

2. 有梁楼盖平法施工图制图规则

引导问题 6：有梁楼盖板平面注写包括板块_____标注和板支座_____标注。集中标注的钢筋是_____原位标注的钢筋是板上部_____和悬挑板_____。

引导问题 7：板块集中标注的内容有：_____以及当板面标高不同时的标高高差。

引导问题 8：LB1 表示_____；WB3 表示_____；悬挑板的代号是_____。

引导问题 9：悬挑板板厚注写为 $h=120/80$，表示该板的根部厚度为____mm，板端部厚度为____mm。

引导问题 10：贯通纵筋按板块的下部纵筋和上部贯通纵筋分别注写，并以____字母代表下部纵筋，以____字母代表上部贯通纵筋。

引导问题 11：相同编号的板块可择其一做集中标注，其他仅注写置于圆圈内的_____，以及当板面标高不同时的标高高差。同一编号板块的类型、_____和_____均应相同，但板面标高、_____、_____以及板支座上部非贯通纵筋可以不同。

引导问题 12：识读附录中的"结施 11 二～五层板平法施工图"中 LB1、LB5 的集中标注的信息，完成识图报告。

LB1：_____

_____。

LB5：_____

_____。

引导问题 13：识读图 4-2 板支座负筋的标注信息，根据提示内容完成识图报告。

③表示：_____。

Φ8 表示：_____。

100 表示：_____。

（2A）表示：_____。

900 表示：_____。

引导问题 14：识读附录中的"结施 11 二～五层板平法施工图"中③、⑪、⑫号支座负筋的信息，完成识图报告。

③：_____。

⑪：_____。

⑫：_____。

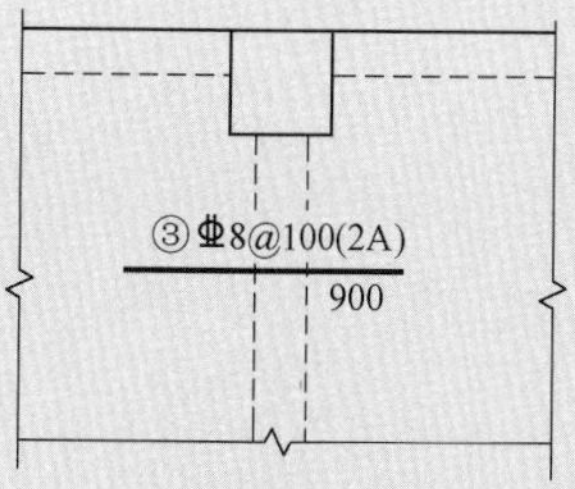

③Φ8@100(2A)

900

图 4-2　板支座负筋标注

3. 板钢筋构造

引导问题 15：普通楼（屋）面板，与支座垂直的板下部纵筋伸入支座长度_____且至少到_____，与支座平行的钢筋距梁边_____开始布置。括号内的锚固长度 l_{aE} 用于_____的板。

引导问题 16：板下部纵筋若为一级光圆钢筋，两端要加_____弯钩，即一端要增加_____。

引导问题 17：中间支座负筋的标注长度是指自_____向跨内延伸的长度，左右弯折长度为_____，负筋分布筋距梁边_____开始布置，分布筋_____设弯钩，分布筋自身及与负筋搭接长度为_____mm。

引导问题 18：普通楼（屋）面板，端支座为梁时，板上部纵筋伸至_____后弯折_____，设计按铰接时，平直段长度≥_____；充分利用钢筋的抗拉强度时，平直段长度≥_____。当平直段长度≥_____时可不弯折。

引导问题 19：普通楼（屋）面板，端支座为剪力墙中间层时，板下部纵筋伸入墙长度≥_____且至少到_____；板上部纵筋伸至_____内侧后弯折_____，且平直段长度≥_____，当平直段长度≥_____时可不弯折。

引导问题 20：梁板式转换层的楼面板，端支座为梁时，板上部纵筋、下部纵筋在端支座均应伸至_____后弯折_____，且平直段长度≥_____。当平直段长度≥_____时可不弯折。

引导问题 21：纯悬挑板上部受力筋一端伸至外侧梁角筋内侧后弯折_____，且平直段长度≥_____（考虑竖向地震作用时为_____），另一端伸至悬挑端部，弯折至_____。悬挑板下部钢筋伸入梁长度≥_____且至少到_____；当需考虑竖向地震作用时，悬挑板下部钢筋伸入梁长度≥_____。

引导问题 22：当悬挑板端部厚度≥_____mm 时，若采用 U 形钢筋封边，U 形钢筋水平段长度≥_____且≥_____mm。

引导问题 23：抗裂、抗温度筋自身及其与受力主筋搭接长度为_____；分布筋自身及与受力主筋、构造钢筋的搭接长度为_____mm；当分布筋兼作抗温度筋时，其自身及与受力主筋、构造钢筋的搭接长度为_____。

4. 有梁楼盖板钢筋计算实例

引导问题 24：计算附录中"结施 14 机房屋面板平法施工图 WB1、XB2"的钢筋设计长度、根数，并画出钢筋简图。

评价反馈

1. 学生进行自我评价，并将结果填入表 4-2 中。

学生自评表　　　　　　　　　　　　　表 4-2

班级：　　　　　　　姓名：　　　　　　　　　学号：

学习情境 4	板识图与钢筋计算		
评价项目	评价标准	分值	得分
板基本知识	理解板的分类、有梁楼盖的传力路线，熟悉板的钢筋种类，掌握板上部、下部贯通纵筋的连接位置	5	
传统板施工图识读	能正确识读板底筋、板支座负筋及分布筋、板厚等图示信息	5	
板平法施工图制图规则	能正确识读板块集中标注和原位标注的信息	20	
板钢筋构造	能准确理解板下部纵筋、上部纵筋、中间支座负筋、端支座负筋及分布筋、抗裂、抗温度筋等的构造要求	20	
板钢筋计算	能正确计算板中各类钢筋的设计长度及根数	20	
工作态度	态度端正，无无故缺勤、迟到、早退现象	10	
工作质量	能按计划完成工作任务	5	
协调能力	与小组成员之间能合作交流、协调工作	5	
职业素质	能做到保护环境，爱护公共设施	5	
创新意识	通过阅读附录中"南宁市 ×× 综合楼图纸"，能更好地理解有关板的图纸内容，并写出板图纸的会审记录	5	
合计		100	

2. 学生以小组为单位进行互评，并将结果填入表 4-3 中。

学生互评表

表 4-3

班级：		小组：			
学习情境 4		**板识图与钢筋计算**			
评价项目	分值	评价对象得分			
板基本知识	5				
传统板施工图识读	5				
板平法施工图制图规则	20				
板钢筋构造	20				
板钢筋计算	20				
工作态度	10				
工作质量	5				
协调能力	5				
职业素质	5				
创新意识	5				
合计	100				

3. 教师对学生工作过程与结果进行评价，并将结果填入表 4-4 中。

教师综合评价表

表 4-4

班级：	姓名：		学号：		
学习情境 4	**板识图与钢筋计算**				
评价项目	评价标准			分值	得分
板基本知识	理解板的分类、有梁楼盖的传力路线，熟悉板的钢筋种类，掌握板上部、下部贯通纵筋的连接位置			5	
传统板施工图识读	能正确识读板底筋、板支座负筋及分布筋、板厚等图示信息			5	
板平法施工图制图规则	能正确识读板块集中标注和原位标注的信息			20	
板钢筋构造	能准确理解板下部纵筋、上部纵筋、中间支座负筋、端支座负筋及分布筋、抗裂、抗温度筋等的构造要求			20	
板钢筋计算	能正确计算板中各类钢筋的设计长度及根数			20	
工作态度	态度端正，无无故缺勤、迟到、早退现象			10	
工作质量	能按计划完成工作任务			5	
协调能力	与小组成员之间能合作交流、协调工作			5	
职业素质	能做到保护环境，爱护公共设施			5	
创新意识	通过阅读附录中"南宁市 × × 综合楼图纸"，能更好地理解有关板的图纸内容，并写出板图纸的会审记录			5	
合计				100	
综合评价	自评（20%）	小组互评（30%）	教师评价（50%）	综合得分	

4.1　板基本知识

4.1.1　板的分类

板的分类如图 4-3 所示。

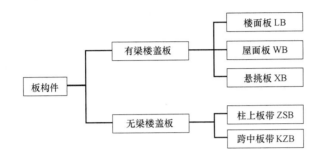

图 4-3　板的分类

按板受力和支承条件的不同，板可分为有梁楼盖板（图 4-4）、无梁楼盖板（图 4-5）。

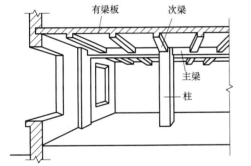

图 4-4　有梁楼盖板

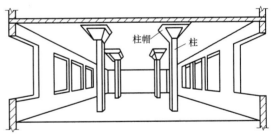

图 4-5　无梁楼盖板

1. 有梁楼盖板

有梁楼盖板（亦称肋形楼盖）是由板、次梁、主梁三者整体组成的一种楼盖体系。有梁楼盖中按板所在的标高及平面位置，可将板分为楼面板、屋面板、悬挑板，如图 4-6 所示。楼面板和屋面板的平法表达方式及钢筋构造相同，因此，本学习情境不专门区分楼面板与屋面板，都简称板。

有梁楼盖的传力路线为：荷载→板→主梁（次梁）→柱（墙）→基础。

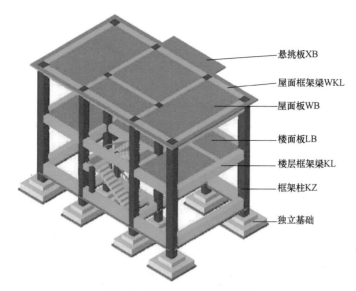

图 4-6　有梁楼盖板分类三维图

2. 无梁楼盖板

无梁楼盖板是在楼盖中不设梁肋，由柱直接支撑板的一种楼盖体系，在柱与板之间，根据情况设置柱帽。

无梁楼盖传力路线：荷载→板→柱帽→柱→基础。

本学习情境主要讲解有梁楼盖板。

4.1.2　板的钢筋种类

1. 板的钢筋种类（图 4-7）

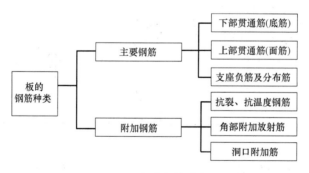

图 4-7　板的钢筋种类

2. 板钢筋骨架三维图

楼面板钢筋骨架三维图如图 4-8 所示。

4.1.3　板的受力特点

板的抗剪承载力较大，配筋计算时一般仅考虑抗弯，板的钢筋参与抗弯工作，板的受力筋布置在受拉区。对于有梁楼盖板，梁是板的支座。板在荷载作用下，支座处截面由于负弯矩的作用在上部开裂，而跨内截面由于正弯矩的作用在下部开裂，板的破坏如图 4-9 所示。

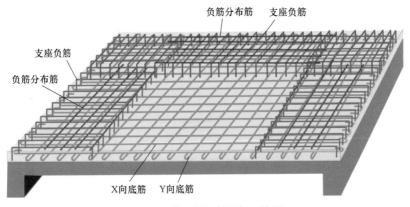

图 4-8　楼面板钢筋骨架三维图

板在均布荷载作用下的弯矩图如图 4-10 所示。由板弯矩图可知，板在梁支座处负弯矩较大，板上部是受拉区，所以，通常在板上部支座处配置支座负筋，而在板上部跨中配置的纵筋较少，板上部贯通纵筋的连接位置宜位于跨中 1/2 净跨范围内（此处内力较小）；在板跨中正弯矩也较大，板下部是受拉区，所以，通常在板下部配置板底受力筋，板下部贯通纵筋的连接位置宜位于支座边 1/4 净跨范围内（此处内力较小）。

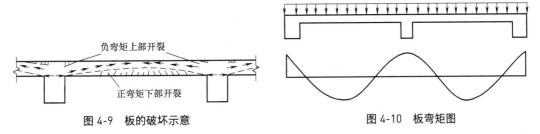

图 4-9　板的破坏示意　　　　　　　　　图 4-10　板弯矩图

4.1.4　传统板施工图识读

1. 传统板施工图（图 4-11）

2. 传统板施工图识读

（1）板底筋：板底部配置的贯通筋 X 向为①号，直径 8mm，间距 150mm；板底部配置的贯通筋 Y 向为②号，直径 8mm，间距 200mm。由于钢筋种类为 HPB300 级，底筋需设置 180° 弯钩，弯钩朝上，板底筋的两端均伸入梁支座。钢筋绑扎时，①号钢筋在下，②号钢筋在上。

（2）板支座负筋：板上部配置的端支座负筋均为③号，直径 8mm，间距 200mm，钢筋从梁边向跨内伸出的长度为 800mm；板上部配置的中间支座（②轴）负筋为④号，直径 8mm，间距 200mm，钢筋从梁边向两侧对称伸出的长度为 900mm。负筋分布筋直径为 6.5mm，间距 250mm。支座负筋两端设直钩，直钩朝下。钢筋绑扎时支座负筋在上，分布筋在下。

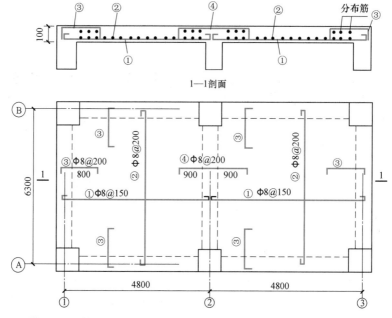

1—1剖面

说明：1.板厚均为100mm，设计按铰接。
　　　2.未表示的板分布筋均为Φ6.5@250。
　　　3.屋面板面未配置负筋的区域，均设置抗温度筋（双向Φ6.5@150），
　　　　 抗温度筋与负筋的搭接长度≥300mm。

图 4-11 传统板施工图

（3）抗温度筋：根据说明，板面未配置负筋的区域，双向均设置抗温度筋，直径 6.5mm，间距 150mm，抗温度筋与负筋的搭接长度 ≥ 300mm。抗温度筋通常设置在屋面板上部，其作用是防止由于温度变化和混凝土收缩而造成混凝土开裂。抗温度筋如图 4-12 所示。

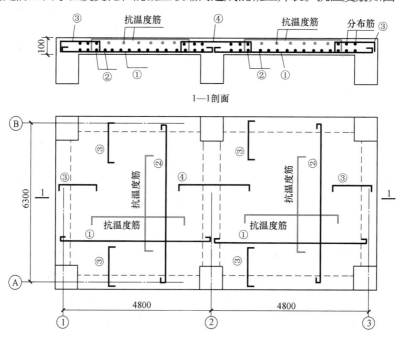

图 4-12 抗温度筋示意

4.2.1 有梁楼盖平法施工图的表示方法

有梁楼盖的制图规则适用于以梁（墙）为支座的楼面与屋面板平法施工图设计。

1. 定义

有梁楼盖平法施工图是在楼面板和屋面板布置图上，采用平面注写的表达方式。板平面注写主要包括板块集中标注和板支座原位标注，如图 4-13 所示。

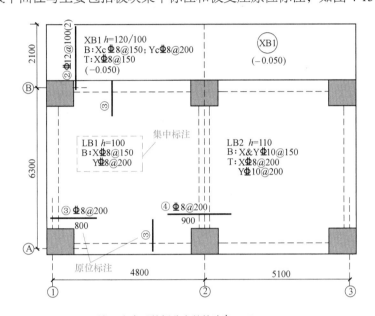

注：未表示的板分布筋均为 Φ 6.5@250。

图 4-13 板平面注写方式

2. 平面的坐标方向

为方便设计表达和施工识图，规定结构平面的坐标方向为：

（1）当两向轴网正交布置时，图面从左至右为 X 向，从下至上为 Y 向。

（2）当轴网转折时，局部坐标方向顺轴网转折角度做相应转折。

（3）当轴网向心布置时，切向为 X 向，径向为 Y 向。

此外，对于平面布置比较复杂的区域，如轴网转折交界区域、向心布置的核心区域等，其平面坐标方向应由设计者另行规定并在图上明确表示。

4.2.2 板块集中标注

板块集中标注的内容有：板块编号、板厚、上部贯通纵筋、下部纵筋以及当板面标高不同时的标高高差，如图 4-14 所示。

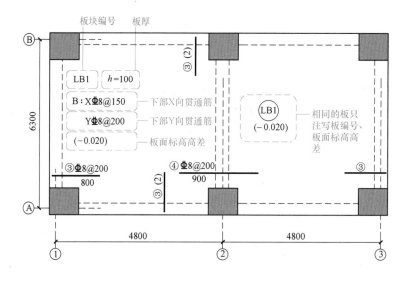

图4-14 板块集中标注的内容

对于普通楼面，两向均以一跨为一板块；对于密肋楼盖，两向主梁（框架梁）均以一跨为一板块（非主梁密肋不计）。

所有板块应逐一编号，相同编号的板块可择其一做集中标注，其他仅注写置于圆圈内的板块编号，以及当板面标高不同时的标高高差。

1. 板块编号

板块编号由板类型代号、序号组成。板块编号，见表4-5。

板块编号 表4-5

板类型	代号	序号
楼面板	LB	X X
屋面板	WB	X X
悬挑板	XB	X X

【例4-1】图4-13中的LB1表示1号楼面板；XB1表示1号悬挑板。

2. 板厚

板厚注写为$h=\times\times\times$，板厚为垂直于板面的厚度；当悬挑板的端部改变截面厚度时，用斜线分隔根部与端部的高度值，注写为$h=\times\times\times/\times\times\times$；当设计已在图注中统一注明板厚时，此项可不注。

【例4-2】图4-13中，悬挑板注写为：XB1 $h=120/100$，表示板的根部厚度为120mm，端部厚度为100mm，如图4-15所示。

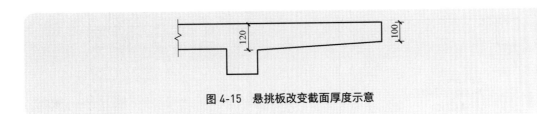

图 4-15　悬挑板改变截面厚度示意

3. 贯通纵筋

贯通纵筋按板块的下部纵筋和上部贯通纵筋分别注写（当板块上部不设贯通纵筋时则不注），并以 B 代表下部纵筋，以 T 代表上部贯通纵筋，B&T 代表下部与上部；X 向纵筋以 X 打头，Y 向纵筋以 Y 打头，两向纵筋配置相同时则以 X&Y 打头。

（1）当为单向板时，分布筋可不必注写，而在图中统一注明。

【例 4-3】图 4-13 中有注明："注：未表示的板分布筋均为Φ6.5@250"。

图 4-13 中板块 LB1 的注写，LB1 表示 1 号楼面板，板厚 100mm，板下部配置的纵筋 X 向为Φ8@150，Y 向为Φ8@200，板上部未配置贯通纵筋。

图 4-13 中板块 LB2 的注写，LB2 表示 2 号楼面板，板厚 110mm，板下部配置的纵筋 X 向和 Y 向均为Φ10@150；板上部配置的贯通纵筋 X 向为Φ8@200，Y 向为Φ10@200。

（2）当在某些板内（例如在悬挑板 XB 的下部）配置有构造钢筋时，则 X 向以 X_c，Y 向以 Y_c 打头注写。

【例 4-4】图 4-13 中悬挑板 XB1 的注写，XB1 表示 1 号悬挑板，板根部厚 120mm，板端部厚 100mm，板下部配置的构造钢筋 X 向为Φ8@150，Y 向为Φ8@200，板上部配置的贯通纵筋 X 向为Φ8@150，Y 向受力筋见原位标注的②号钢筋。

（3）当 Y 向采用放射配筋时（切向为 X 向，径向为 Y 向），设计者应注明配筋间距的定位尺寸。

（4）当纵筋采用两种规格钢筋"隔一布一"方式时，表达为Φxx/yy@×××，表示直径为 ×× 的钢筋和直径为 yy 的钢筋二者之间间距为 ×××，直径 ×× 的钢筋的间距为 ××× 的 2 倍，直径 yy 的钢筋的间距为 ××× 的 2 倍。

【例 4-5】图 4-16 中板块 LB5 的注写，LB5 表示 5 号楼面板，板厚 110mm，板下部配置的纵筋 X 向为Φ10、Φ12"隔一布一"，Φ10 与Φ12 之间间距为 100mm，Y 向为Φ8@120；板上部配置的贯通纵筋 X 向和 Y 向均为Φ8@100。其下部纵筋"隔一布一"示意图如图 4-17 所示。

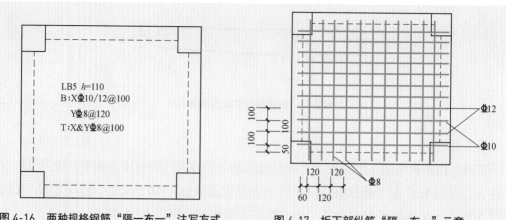

图 4-16　两种规格钢筋"隔一布一"注写方式　　　　图 4-17　板下部纵筋"隔一布一"示意

4. 板面标高高差

板面标高高差是指相对于结构层楼面标高的高差，应将其注写在括号内，且有高差则注，无高差不注。

当板的顶面高于所在结构层楼面标高时，其标高高差为正值，反之为负值。

【例 4-6】图 4-13 中悬挑板 XB1 的注写，"（-0.050）"表示该板顶面低于所在结构层楼面标高 0.050m；板块 LB1、LB2 均没有注写板面标高高差，说明 LB1、LB2 的板面无高差，如图 4-18 所示。

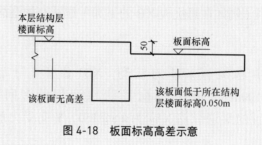

图 4-18　板面标高高差示意

同一编号板块的类型、板厚和贯通纵筋均应相同，但板面标高、跨度、平面形状以及板支座上部非贯通纵筋可以不同。如：同一编号板块的平面形状可以为矩形、多边形以及其他形状等。

【例 4-7】图 4-13 中悬挑板 XB1，两块 XB1 的跨度不相同，但两板块的类型、板厚和贯通纵筋均相同。

4.2.3　板支座原位标注

1. 板支座原位标注的内容（板支座上部非贯通纵筋和悬挑板上部受力钢筋）

板支座原位标注的钢筋，应在配置相同跨的第一跨表达（当在梁悬挑部位单独配置时则在原位表达）。

在配置相同跨的第一跨（或梁悬挑部位），垂直于板支座（梁或墙）绘制一段适宜长度的中粗实线（当该筋通长设置在悬挑板或短跨板上部时，实线段应画至对边或贯通短跨），以该线段代表支座上部非贯通纵筋，并在线段上方注写钢筋编号（如①、②等）、配筋值、横向连续布置的跨数以及是否横向布置到梁的悬挑端。

板支座上部非贯通钢筋自支座边线向跨内的伸出长度，注写在线段的下方位置。板支座上部非贯通纵筋注写内容如图 4-19 所示。

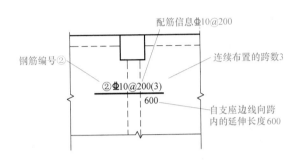

图 4-19　板支座上部非贯通纵筋注写内容示意

【例 4-8】图 4-13 中，①轴板支座上部非贯通钢筋③号筋的注写，③表示钢筋编号；"Φ8@200"表示配筋值为直径 8mm，间距 200mm 的 HRB400 钢筋；钢筋从该跨起沿支撑梁连续布置 1 跨（跨数是 1 时可不注写），即在Ⓐ轴～Ⓑ轴梁上布置；"800"表示钢筋自支座（梁）边线向跨内的伸出长度为 800mm。

（1）当中间支座上部非贯通钢筋向支座两侧对称伸出时，可仅在支座一侧线段下方标注伸出长度，另一侧不注。

【例 4-9】图 4-13 中，②轴板支座上部非贯通钢筋④号筋的注写，④表示钢筋编号；"Φ8@200"表示配筋值为直径 8mm，间距 200mm 的 HRB400 钢筋；钢筋从该跨起沿支撑梁连续布置 1 跨（跨数是 1 时可不注写），即在Ⓐ轴～Ⓑ轴梁上布置；"900"表示钢筋自支座（梁）边线向两侧对称伸出的长度均为 900mm，只标注一侧的伸出长度，另一侧不注。

（2）当向支座两侧非对称伸出时，应分别在支座两侧线段下方注写伸出长度。

【例 4-10】图 4-20 中，A 轴板支座上部非贯通钢筋⑤号筋的注写，⑤表示钢筋编号；"Φ10@200"表示配筋值为直径 10mm，间距 200mm 的 HRB400 钢筋；"（3A）"表示钢筋从该跨起沿支撑梁连续布置 3 跨及梁一端的悬挑端，即在①轴～④轴梁及梁的悬挑端上布置；"1200　1400"表示钢筋自支座（梁）边线向上伸出的长度为 1400mm，钢筋自支座（梁）边线向下伸出的长度为 1200mm。

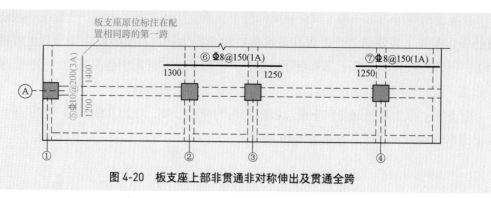

图 4-20　板支座上部非贯通非对称伸出及贯通全跨

（3）对线段画至对边贯通全跨或贯通全悬挑长度的上部通长纵筋，贯通全跨或伸出至全悬挑一侧的长度值不注，只注明非贯通筋另一侧的伸出长度值。

【例 4-11】图 4-20 中，④轴板支座上部非贯通钢筋⑦号筋的注写，⑦表示钢筋编号；"Φ8@150"表示配筋值为直径 8mm，间距 150mm 的 HRB400 钢筋；"（1A）"表示钢筋从该跨起沿支撑梁连续布置 1 跨及梁一端的悬挑端；"1250"表示钢筋自梁边线向左伸出的长度为 1250mm，自梁边线向右伸出的长度为贯通全跨，贯通全跨一侧的长度值不注。

【例 4-12】图 4-20 中，②、③轴板支座上部非贯通钢筋⑥号筋的注写，⑥表示钢筋编号；"Φ8@150"表示配筋值为直径 8mm，间距 150mm 的 HRB400 钢筋；"（1A）"表示钢筋横向连续布置的跨数是 1 跨及悬挑梁部位；"1300　1250"表示钢筋自②轴梁边线向左伸出的长度为 1300mm，自③轴梁边线向右伸出的长度为1250mm，钢筋贯通②轴~③轴全跨。

（4）当板支座为弧形，支座上部非贯通纵筋呈放射状分布时，设计者应注明配筋间距的度量位置并加注"放射分布"四字，必要时应补绘平面配筋图，如图 4-21 所示。

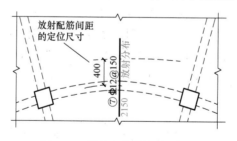

图 4-21　弧形支座处放射配筋

【例 4-13】图 4-21 中⑦号筋的注写，⑦号筋为放射分布；"Φ12@150"表示配筋值为直径 12mm，间距 150mm 的 HRB400 钢筋；钢筋横向连续布置的跨数是 1；"2150"表示钢筋自支座（梁）边线向两侧对称伸出的长度均为 2150mm，距离支座中心线400mm 是放射筋配筋间距的定位尺寸，即在距离支座中心线 400mm 的弧线上每隔150mm 放一根Φ12 的钢筋。

（5）悬挑板的注写方式如图 4-22 所示，当悬挑板端部厚度不小于 150mm 时，图 4-42 提供了"无支承板端部封边构造"，施工应按标准构造详图执行。当设计采用与本标准构造详图不同的做法时，应另行注明。

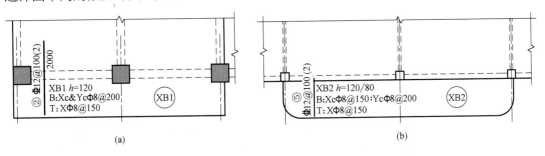

图 4-22　悬挑板的注写

（a）兼做相邻跨板支座上部非贯通纵筋；（b）锚固在支座内

【例 4-14】图 4-22（a）中，板支座上部非贯通钢筋②号筋的注写，②表示钢筋编号；"Φ 12@100"表示配筋值为直径 12mm，间距 100mm 的 HRB400 钢筋，"（2）"表示钢筋从该跨起沿支撑梁连续布置 2 跨；"2000"表示钢筋自梁中线向上伸出的长度为 2000mm，向下伸出至悬挑板一侧，覆盖悬挑板一侧的伸出长度不注。

（6）悬挑板的悬挑阳角、阴角上部放射钢筋的表示方法如图 4-23、图 4-24 所示。

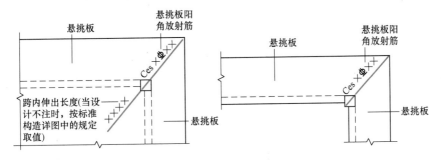

图 4-23　悬挑板阳角放射附加筋 Ces 引注图示

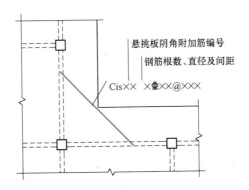

图 4-24　悬挑板阴角附加筋 Cis 引注图示

（注：附加筋设置在板上部悬挑受力钢筋的下面，自阴角位置向内分布。）

【例 4-15】悬挑板上注写 Ces 7 Φ 8，表示悬挑板阳角放射筋为 7 根 HRB400 钢筋，直径 8mm。构造筋 Ces 的个数按图 4-25 的原则确定，其中 $s \leqslant 200mm$。

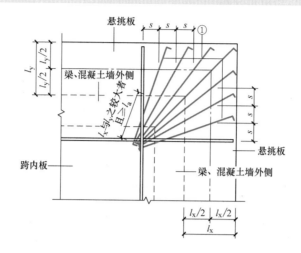

图 4-25 悬挑板阳角放射筋 Ces

（7）在板平面布置图中，不同部位的板支座上部非贯通纵筋及悬挑板上部受力钢筋，可仅在一个部位注写，对其他相同者则仅需在代表钢筋的线段上注写编号及注写横向连续布置的跨数即可。

【例 4-16】图 4-14 中，Ⓐ 轴、Ⓑ 轴板支座上部非贯通钢筋③号筋的注写，"③（2）"表示该筋同③号筋，钢筋从该跨起沿支撑梁连续布置 2 跨，即在①轴~③轴梁上布置。

（8）与板支座上部非贯通纵筋垂直且绑扎在一起的构造钢筋和分布钢筋，应由设计者在图中注明。如图 4-13 所示："注：未表示的板分布筋均为 Φ6.5@250"。

2. 板上部贯通纵筋与板支座上部非贯通纵筋"隔一布一"配置

当板的上部已配有贯通纵筋，但需增配板支座上部非贯通纵筋时，应结合已配置的同向贯通纵筋的直径与间距采取"隔一布一"方式配置。

"隔一布一"方式，为非贯通纵筋的标注间距与贯通纵筋相同，两者组合后的实际间距为各自标注间距的 1/2。

【例 4-17】图 4-26 中，板 LB6 上部 X 向贯通纵筋 Φ 10@200 与板支座上部非贯通钢筋②号筋 Φ 10@200 就是"隔一布一"配置，板上部钢筋"隔一布一"示意图如图 4-27 所示。

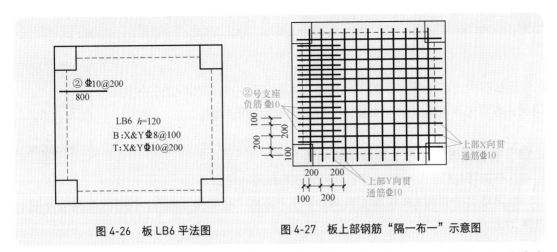

图 4-26　板 LB6 平法图　　　图 4-27　板上部钢筋"隔一布一"示意图

施工应注意：当支座一侧设置了上部贯通纵筋（在板集中标注以 T 打头），而在支座另一侧仅设置了上部非贯通纵筋时，如果支座两侧设置的纵筋直径、间距相同，应将二者连通，避免各自在支座上部分别锚固。

4.2.4　采用平面注写方式表达的楼面板平法施工图示例（图 4-28）

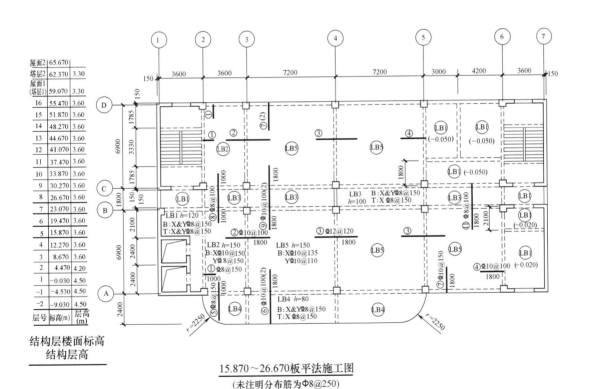

15.870～26.670板平法施工图

（未注明分布筋为Φ8@250）

图 4-28　有梁楼盖平法施工图示例

学习情境 4　板识图与钢筋计算

4.3 板钢筋构造

板钢筋构造是指板构件的各种钢筋在实际工程中可能出现的各种构造情况，本节主要讲解有梁楼盖板楼（屋）面板的钢筋构造。

4.3.1 有梁楼盖楼（屋）面板钢筋构造

1. 有梁楼盖楼面板 LB 和屋面板 WB 钢筋标准构造详图

有梁楼盖楼面板 LB 和屋面板 WB（以下简称"有梁楼盖板"）钢筋标准构造详图如图 4-29 所示。

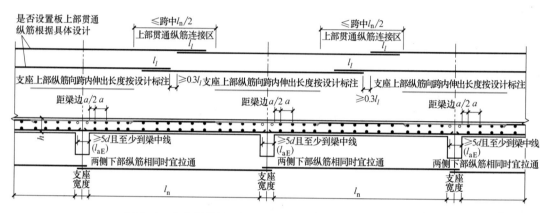

图 4-29 有梁楼盖楼面板 LB 和屋面板 WB 钢筋标准构造详图

（注：括号内的锚固长度 l_{aE} 用于梁板式转换层的板）

2. 有梁楼盖楼面板 LB 和屋面板 WB 钢筋构造要点

（1）有梁楼盖板钢筋三维图如图 4-30 所示。

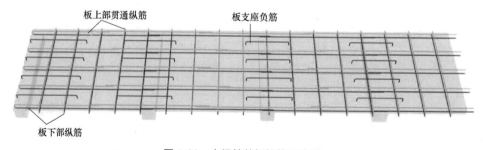

图 4-30 有梁楼盖板钢筋三维图

（2）与支座垂直的板下部纵筋伸入支座长度 $\geqslant 5d$（d 为纵筋直径）且至少到梁中心线，与支座平行的钢筋距梁边 1/2 板筋间距开始布置。括号内的锚固长度 l_{aE} 用于梁板式转换层的板。

（3）板下部纵筋若为 HPB300 钢筋，两端要加 180° 弯钩，即一端要增加 6.25d。

（4）中间支座负筋构造详图如图 4-31 所示，支座负筋的标注长度是指自支座边线向

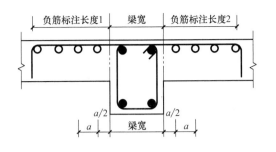

图 4-31 中间支座负筋构造详图

跨内延伸的长度，左右弯折长度为板厚减上下保护层厚度（注：施工时如果设置了确保支座负筋上层位置的马凳筋，此弯钩可不设），负筋分布筋距梁边1/2分布筋间距开始布置。分布筋均可不设弯钩，分布筋自身及与负筋搭接长度为150mm。

（5）除图 4-29 所示搭接连接外，板纵筋可采用机械连接或焊接连接。接头位置：上部贯通筋在跨中 $l_n/2$（l_n 为板净跨长）范围，相邻两根钢筋错开 $0.3l_l$（l_l 为搭接长度）绑扎搭接；下部钢筋在距支座 1/4 净跨内。

（6）当相邻等跨或不等跨的上部贯通纵筋配置不同时，应将配置较大者越过其标注的跨数终点或起点伸出至相邻跨的跨中连接区域连接。

（7）板贯通纵筋在同一连接区段内钢筋接头百分率不宜大于50%。

（8）板位于同一层面的两向交叉纵筋何向在下、何向在上，应按具体设计说明。

（9）图中板的中间支座均按梁绘制，当支座为混凝土剪力墙时，其构造相同。

4.3.2 板在端部支座的锚固构造

1. 端部支座为梁的板端锚固构造

（1）端部支座为梁的板端锚固标准构造详图（图 4-32）

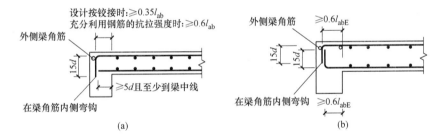

图 4-32 端部支座为梁的板端锚固构造
（a）普通楼屋面板；（b）用于梁板式转换层的楼面板

（2）普通楼（屋）面板端锚固构造要点

1）图中"设计按铰接时""充分利用钢筋的抗拉强度时"由设计指定。

2）板上部纵筋伸至外侧梁角筋内侧后弯折 $15d$，设计按铰接时，平直段长度 $\geqslant 0.35l_{ab}$；充分利用钢筋的抗拉强度时，平直段长度 $\geqslant 0.6l_{ab}$。当平直段长度 $\geqslant l_a$ 时可不弯折。

3）板下部纵筋伸入梁长度 $\geqslant 5d$ 且至少到梁中心线。

4）端支座负筋构造详图如图 4-33 所示。负筋的标注长度是指自支座边线向跨内的延伸长度，其伸进支座端的弯折长为 $15d$；板内端的弯折长度为板厚减上下保护层厚度（注：

施工时如果设置了确保支座负筋上层位置的马凳筋，此弯钩可不设）；负筋分布筋距梁边1/2 分布筋间距开始布置。

（3）梁板式转换层的楼面板端锚固构造要点

1）梁板式转换层的楼面板钢筋三维图如图 4-34 所示。

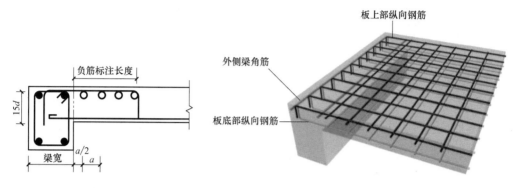

图 4-33　端支座负筋构造详图　　　　图 4-34　梁板式转换层的楼面板钢筋三维图

2）板上部纵筋、下部纵筋在端支座均应伸至外侧梁角筋内侧后弯折 15d，且平直段长度 $\geqslant 0.6l_{abE}$。当平直段长度 $\geqslant l_{aE}$ 时可不弯折。

3）梁板式转换层的板中 l_{abE}、l_{aE} 按抗震等级四级取值，设计值也可根据实际工程情况另行指定。

2. 端部支座为剪力墙的板端锚固构造

（1）端支座为剪力墙的板端锚固标准构造详图（图 4-35）

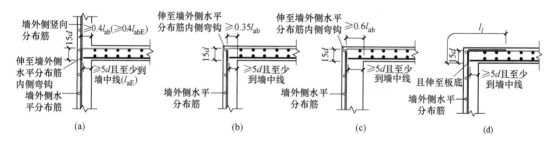

图 4-35　端支座为剪力墙的板端锚固构造

（a）剪力墙中间层；（b）板端按铰接设计；（c）板端上部纵筋按充分利用钢筋抗拉强度；（d）搭接连接

（2）端支座为剪力墙中间层的板端锚固构造要点

1）端支座为剪力墙中间层的楼面板钢筋三维图如图 4-36 所示。

2）普通楼（屋）面板：板下部纵筋伸入墙长度 $\geqslant 5d$ 且至少到墙中心线；板上部纵筋伸至墙外侧水平分布筋内侧后弯折 15d，且平直段长度 $\geqslant 0.4l_{ab}$，当平直段长度 $\geqslant l_a$ 时可不弯折。

3）梁板式转换层的板：括号内的数值用于梁板式转换层的板，即板下部纵筋伸入墙内平直段长度 $\geqslant l_{aE}$；当直锚长度不足时，板下部纵筋伸至墙外侧水平分布筋内侧后弯折 15d，且平直段长度 $\geqslant 0.4l_{abE}$，如图 4-37 所示。板上部纵筋伸至墙外侧水平分布筋内侧后弯折 15d，且平直段长度 ≥ 0.4l_{abE}，当平直段长度 ≥ l_{aE} 时可不弯折。

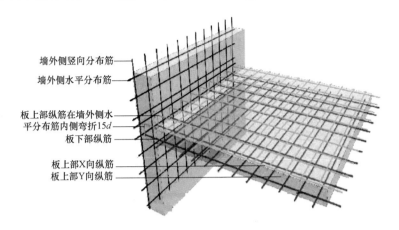

图 4-36 端支座为剪力墙中间层的楼面板钢筋三维图

（3）端支座为剪力墙墙顶的板端锚固构造要点

1）端支座为剪力墙墙顶的楼面板钢筋三维图如图 4-38 所示。

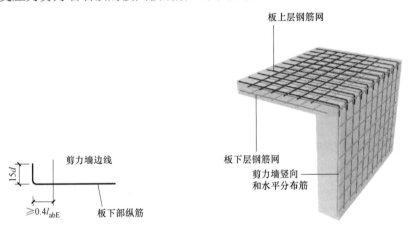

图 4-37 梁板式转换层的板下部纵筋弯锚   图 4-38 端支座为剪力墙墙顶的楼面板钢筋三维图

2）墙顶有按铰接设计、板端上部纵筋按充分利用钢筋抗拉强度、搭接连接三种做法，做法由设计指定。

3）板端按铰接设计时，板下部纵筋伸入墙长度 ≥ 5d 且至少到墙中心线；板上部纵筋伸至墙外侧水平分布筋内侧后弯折 15d，且平直段长度 ≥ 0.35l_{ab}，当平直段长度 ≥ l_a 时可不弯折。

4）板端上部纵筋按充分利用钢筋抗拉强度时，板下部纵筋伸入墙长度 ≥ 5d 且至少到墙中心线；板上部纵筋伸至墙外侧水平分布筋内侧后弯折 15d，且平直段长度 ≥ 0.6l_{ab}，当平直段长度 ≥ l_a 时可不弯折。

5）板端上部纵筋搭接连接时，板下部纵筋伸入墙长度 ≥ 5d 且至少到墙中心线；板上部纵筋伸至墙外侧水平分布筋内侧后弯折 15d 并伸至板底，与墙竖向分布筋搭接 l_l。

4.3.3 悬挑板 XB 钢筋构造

1. 悬挑板 XB 钢筋标准构造详图（图 4-39）

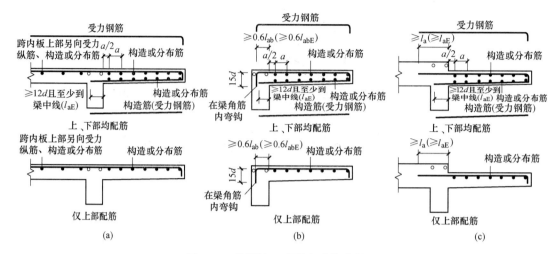

图 4-39　悬挑板 XB 钢筋标准构造详图

（a）板面同高的延伸悬挑板；（b）纯悬挑板；（c）板面不同高的延伸悬挑板

2. 悬挑板 XB 钢筋构造要点

（1）跨内外板面同高的延伸悬挑板构造要点

1）跨内外板面同高的延伸悬挑板（仅上部配筋）的钢筋三维图如图 4-40 所示。

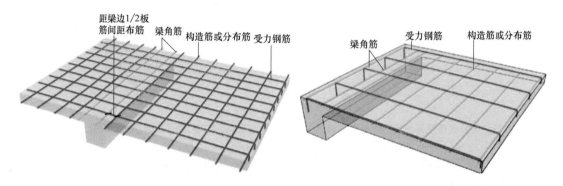

图 4-40　悬挑板（仅上部配筋）钢筋三维图　　图 4-41　纯悬挑板（仅上部配筋）钢筋三维图

2）悬挑板上部受力筋可由跨内板上部纵筋贯通延伸至悬挑端，弯折至板底。

3）悬挑板下部钢筋伸入梁长度 $\geq 12d$ 且至少到梁中心线；当需考虑竖向地震作用时（由设计明确），悬挑板下部钢筋伸入梁长度 $\geq l_{aE}$。

4）与支座平行的钢筋是构造筋或分布筋，距梁边 1/2 板筋间距开始布置。

（2）纯悬挑板构造要点

1）纯悬挑板（仅上部配筋）的钢筋三维图如图 4-41 所示。

2）悬挑板上部受力筋一端伸至外侧梁角筋内侧后弯折 $15d$，且平直段长度 $\geq 0.6l_{ab}$（考虑竖向地震作用时为 $0.6l_{abE}$），另一端伸至悬挑端部，弯折至板底。其他构造同"跨内外板面同高的延伸悬挑板"。

（3）跨内外板面不同高的延伸悬挑板构造要点

悬挑板上部受力筋一端伸入跨内板直锚 l_a（考虑竖向地震作用时为 l_{aE}），另一端伸至悬挑端部，弯折至板底。其他构造同"跨内外板面同高的延伸悬挑板"。

4.3.4 无支承板端部封边构造

1. 无支承板端部封边标准构造详图（图 4-42）

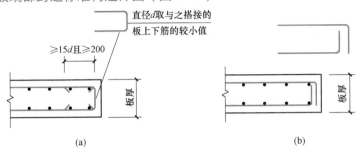

图 4-42 无支承板端部封边构造

（a）U 形钢筋封边（适用于板上下钢筋间距相同）；（b）底筋、面筋弯折封边

2. 无支承板端部封边构造要点

1）当悬挑板端部厚度 ≥ 150mm 时，施工应按标准构造详图设置板端部封边。若板上下钢筋间距相同，采用 U 形钢筋封边，U 形钢筋的直径 d 取与之搭接的板上下筋的较小值，U 形钢筋水平段长度 ≥ 15d 且 ≥ 200mm。

2）当采用底筋向上弯折、面筋向下弯折封边时，弯折长度 = 板厚 − 保护层厚度 ×2。

4.3.5 抗裂、抗温度筋构造

1. 抗裂、抗温度筋标准构造详图（图 4-43）

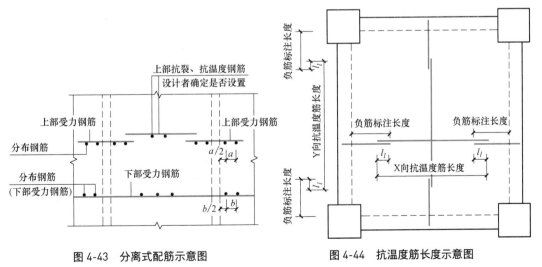

图 4-43 分离式配筋示意图　　　图 4-44 抗温度筋长度示意图

2. 抗裂、抗温度筋构造要点

1）当板跨度较大，板较厚，没有设置上部贯通筋时，为防止板混凝土受温度变化开裂，在板上部设置抗裂、抗温度筋。抗裂、抗温度筋的设置按设计标注。

2）抗裂、抗温度筋自身及其与受力主筋搭接长度为 l_l，抗温度筋长度如图4-44所示。

3）板上下贯通筋可兼作抗裂构造筋和抗温度筋。当下部贯通筋兼作抗温度钢筋时，其在支座的锚固由设计者确定。

4）分布筋自身及与受力主筋、构造钢筋的搭接长度为150mm；当分布筋兼作抗温度筋时，其自身及与受力主筋、构造钢筋的搭接长度为 l_l；其在支座的锚固按受拉要求考虑。

4.3.6 悬挑板阳角放射筋 Ces 构造

1. 悬挑板阳角放射筋 Ces 标准构造详图（图4-45）

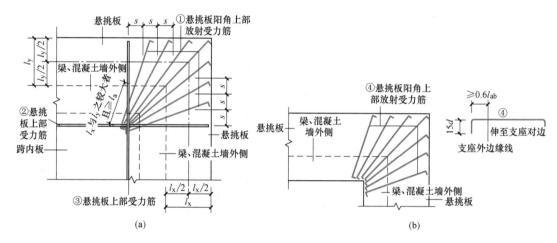

图 4-45 悬挑板阳角放射筋构造

（a）延伸悬挑板阳角放射筋构造；（b）纯悬挑板阳角放射筋构造

2. 悬挑板阳角放射筋构造要点

1）延伸悬挑板阳角放射筋钢筋三维图如图4-46所示。

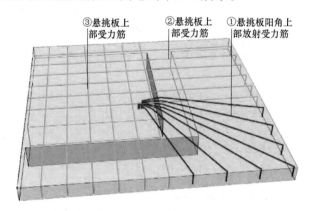

图 4-46 延伸悬挑板阳角放射筋钢筋三维图

注：本图未表示构造筋或分布筋。

2）在悬挑板内，①、②、③号筋应位于同一层面。在支座和跨内，①号筋应向下斜弯到②号筋与③号筋下面与两筋交叉并向跨内平伸。

3）纯悬挑板中，④悬挑板阳角上部放射受力筋应伸至支座对边后弯折15d，且平直段长度≥0.6l_{ab}。

4）需要考虑竖向地震作用时，另行设计。

4-4
板钢筋计算实例

4.4 有梁楼盖板钢筋计算实例

【例4-18】有梁楼盖的平法施工图如图4-47所示，设计按铰接，未注明的分布筋为Φ6.5@250。环境类别为二a类，设计使用年限为50年。混凝土强度等级为C30，梁宽均为250mm，梁箍筋直径为8mm，梁纵筋直径为16mm。计算楼面板LB1的钢筋设计长度及根数，并画出钢筋简图。

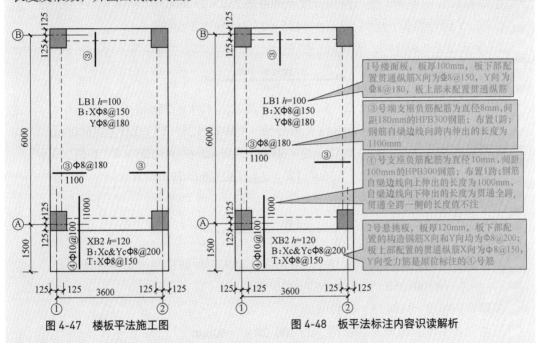

图4-47 楼板平法施工图　　　　图4-48 板平法标注内容识读解析

【解】

第一步，识读板平法施工图标注的内容，解析如图4-48所示。

第二步，查规范数据，如：保护层厚度、基本锚固长度l_{ab}、锚固长度l_a，判断上部钢筋在端支座是直锚还是弯锚？找到适合该板的标准构造详图。

根据已知：混凝土强度等级为C30，环境类别为二a类环境，钢筋为HPB300级；查表1-9，板的最小保护层厚度=20mm，梁的最小保护层厚度=25mm；查表1-10，基本锚固长度l_{ab}=30d；查表1-12，锚固长度l_a=30d。

Φ8 的钢筋，l_a=30×8=240mm，端支座宽 - 保护层厚度 =250-20=230mm，即钢筋在端支座内的平直段长度＜l_a，所以直径 8mm 以上的上部钢筋必须弯锚入端支座。其标准构造详图如图 4-32（a）所示，设计按铰接，即构造要求：板上部纵筋伸至梁外侧角筋内侧向下弯折 15d，且水平段长度≥0.35l_{ab}（Φ8 的钢筋：0.35l_{ab}=0.35×30×8=84mm）。

板上部纵筋在梁内的水平段长度 = 梁宽 - 保护层厚度 - 梁箍筋直径 - 梁角筋直径
$$=250-25-8-16=201mm$$

即板上部纵筋在梁内的水平段长度＞0.35l_{ab}，满足设计按铰接的构造要求。

第三步，计算钢筋设计长度及根数。（注：支座负筋按在板内设弯钩计算）

1）X 向底筋Φ8@150，形状尺寸如下：

X向底筋Φ8@150
3600

支座锚固长 =max（梁宽 /2，5d）=max（250/2，40）=125mm

水平长度 =X 向净跨长 + 两端支座锚固长 =（3600-125×2）+125×2=3600mm

单根总长度 = 水平长度 + 弯钩长度 =3600+6.25d×2=3600+6.25×8×2=3700mm

根数 =Y 向净跨长 / 间距 =（6000-125×2）/150=38.3≈39 根

2）Y 向底筋Φ8@180，形状尺寸如下：

Y向底筋Φ8@180
6000

支座锚固长 = max（梁宽 /2，5d）=max（250/2，40）=125mm

水平长度 =Y 向净跨长 + 两端支座锚固长 =（6000-125×2）+125×2=6000mm

单根总长度 = 水平长度 + 弯钩长度 =6000+6.25d×2=6000+6.25×8×2=6100mm

根数 =X 向净跨长 / 间距 =（3600-125×2）/180=18.6≈19 根

3）③号负筋Φ8@180，形状尺寸如下：

③Φ8@180
120 | 1301 | 60

水平长度 = 负筋标注长度 + 梁宽 -（梁保护层 + 梁箍筋直径 + 梁角筋直径）
$$=1100+250-（25+8+16）=1301mm$$

梁端弯折长度 =15d=15×8=120mm

板内弯折长度 = 板厚 - 保护层 ×2=100-20×2=60mm

单根总长度 = 水平长度 + 两端弯折长度 =1301+120+60=1481mm

①轴根数 =Y 向净跨长 / 间距 =（6000-125×2）/180=31.9≈32 根

②轴根数 = 32 根

B 轴根数 =X 向净跨长 / 间距 =（3600-125×2）/180=18.6≈19 根

③号负筋合计：32+32+19=83 根

4）①、②轴负筋的分布筋Φ6.5@250，分布筋与负筋搭接 150mm，形状尺寸如下：

分布筋Φ6.5@250
_____
3950

分布筋长度 = 梁边线长度 − 两端负筋标注长度 +2×150

①轴分布筋长度 =6000−250−1000−1100+2×150=3950mm

②轴分布筋长度 =3950mm

分布筋根数 =（负筋标注长度 − 间距 /2）/ 间距 +1

①轴分布筋根数 =（1100−250/2）/250+1=4.9 根 ≈5 根

②轴分布筋根数 =5 根

B 轴负筋的分布筋Φ6.5@250，形状尺寸如下：

分布筋Φ6.5@250
_____
1450

B 轴分布筋长度 =3600−250−1100×2+2×150=1450mm

B 轴分布筋根数 =5 根

5）④号负筋Φ10@100，形状尺寸如下：

④ Φ10@100
80 |‾‾‾‾‾‾‾‾‾‾‾‾‾‾| 60
      2605

水平长度 = 负筋标注长度 + 梁宽 + 悬挑板宽 − 保护层

          =1000+250+1500−125−20=2605mm

悬挑板内弯折长度 = 板厚 − 保护层 ×2=120−20×2=80mm

跨内板弯折长度 = 板厚 − 保护层 ×2=100−20×2=60mm

单根总长度 = 水平长度 + 两端弯折长度 =2605+80+60=2745mm

根数 =X 向净跨长 / 间距 =（3600−125×2）/100=33.5≈34 根

6）④号负筋的分布筋Φ6.5@250，跨内板有分布筋，形状尺寸如下：

分布筋Φ6.5@250
_____
1450

分布筋长度 = 梁边线长度 − 两端负筋标注长度 +2×150

          =3600−250−1100×2+2×150=1450mm

分布筋根数 =（负筋标注长度 − 间距 /2）/ 间距 +1

          =（1000−250/2）/250+1=5 根

【例 4-19】有梁楼盖屋面板的平法施工图如图 4-49 所示，结构说明：设计按铰接；未注明的分布筋为Φ8@250；屋面板面未配置负筋的区域，均设抗温度钢筋（双向Φ8@150），抗温度钢筋与结构钢筋的搭接长度为 300mm；环境类别为一类，混凝土强度等级为 C25。梁宽均为 250mm，梁箍筋直径为 10mm，梁纵筋直径为 20mm。计算板的钢筋设计长度及数量，并画出钢筋简图。

·173·

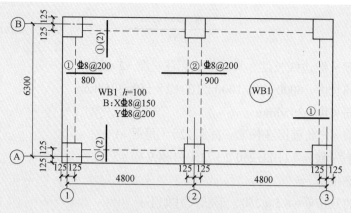

图 4-49 屋面板平法施工图

【解】

第一步，识读板平法施工图标注的内容，解析如图 4-50 所示。

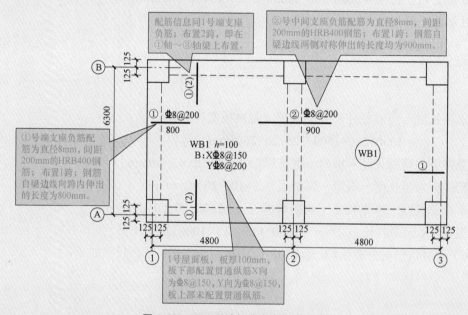

图 4-50 WB1 平法标注内容识读解析

第二步，查规范数据，如：保护层厚度、基本锚固长度 l_{ab}、锚固长度 l_a，判断上部钢筋在端支座是直锚还是弯锚？找到适合该板的标准构造详图。

根据已知：混凝土强度等级为 C25，环境类别为一类环境，钢筋为 HRB400 级；查表 1-9，板的最小保护层厚度 =20mm，梁的最小保护层厚度 =25mm；查表 1-10，基本锚固长度 l_{ab}=40d；查表 1-12，锚固长度 l_a=40d。

Φ8 的钢筋，l_a=40×8=320mm，端支座宽 - 保护层厚度 =250-20=230mm，即钢筋在端支座内的平直段长度< l_a，所以直径 8mm 以上的上部钢筋必须弯锚入端支座。其标准构造详图如图 4-32（a）所示，设计按铰接，即构造要求：板上部纵筋伸至梁外侧角筋内侧向下弯折 15d，且水平段长度≥ $0.35l_{ab}$（Φ8 的钢筋：$0.35l_{ab}$=0.35×40×8=112mm）。

板上部纵筋在梁内的水平段长度 = 梁宽 – 保护层厚度 – 梁箍筋直径 – 梁角筋直径

$$=250-25-10-20=195mm$$

即板上部纵筋在梁内的水平段长度 $> 0.35 l_{ab}$，满足设计按铰接的构造要求。

第三步，计算钢筋设计长度及根数。（注：支座负筋、抗温度钢筋按在板内设弯钩计算）

1）X 向底筋 Φ8@150，形状尺寸如下：

X向底筋Φ8@150

4800

支座锚固长 =max（梁宽 /2，5d）=max（250/2，40）=125mm

单根总长度 =X 向净跨长 + 两端支座锚固长 =（4800-125×2）+125×2=4800mm

根数 =Y 向净跨长 / 间距 =[（6300-125×2）/150]×2≈41×2=82 根

2）Y 向底筋 Φ8@200，形状尺寸如下：

Y向底筋Φ8@200

6300

支座锚固长 =max（梁宽 /2，5d）=max（250/2，40）=125mm

单根总长度 =Y 向净跨长 + 两端支座锚固长 =（6300-125×2）+125×2=6300mm

根数 =X 向净跨长 / 间距 =[（4800-125×2）/200]×2≈23×2=46 根

3）①号负筋 Φ8@200，形状尺寸如下：

① Φ8@200

120   995   60

水平长度 = 负筋标注长度 + 梁宽 –（梁保护层 + 梁箍筋直径 + 梁角筋直径）

$$=800+250-（25+10+20）=995mm$$

梁端弯折长度 $=15d=15×8=120mm$

板内弯折长度 = 板厚 – 保护层 ×2=100-20×2=60mm

单根总长度 = 水平长度 + 两端弯折长度 =995+120+60=1175mm

①、③轴根数 =Y 向净跨长 / 间距 =[（6300-125×2）/200]×2≈31×2=62 根

A、B 轴根数 =X 向净跨长 / 间距 =[（4800-125×2）/200]×4≈23×4=92 根

①号负筋合计：62+92=154 根

4）①、③轴负筋的分布筋 Φ8@250，分布筋与负筋搭接 150mm，形状尺寸如下：

分布筋Φ8@250

4750

分布筋长度 = 梁边线长度 – 两端负筋标注长度 +2×150

①、③轴分布筋长度 = 6300-250-800×2+2×150=4750mm

分布筋根数 =（负筋标注长度 – 间距 /2）/ 间距 +1

①、③轴分布筋根数 =[（800-250/2）/250+1]×2≈4×2=8 根

A、B 轴负筋的分布筋 Φ8@250，形状尺寸如下：

分布筋Φ8@250

3150

A、B 轴分布筋长度 = 4800−250−800−900+2×150=3150mm

A、B 轴分布筋根数 =[（800−250/2）/250+1]×4≈4×4=16 根

5）②号负筋Φ8@200，形状尺寸如下：

②Φ8@200

60 | 2050 | 60

水平长度 = 负筋标注长度 ×2+ 梁宽 =900×2+250=2050mm

板内弯折长度 = 板厚 − 保护层 ×2=100−20×2=60mm

单根总长度 = 水平长度 + 两端弯折长度 =2050+60×2=2170mm

根数 =Y 向净跨长 / 间距 =[（6300−125×2）/200]×2≈31 根

6）②轴负筋的分布筋Φ8@250，分布筋与负筋搭接 150mm，形状尺寸如下：

分布筋Φ8@250

4750

分布筋长度 = 梁边线长度 − 两端负筋标注长度 +2×150

②轴分布筋长度 = 6300−250−800×2+2×150=4750mm

分布筋根数 =（负筋标注长度 − 间距 /2）/ 间距 +1

=[（900−250/2）/250+1]×2≈5×2=10 根

7）X 向抗温度筋Φ8@150，形状尺寸如下：

X向抗温度筋Φ8@150

60 | 3450 | 60

水平长度 =X 向梁边线长度 − 两端负筋标注长度 +2×搭接长度

=4800−250−800−900+2×300=3450mm

弯折长度 = 板厚 − 保护层 ×2=100−20×2=60mm

单根总长度 = 水平长度 + 两端弯折长度 =3450+60×2=3570mm

根数 =（Y 向梁边线长度 − 两端负筋标注长度）/ 间距 −1

=[（6300−250−800×2）/150−1]×2=29×2=58 根

8）Y 向抗温度钢筋Φ8@150

Y向抗温度筋Φ8@150

60 | 5050 | 60

水平长度 =Y 向梁边线长度 − 两端负筋标注长度 +2×搭接长度

=6300−250−800−800+2×300=5050mm

弯折长度 = 板厚 − 保护层 ×2=100−20×2=60mm

单根总长度 = 水平长度 + 两端弯折长度 =5050+60+60=5170mm

根数 =（X 向梁边线长度 − 两端负筋标注长度）/ 间距 −1

=[（4800−250−800−900）/150−1]×2=18×2=36 根

5.1 剪力墙基本知识
5.2 剪力墙平法施工图制图规则
5.3 剪力墙钢筋构造
5.4 剪力墙钢筋计算实例

引古喻今——团结协作

刘安的《淮南子·主术训》中有云："积力之所举，则无不胜也；众智之所为，则无不成也。"意思是凝聚集体力量干事情，就没有不胜利的，汇集大家的智慧所采取的行动，就没有不成功的。这告诉了我们团结的重要性，也让我们明白了一个朴素的道理：团结就是力量！

在建筑结构中，剪力墙就是一个充分体现团结协作的构件。剪力墙不是一个独立的构件，它是由剪力墙柱、剪力墙身和剪力墙梁共同组成的受力结构。团结协作的剪力墙平面内刚度具有较大优势。剪力墙柱对剪力墙的边缘及竖向进行加固，剪力墙梁是剪力墙的水平加强带，它们之间相互协作，共同受力，有效地提升了房屋刚度和抗震能力，守护着高楼大厦的安全。

中华民族独特的精神特质就是团结，危难时刻，中华民族因团结而坚强，我们要心往一处想，劲往一处使。当前我国正处于实现中华民族伟大复兴的关键时期，我们作为一名建筑工匠，要肩负起自己的责任，爱岗敬业，与全国各族人民紧紧地团结在一起，在自己平凡的岗位上奋斗一生，为实现中华民族伟大复兴做出自己的贡献。

学习情境描述

按照国家建筑标准设计图集《混凝土结构施工图平面整体表示方法制图规则和构造详图（现浇混凝土框架、剪力墙、梁、板）》22G101-1有关剪力墙的知识对附录中"南宁市××综合楼工程的剪力墙平法施工图"进行识读，使学生能正确识读剪力墙平法施工图，正确理解设计意图；掌握剪力墙的钢筋构造要求，能正确计算剪力墙构件中的各类钢筋设计长度及数量，为进一步计算钢筋工程量、编写钢筋下料单打下基础，同时为能胜任施工现场剪力墙钢筋绑扎安装质量检查的工作打下基础。

学习目标

❶ 了解剪力墙基本知识。
❷ 熟悉剪力墙平法施工图的制图规则，能正确识读剪力墙平法施工图。
❸ 掌握剪力墙柱、剪力墙身、剪力墙梁、地下室外墙、剪力墙洞口的钢筋构造要求。
❹ 掌握剪力墙身和剪力墙梁的钢筋计算方法。

任务分组

学生任务分配表　　　　　　　　　　　　　表 5-1

班级		组号		指导老师			
组长		学号					
组员	姓名	学号	姓名	学号	姓名	学号	
任务分工							

1. 剪力墙基本知识

引导问题 1：剪力墙由_____、_____和_____三类构件组成。

引导问题 2：剪力墙柱分为：_____、_____、_____、_____。

引导问题 3：剪力墙梁分为：_____、_____、_____、_____、_____、_____、_____。

引导问题 4：剪力墙的钢筋种类包括哪些?

_____。

引导问题 5：剪力墙的支座是_____。剪力墙抗剪的主要受力钢筋是_____，水平分布筋放在竖向分布筋的_____侧。剪力墙暗柱_____是剪力墙身的支座，暗柱只是剪力墙边缘的_____构件。剪力墙暗梁不是剪力墙身的支座，暗梁只是剪力墙的水平线性_____。连梁位于上下楼层_____之间，连梁的支座是_____和_____。连梁的钢筋设置与_____构件有些类似。

2. 剪力墙平法施工图制图规则

引导问题 6：剪力墙平法施工图表达方式分为：_____注写方式和_____注写方式。

引导问题 7：在剪力墙平法施工图中，用表格或其他方式注明包括地下和地上各层的_____标高、_____及相应的_____，并注明上部结构_____位置。

引导问题 8：剪力墙列表注写方式，是分别在_____表、_____表和_____表中，对应于剪力墙_____图上的编号，用绘制截面_____并注写_____具体数值的方式，来表达剪力墙平法施工图。

引导问题 9：墙柱编号，由墙柱类型_____和_____组成。YBZ2 表示：_____；GBZ3 表示：_____；AZ1 表示：_____；FBZ4 表示：_____。

引导问题 10：约束边缘构件包括：约束边缘_____、约束边缘_____、约束边缘_____、约束边缘_____四种。

引导问题 11：墙身编号由墙身_____、_____以及墙身所配置的水平与竖向分布钢筋的_____组成，排数注写在_____内，排数为_____时可不注。Q1 表示：_____。

引导问题 12：墙梁编号，由墙梁类型_____和_____组成。LL1 表示：_____；LLk2 表示：_____；AL3 表示：_____；BKL5 表示：_____。

引导问题 13：识读附录—结施 4 墙约束边缘构件配筋表中 YBZ1、YBZ2、YBZ5、YBZ6 的内容，完成识图报告。

YBZ1: _____。

YBZ2: _____。

YBZ5: _____。

YBZ6: _____。

引导问题 14：识读附录—结施 6 墙构造边缘构件配筋表中 GBZ1、GBZ2、GBZ5、GBZ6 的内容，完成识图报告。

GBZ1: _____。

GBZ2: _____。

GBZ5: _____。

GBZ6: _____。

引导问题 15：识读附录—结施 4 "剪力墙身表"中 Q1 的内容，完成识图报告。

Q1: _____

_____。

引导问题 16：识读附录—结施 4 "剪力墙连梁表"中 LL1 的内容，完成识图报告。

LL1: _____

_____。

引导问题 17：剪力墙截面注写方式，系在分标准层绘制的剪力墙_____布置图上，以直接在_____、_____、_____上注写_____和_____具体数值的方式来表达剪力墙平法施工图。

引导问题 18：识读附录—结施 7 中标高 19.470m 以上墙柱平法施工图中墙柱 GBZ1、墙身 Q1、连梁 LLK1 的内容，完成识图报告。

GBZ1: _____。

Q1: _____。

LLK1: _____。

引导问题 19：剪力墙上的洞口均可在剪力墙_____布置图上绘制洞口示意，并标注洞口_____的平面定位尺寸。在洞口中心位置引注：洞口_____，洞口_____，洞口_____，洞口_____四项内容。

引导问题 20：识读附录—结施 3 中洞口 YD1、结施 7 中洞口 JD1 的内容，完成识图报告。

YD1: _____

_____。

JD1: _____

_____。

引导问题 21：地下室外墙平面注写方式，包括：集中标注____、____、____、____等；原位标注_____两部分内容。当仅设置贯通筋时，仅做_____。

引导问题 22：识读附录—结施 3 中地下室外墙 DWQ1 集中标注的内容，完成识图报告。

DWQ1: _____

_____。

引导问题 23：地下室外墙的原位标注，主要表示在外墙_____侧配置的_____或_____。当配置水平非贯通筋时，在地下室墙体_____图上原位标注。在地下室外墙外侧绘制粗实线段代表水平非贯通筋，在其上注写钢筋_____并以_____字母打头注写钢筋_____、_____、_____，以及自_____向两边跨内的伸出长度值。当自支座中线向两侧_____伸出时，可仅在单侧标注跨内伸出长度，另一侧不注。边支座处非贯通筋的伸出长度值从_____算起。

引导问题24：当地下室外墙外侧配置竖向非贯通筋时，在地下室外墙_____图外侧绘制粗实线段代表竖向非贯通筋，在其上注写钢筋_____并以_____字母打头注写钢筋_____、_____、_____，以及向上（下）层的_____值。外墙底部非贯通筋向层内的伸出长度值从_____算起；外墙顶部非贯通筋向层内的伸出长度值从_____算起；中层楼板处非贯通筋向层内的伸出长度值从_____算起，当上下两侧伸出长度值相同时可仅注写_____。

3. 剪力墙钢筋构造

引导问题25：当保护层厚度＞5d，且基础高度满足直锚时，竖向分布筋_____伸到基础底部钢筋网上，弯折_____且≥_____mm，其余竖向分布筋伸入基础_____。当基础高度不满足直锚时，竖向分布筋均伸到基础底部钢筋网上弯折_____，伸入基础内竖直段长度≥_____且≥_____。基础内第一道水平分布筋与拉筋距离基础顶面_____mm，水平分布筋与拉筋间距≤_____mm，且不少于_____道。基础外第一道水平分布筋与拉筋距离基础顶面_____mm。

引导问题26：当外侧保护层厚度≤5d，且基础高度满足直锚时，墙身外侧竖向分布筋均伸到基础_____上，弯折_____且≥_____mm。当基础高度不满足直锚时，墙身外侧竖向分布筋均伸到基础底部钢筋网上弯折_____，伸入基础内竖直段长度≥_____且≥_____。基础内设置锚固区横向钢筋，锚固区横向钢筋直径≥_____（d为纵筋_____直径），间距≤_____（d为纵筋_____直径），且≤_____mm。

引导问题27：一、二级抗震等级剪力墙底部加强部位的竖向分布钢筋搭接连接时，相邻竖向钢筋交错搭接，搭接长度为_____，相邻竖向钢筋搭接范围错开距离为_____mm，钢筋直径大于_____mm时不宜采用搭接连接。

引导问题28：各级抗震等级的竖向分布钢筋采用机械连接时，相邻竖向钢筋机械连接接头错开距离为_____，采用焊接连接时，连接接头错开距离为_____且不小于_____mm。连接点距离楼板顶面（或基础顶面）不小于_____mm。

引导问题29：当剪力墙截面单侧内收尺寸Δ＞30mm时，变截面一侧的下层墙身竖向钢筋伸至变截面处向内弯折，弯折长度≥_____，上层竖向钢筋插入下层墙内_____。

引导问题30：当剪力墙顶部为屋面板、楼板或暗梁时，竖向钢筋伸至板顶或梁顶后弯折，弯折长度≥_____。当剪力墙顶部为边框梁时，如果边框梁高度满足直锚，竖向钢筋可伸入边框梁直锚，直锚长度为_____；如果边框梁高度不满足直锚，竖向钢筋伸至边框梁顶弯折，弯折长度≥_____。

引导问题 31：墙身竖向钢筋从楼板面直锚入连梁内_____。

引导问题 32：墙身上下、左右相邻两排水平钢筋交错搭接连接，搭接长度≥_____，搭接范围错开距离≥_____mm。

引导问题 33：端部有暗柱时，剪力墙水平钢筋伸到暗柱_____弯折_____。剪力墙的水平分布筋与暗柱的_____在同一层面，竖向分布筋与暗柱的_____在同一层面。

引导问题 34：外侧水平分布筋在转角处搭接时，外侧水平分布筋伸至_____，弯折长度为_____，内侧水平分布筋伸至转角墙柱_____内侧弯折_____。

引导问题 35：水平分布筋在翼墙中的构造要求：翼墙两翼的水平分布筋_____通过翼墙。翼墙肢部的水平分布筋伸至翼墙暗柱_____弯折_____。

引导问题 36：水平分布筋在端柱转角墙中的构造要求：外侧（剪力墙边与端柱边平齐的一侧）水平分布筋伸至端柱_____弯折_____，且伸入端柱的平直段长度≥_____。内侧水平分布筋伸至端柱_____弯折_____，若伸入端柱的长度≥_____，可直锚。

引导问题 37：剪力墙拉结筋有两种构造做法，一种是两端都弯_____度弯钩，另一种是一端弯_____度弯钩、另一端弯_____度直钩，弯钩的平直段均为_____，拉结筋放置时弯钩朝_____。拉结筋按设计要求选择_____或_____布置方式。

引导问题 38：拉结筋布置范围，在层高范围：最下一排拉结筋位于底部板顶以上第____排水平分布筋位置处，最上一排拉结筋位于层顶部板底（梁底）以下第____排水平分布筋位置处。在墙身宽度范围：从边缘构件边第____排墙身竖向分布筋处开始设置拉结筋。剪力墙层高范围最下一排水平分布筋距底部板顶____mm，最上一排水平分布筋距顶部板顶不大于____mm。当层顶位置设有边框梁时，最上一排水平分布筋距顶部边框梁底____mm。

引导问题 39：剪力墙边缘构件在基础中的构造要求，当保护层厚度 > 5d，且基础高度满足直锚时，角部纵筋伸至基础底部钢筋网（或筏基中间层钢筋网）上，弯折_____且≥_____mm；其余纵筋伸入基础直锚长度_____。伸至钢筋网上的边缘构件角部纵筋（不包含端柱）之间间距不应大于_____mm，不满足时应将边缘构件其他纵筋伸至_____上。基础内箍筋间距≤_____mm，且不少于____道矩形封闭箍筋（外箍）。基础内第一道箍筋距离基础顶面_____mm，基础外第一道箍筋距离基础顶面_____mm。

引导问题 40：剪力墙边缘构件纵筋采用搭接连接时，相邻纵筋交错搭接，搭接长度为_____，相邻纵筋搭接范围错开距离为_____，连接点在_____。约束边缘构件阴影部分、构造边缘构件、扶壁柱及非边缘暗柱的纵筋搭接长度范围内，箍筋直径应不小于纵向搭接钢筋最大直径的____倍，箍筋间距不大于_____mm。钢筋直径大于_____mm 时不宜采用搭接连接。

引导问题 41：剪力墙边缘构件纵筋采用焊接连接时，相邻纵筋交错焊接连接，连接接头错开距离为_____且不小于_____mm，连接点距离楼板顶面（或基础顶面）不小于_____mm。端柱竖向钢筋和箍筋的构造与_____柱相同。

引导问题 42：剪力墙上起约束边缘构件纵筋构造要求，约束边缘构件纵筋直锚入下层剪力墙内_____。下部设置锚固区横向箍筋，箍筋直径不小于纵筋最大直径的_____倍，间距不大于_____mm。

引导问题 43：连梁 LL 的纵筋在墙内直锚时，从洞口边算起伸入墙肢长度≥_____且≥_____mm。若端部墙肢水平长度＜l_{aE} 或＜600mm，则连梁的纵筋伸至_____弯折_____。

引导问题 44：楼层连梁的箍筋仅在_____范围内布置，第一个箍筋在距洞口边缘_____mm 处开始设置。顶层连梁的箍筋在_____范围内布置。其中，洞口范围内的第一个箍筋在距洞口边缘_____mm 处设置，纵筋伸入墙肢长度范围内设构造箍筋，第一个构造箍筋在距洞口边缘_____mm 处设置，构造箍筋的直径同_____，间距≤_____mm。

引导问题 45：连梁、暗梁、边框梁侧面纵筋详见设计标注，设计未注写时，_____钢筋作为梁侧面构造纵筋。梁拉筋直径按梁的宽度确定，梁宽≤350mm 时，拉筋直径为_____mm；梁宽＞350mm 时，拉筋直径为_____mm，拉筋间距为_____倍箍筋间距，竖向沿侧面水平筋_____。

引导问题 46：连梁、暗梁及墙体钢筋的摆放位置要求：墙身的_____钢筋在最外层，在连梁或暗梁高度范围内也应布置墙身的_____钢筋。连梁或暗梁箍筋外皮与剪力墙_____钢筋外皮平齐，在水平分布钢筋的内侧，竖向分布钢筋与箍筋在水平方向_____放置，不应重叠放置。连梁或暗梁的_____在暗梁箍筋内侧设置。剪力墙竖向分布钢筋_____通过暗梁高度范围。

引导问题 47：连梁 LLk 既有____梁的特征，又有连梁的特征。其上部非贯通筋自洞口边的伸出长度：第一排为_____，第二排为_____，l_n 为_____。当连梁上部贯通筋由不同直径的钢筋采用搭接连接时，搭接长度为_____。当连梁上部设有架立筋时，架立筋与非贯通筋的搭接长度为_____mm。

引导问题 48：地下室外墙外侧水平贯通筋非连接区长度：端部节点取_____和_____中的较小值（l_{n1} 为端跨的_____，H_n 为_____），中间节点取_____和_____中的较小值（l_{nx} 为相邻水平跨的_____）。内侧水平贯通筋连接区：位于扶壁柱或内墙及两边_____和_____中较小值的范围内（l_{ni} 为本跨的_____）。注意：当扶壁柱、内墙不作为地下室外墙的平面外支承时，水平贯通筋的连接区域_____。

引导问题 49：当剪力墙矩形洞口的洞宽和洞高均大于 800mm 时，在洞口的上、下需设置_____。补强暗梁配筋按设计标注，补强暗梁梁高一律定为_____mm，设计不注。从洞口边算起补强暗梁纵筋两端分别锚入墙内的长度为_____。

4. 剪力墙钢筋计算实例

引导问题 50：计算附录—结施 7 剪力墙身 Q1 的钢筋设计长度、根数，并画出钢筋排布图及钢筋简图。

引导问题 51：计算附录—结施 7 剪力墙连梁 LL1 的钢筋设计长度、根数，并画出钢筋排布图及钢筋简图。

1. 学生进行自我评价，并将结果填入表 5-2 中。

学生自评表　　　　　　　　　　　　　　　　　表 5-2

班级：　　　　　　　　姓名：　　　　　　　　学号：

学习情境 5	剪力墙识图与钢筋计算		
评价项目	评价标准	分值	得分
剪力墙基本知识	理解剪力墙的组成及分类，熟悉剪力墙的钢筋种类，剪力墙的支座及受力特点	5	
剪力墙平法施工图制图规则（列表注写方式）	能正确识读剪力墙柱表、剪力墙身表和剪力墙梁表中的信息	15	
剪力墙平法施工图制图规则（截面注写方式）	能正确识读截面注写方式剪力墙柱、剪力墙身和剪力墙梁的信息	10	
剪力墙钢筋构造	能正确理解剪力墙柱、剪力墙身和剪力墙梁、地下室外墙、剪力墙洞口等的钢筋构造要求	20	
剪力墙钢筋计算	能正确计算剪力墙中各类钢筋的设计长度及根数	20	
工作态度	态度端正，无无故缺勤、迟到、早退现象	10	
工作质量	能按计划完成工作任务	5	
协调能力	与小组成员之间能合作交流、协调工作	5	
职业素质	能做到保护环境，爱护公共设施	5	
创新意识	通过阅读附录中"南宁市 ×× 综合楼图纸"，能更好地理解有关剪力墙的图纸内容，并写出剪力墙图纸的会审记录	5	
合计		100	

2. 学生以小组为单位进行互评，并将结果填入表 5-3 中。

学生互评表　　　　　　　　　　　　　　　　　表 5-3

班级：　　　　　　　　　　　　　　　　小组：

学习情境 5		剪力墙识图与钢筋计算					
评价项目	分值	评价对象得分					
剪力墙基本知识	5						
剪力墙平法施工图制图规则（列表注写方式）	15						
剪力墙平法施工图制图规则（截面注写方式）	10						
剪力墙钢筋构造	20						

评价项目	分值	评价对象得分				
剪力墙钢筋计算	20					
工作态度	10					
工作质量	5					
协调能力	5					
职业素质	5					
创新意识	5					
合计	100					

3. 教师对学生工作过程与结果进行评价，并将结果填入表 5-4 中。

教师综合评价表　　　　　　　　　　　　　表 5-4

班级：　　　　　　　　姓名：　　　　　　　　学号：

学习情境 2	梁识图与钢筋计算		
评价项目	评价标准	分值	得分
剪力墙基本知识	理解剪力墙的组成及分类，熟悉剪力墙的钢筋种类，剪力墙的支座及受力特点	5	
剪力墙平法施工图制图规则（列表注写方式）	能正确识读剪力墙柱表、剪力墙身表和剪力墙梁表中的信息	15	
剪力墙平法施工图制图规则（截面注写方式）	能正确识读截面注写方式剪力墙柱、剪力墙身和剪力墙梁的信息	10	
剪力墙钢筋构造	能正确理解剪力墙柱、剪力墙身和剪力墙梁、地下室外墙、剪力墙洞口等的钢筋构造要求	20	
剪力墙钢筋计算	能正确计算剪力墙中各类钢筋的设计长度及根数	20	
工作态度	态度端正，无无故缺勤、迟到、早退现象	10	
工作质量	能按计划完成工作任务	5	
协调能力	与小组成员之间能合作交流、协调工作	5	
职业素质	能做到保护环境，爱护公共设施	5	
创新意识	通过阅读附录中"南宁市××综合楼图纸"，能更好地理解有关剪力墙的图纸内容，并写出剪力墙图纸的会审记录	5	
合计		100	
综合评价	自评（20%）　小组互评（30%）　教师评价（50%）　综合得分		

5.1 剪力墙基本知识

5-1
剪力墙基础
知识

5.1.1 剪力墙的组成

剪力墙可视为由剪力墙柱、剪力墙身和剪力墙梁（简称墙柱、墙身、墙梁）三类构件组成。如图 5-1 所示。

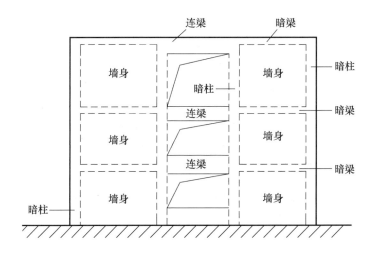

图 5-1 剪力墙构件的组成

5.1.2 剪力墙的分类

1. 剪力墙的分类（图 5-2）

2. 剪力墙构件三维图（图 5-3）

5.1.3 剪力墙的钢筋骨架

1. 剪力墙的主要钢筋种类（图 5-4）

2. 剪力墙钢筋三维图（图 5-5）

5.1.4 剪力墙的受力特点

1. 剪力墙包含墙柱、墙身、墙梁，墙柱、墙身、墙梁是一个共同工作的整体。相对于整个剪力墙而言，基础是其支座。

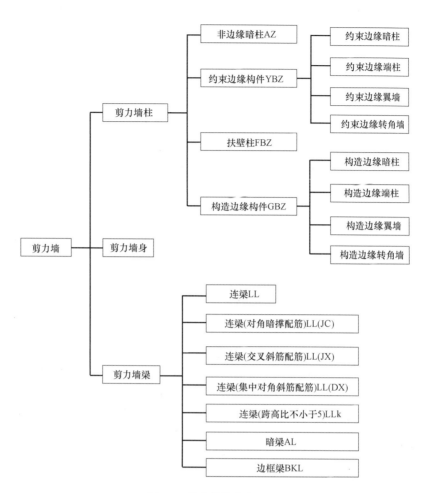

图 5-2 剪力墙的分类

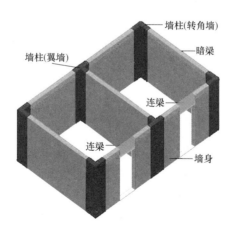

图 5-3 剪力墙构件三维图

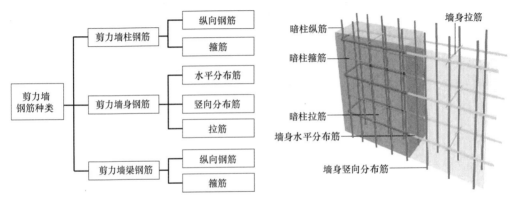

图 5-4　剪力墙的主要钢筋种类　　　　　图 5-5　剪力墙钢筋三维图

2. 剪力墙的主要作用是抵抗水平地震力，顾名思义"剪力墙"的主要受力方式是抗剪。剪力墙抗剪的主要受力钢筋是水平分布筋，剪力墙水平分布筋配置是按总墙肢长度考虑，不扣除暗柱长度。

3. 剪力墙暗柱不是剪力墙身的支座，暗柱只是剪力墙边缘的加强构件。因此剪力墙尽端不存在水平分布筋的支座，只存在"收边"问题。剪力墙身水平分布筋从暗柱纵筋的外侧通过暗柱端头再弯折。

4. 剪力墙暗梁设在楼板处，剪力墙暗梁也不是剪力墙身的支座，暗梁只是剪力墙的水平线性"加强带"。所以，当每个楼层的剪力墙顶部设置有暗梁时，剪力墙竖向分布筋不能锚入暗梁。如果是中间楼层，则剪力墙竖向分布筋穿越暗梁直伸入上一层；如果是顶层，则剪力墙竖向分布筋穿越暗梁伸入屋面板内 12d。剪力墙身水平分布筋从暗梁的外侧通过暗梁。

5. 连梁位于上下楼层洞口之间，对于连梁本身而言，其支座是墙柱和墙身。所以，连梁的钢筋设置，具备"有支座"构件的某些特点，与"梁构件"有些类似。剪力墙身水平分布筋从连梁的外侧通过连梁。

6. 框架 - 剪力墙结构中通常有两种布置方式：一种是剪力墙与框架分开；另一种是剪力墙嵌入框架内，有端柱、边框梁，成为"带边框剪力墙"。端柱的宽度大于墙身厚度，而暗柱的宽度等于墙身厚度。边框梁设在楼板处，边框梁的截面宽度大于墙身厚度，而暗梁的截面宽度等于墙身厚度。

7. 剪力墙身水平分布筋是剪力墙身的主筋，水平分布筋放在竖向分布筋的外侧，因此剪力墙的保护层是针对墙身水平分布筋而言的。

5.2　剪力墙平法施工图制图规则

5.2.1　剪力墙平法施工图的表示方法

1. 剪力墙平法施工图表达方式分为"列表注写方式"和"截面注写方式"两种。

2. 剪力墙平面布置图可采用适当比例单独绘制，也可与柱或梁平面布置图合并绘制。当剪力墙较复杂或采用截面注写方式时，应按标准层分别绘制剪力墙平面布置图。

3.在剪力墙平法施工图中，用表格或其他方式注明包括地下和地上各层的结构层楼（地）面的顶面标高、结构层高及相应的结构层号，并注明上部结构嵌固部位位置。如图5-6所示，上部结构嵌固部位在标高 -0.030m 处。

4.在剪力墙平法施工图中，对于轴线未居中的剪力墙（包括端柱），应标注其偏心定位尺寸。

5.2.2　剪力墙列表注写方式

1.定义

列表注写方式，是分别在剪力墙柱表、剪力墙身表和剪力墙梁表中，对应于剪力墙平面布置图上的编号，用绘制截面配筋图并注写几何尺寸与配筋具体数值的方式，来表达剪力墙平法施工图，如图5-6所示。

2.剪力墙编号

（1）墙柱编号

墙柱编号，由墙柱类型代号和序号组成，表达形式应符合表5-5的规定。

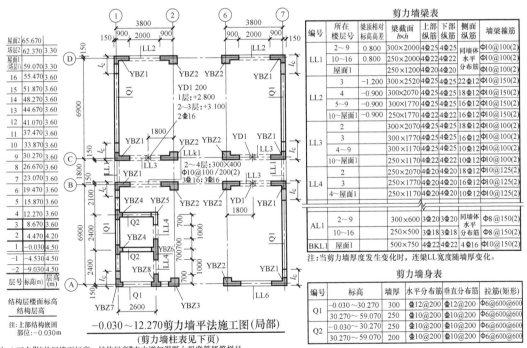

图5-6　剪力墙平法施工图列表注写方式示例（一）

截面	1050 300 300 300	1200 300 600 600	900 300 600 600	300 250 300 300 300
编号	YBZ1	YBZ2	YBZ3	YBZ4
标高	−0.030~12.270	−0.030~12.270	−0.030~12.270	−0.030~12.270
纵筋	24Φ20	22Φ20	18Φ22	20Φ20
箍筋	Φ10@100	Φ10@100	Φ10@100	Φ10@100
截面	550 250 825 250	250 250 300 1400	300 600 300 600	
编号	YBZ5	YBZ6	YBZ7	
标高	−0.030~12.270	−0.030~12.270	−0.030~12.270	
纵筋	20Φ20	28Φ20	16Φ20	
箍筋	Φ10@100	Φ10@00	Φ10@00	

图 5-6 剪力墙平法施工图列表注写方式示例（二）

墙柱编号   表 5-5

墙柱类型	代号	序号
约束边缘构件	YBZ	××
构造边缘构件	GBZ	××
非边缘暗柱	AZ	××
扶壁柱	FBZ	××

约束边缘构件包括约束边缘暗柱、约束边缘端柱、约束边缘翼墙、约束边缘转角墙四种，如图5-7所示。

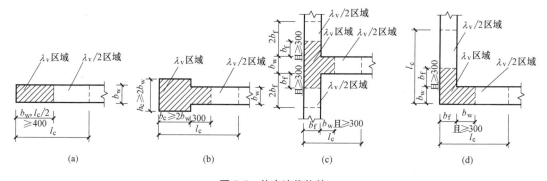

图 5-7 约束边缘构件

（a）约束边缘暗柱；（b）约束边缘端柱；（c）约束边缘翼墙；（d）约束边缘转角墙

构造边缘构件包括：构造边缘暗柱、构造边缘端柱、构造边缘翼墙、构造边缘转角墙四种，如图 5-8 所示。

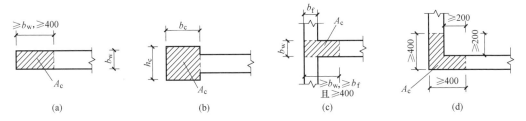

图 5-8　构造边缘构件

（a）构造边缘暗柱；（b）构造边缘端柱；（c）构造边缘翼墙；（d）构造边缘转角墙

（2）墙身编号

墙身编号由墙身代号、序号以及墙身所配置的水平与竖向分布钢筋的排数组成，其中，排数注写在括号内。表达形式：Q××（×排）。

【例 5-1】Q1（3 排）：表示第 1 号剪力墙，水平与竖向分布钢筋的排数为 3 排，如图 5-9 所示。

【例 5-2】Q2（4 排）：表示第 2 号剪力墙，水平与竖向分布钢筋的排数为 4 排，如图 5-10 所示。

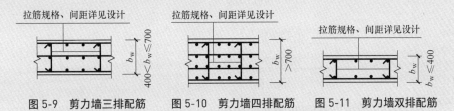

图 5-9　剪力墙三排配筋　　图 5-10　剪力墙四排配筋　　图 5-11　剪力墙双排配筋

注：①在编号中：如若干墙柱的截面尺寸与配筋均相同，可将其编为同一墙柱号；如若干墙身的厚度尺寸和配筋均相同，也可将其编为同一墙身号。

②当墙身所设置的水平与竖向分布钢筋的排数为 2 时可不注。

【例 5-3】Q3：表示第 3 号剪力墙，水平与竖向分布钢筋的排数为 2 排，如图 5-11 所示。

（3）墙梁编号

墙梁编号，由墙梁类型代号和序号组成，表达形式应符合表 5-6 的规定。

墙梁编号　　　　　　　　　　　　　　　　　表 5-6

墙梁类型	代号	序号	特　征
连梁	LL	××	设置在剪力墙洞口上方，宽度与墙厚相同
连梁（对角暗撑配筋）	LL（JC）	××	在一、二级抗震墙跨高比 ≤ 2 且墙厚 ≥ 300 的连梁中设置
连梁（交叉斜筋配筋）	LL（JX）	××	在一、二级抗震墙跨高比 ≤ 2 且墙厚 ≥ 200 的连梁中设置

墙梁类型	代号	序号	特 征
连梁（集中对角斜筋配筋）	LL（DX）	××	在一、二级抗震墙跨高比≤2且墙厚≥200的连梁中设置
连梁（跨高比不小于5）	LLk	××	跨高比不小于5的连梁按框架梁设计时
暗 梁	AL	××	设置在剪力墙楼面和屋面位置并嵌入墙身内
边框梁	BKL	××	设置在剪力墙楼面和屋面位置且部分凸出墙身

注：在具体工程中，当某些墙身需设置暗梁或边框梁时，宜在剪力墙平法施工图中绘制暗梁或边框梁的平面布置简图并编号，以明确其具体位置，如图5-12所示。

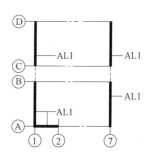

3. 剪力墙柱表中表达的内容

（1）注写墙柱编号、绘制截面配筋图，标注墙柱几何尺寸。

1）约束边缘构件YBZ，需注明阴影部分尺寸，如图5-7所示。

注：剪力墙平面布置图中应注明约束边缘构件沿墙肢长度l_c。

2）构造边缘构件GBZ，需注明阴影部分尺寸，如图5-8所示。

图5-12 暗梁平面布置图

3）扶壁柱FBZ（图5-13）、非边缘暗柱AZ（图5-14），需标注几何尺寸。

5-2 剪力墙柱平法制图规则

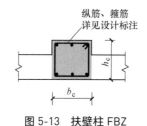

图5-13 扶壁柱FBZ

图5-14 非边缘暗柱AZ

（2）注写各段墙柱的起止标高，自墙柱根部往上以变截面位置或截面未变但配筋改变处为界分段注写。墙柱根部标高一般指基础顶面标高（部分框支剪力墙结构则为框支梁顶面标高）。

（3）注写各段墙柱的纵向钢筋和箍筋。纵向钢筋注写总配筋值；墙柱箍筋的注写方式与柱箍筋相同。

设计施工时应注意：

1）在剪力墙平面布置图中需注写约束边缘构件非阴影区内布置的拉筋或箍筋直径，与阴影区箍筋直径相同时，可不注。

2）当约束边缘构件体积配箍率计算中计入墙身水平分布钢筋时，设计者应注明。施工时，墙身水平分布钢筋应注意采用相应的构造做法。

3）约束边缘构件非阴影区拉筋是沿剪力墙竖向分布钢筋逐根设置。施工时应注意，非阴影区外圈设置箍筋时，箍筋应包住阴影区内第二列竖向纵筋。当设计采用与本构造详图不同的做法时，应另行注明。

4）当非底部加强部位构造边缘构件不设置外圈封闭箍筋时，设计者应注明。施工时，墙身水平分布钢筋应注意采用相应的构造做法。

【例 5-4】识读表 5-7 中剪力墙柱 YBZ1 的内容。

剪力墙柱表 表 5-7

截面				
编号	YBZ1	YBZ2	YBZ3	YBZ4
标高	−0.030 ~ 12.270	−0.030 ~ 12.270	−0.030 ~ 12.270	−0.030 ~ 12.270
纵筋	24 ⏀ 20	22 ⏀ 20	18 ⏀ 22	20 ⏀ 20
箍筋	Φ10@100	Φ10@100	Φ10@100	Φ10@100

【解】

① YBZ1：表示 1 号约束边缘转角墙。

② −0.030~12.270：表示本图形尺寸及配筋用于标高 −0.030m 到 12.270m 的楼层。

③ 24 ⏀ 20：表示全部纵筋配置 24 根直径为 20mm 的 HRB400 级钢筋。

④ Φ10@100：表示箍筋为直径 10mm 的 HPB300 级钢筋，间距为 100mm，箍筋形式，见表 5-7。

⑤ 墙厚均为 300mm，X 方向墙柱长 1050mm，Y 方向墙柱长 600mm。

【例 5-5】识读表 5-7 中剪力墙柱 YBZ2 的内容。

【解】

① YBZ2：表示 2 号约束边缘端柱。

② −0.030~12.270：表示本图形尺寸及配筋用于标高 −0.030m 到 12.270m 的楼层。

③ 22 ⏀ 20：表示全部纵筋配置 22 根直径为 20mm 的 HRB400 级钢筋。

④ Φ10@100：表示箍筋为直径 10mm 的 HPB300 级钢筋，间距为 100mm，箍筋形式见表 5-7。

⑤ 墙厚为 300mm，X 方向端柱长 1200mm，Y 方向端柱长 600mm。

【例 5-6】识读表 5-7 中剪力墙柱 YBZ4 的内容。

【解】

① YBZ4：表示 4 号约束边缘翼墙。

② −0.030~12.270：表示本图形尺寸及配筋用于标高 −0.030m 到 12.270m 的楼层。

③ 20 Φ 20：表示全部纵筋配置 20 根直径为 20mm 的 HRB400 级钢筋。

④ Φ10@100：表示箍筋为直径 10mm 的 HPB300 级钢筋，间距为 100mm，箍筋形式见表 5-7。

⑤ X 方向墙厚为 250mm，Y 方向墙厚为 300mm。X 方向翼墙长 600mm，Y 方向翼墙长 850mm。

4. 剪力墙身表中表达的内容

5-3
剪力墙身平法
制图规则

（1）注写墙身编号（含水平与竖向分布钢筋的排数）。

（2）注写各段墙身起止标高，自墙身根部往上以变截面位置或截面未变但配筋改变处为界分段注写。墙身根部标高一般指基础顶面标高（部分框支剪力墙结构则为框支梁的顶面标高）。

（3）注写水平分布钢筋、竖向分布钢筋和拉结筋的具体数值。注写数值为一排水平分布钢筋和竖向分布钢筋的规格与间距，具体设置几排已经在墙身编号后面表达。

拉结筋应注明布置方式是"矩形"或"梅花"，如图 5-15 所示（图中 a 为竖向分布钢筋间距，b 为水平分布钢筋间距）。

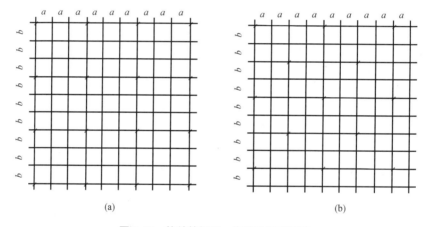

(a)　　　　　　　　　　　　(b)

图 5-15　拉结筋矩形、梅花设置示意图

（a）拉结筋 @3a@3b 矩形（$a \leqslant 200$、$b \leqslant 200$）；（b）拉结筋 @4a@4b 梅花（$a \leqslant 150$、$b \leqslant 150$）

【例 5-7】识读表 5-8 中剪力墙身 Q1 的内容。

剪力墙身表　　　　　　　　　　　　　　　　　表 5-8

编号	标高	墙厚	水平分布筋	垂直分布筋	拉结筋（矩形）
Q1	−0.03 ~ 30.270	300	Φ12@200	Φ12@200	Φ6@600@600
	30.270 ~ 59.070	250	Φ10@200	Φ10@200	Φ6@600@600

【解】

① Q1：表示 1 号剪力墙身，配置双排钢筋网。

② 剪力墙在标高 −0.03m 到 30.270m 时：

墙厚是 300mm；

水平分布筋和垂直分布筋均配置直径为 12mm 的 HRB400 级钢筋，间距为 200mm；

拉结筋直径为 6mm 的 HPB300 级钢筋，间距为 600mm，矩形布置。

③ 剪力墙在标高 30.270m 到 59.070m 时：

墙厚是 250mm；

水平分布筋和垂直分布筋均配置直径为 10mm 的 HRB400 级钢筋，间距为 200mm；

拉结筋直径为 6mm 的 HPB300 级钢筋，间距为 600mm，矩形布置。

5. 剪力墙梁表中表达的内容

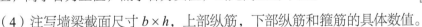

5-4
剪力墙梁平法
施工图制图
规则

（1）注写墙梁编号。

（2）注写墙梁所在楼层号。

（3）注写墙梁顶面标高高差，指相对于墙梁所在结构层楼面标高的高差值，高于者为正值，低于者为负值，当无高差时不注。

（4）注写墙梁截面尺寸 $b \times h$，上部纵筋，下部纵筋和箍筋的具体数值。

（5）当连梁设有对角暗撑时 [代号为 LL（JC）××]，注写暗撑的截面尺寸（箍筋外皮尺寸）；注写一根暗撑的全部纵筋，并标注"×2"表明有两根暗撑相互交叉；注写暗撑箍筋的具体数值。注写示例见表 5-9。

连梁设对角暗撑配筋列表注写示例 表 5-9

编号	所在楼层号	梁顶相对标高高差	梁截面 $b \times h$	上部纵筋	下部纵筋	侧面纵筋	连梁箍筋	对角暗撑		
								截面尺寸	纵筋	箍筋
LL(JC)1	5	—	500×1800	4Φ25	4Φ25	N18Φ14	Φ10@100(4)	300×300	6Φ22 (×2)	Φ10@100(3)

（6）当连梁设有交叉斜筋时 [代号为 LL（JX）××]，注写连梁一侧对角斜筋的配筋值，并标注"×2"表明对称设置；注写对角斜筋在连梁端部设置的拉筋根数、强度级别及直径，并标注"×4"表示四个角都设置；注写连梁一侧折线筋配筋值，并标注"×2"表明对称设置。注写示例见表 5-10。

（7）当连梁设有集中对角斜筋时 [代号为 LL（DX）××]，注写一条对角线上的对角斜筋，并标注"×2"表明对称设置。注写示例见表 5-11。

编号	所在楼层号	梁顶相对标高高差	梁截面 $b \times h$	上部纵筋	下部纵筋	侧面纵筋	连梁箍筋	交叉斜筋		
								对角斜筋	拉筋	折线筋
LL(JX)2	6	+0.100	300×800	4Φ18	4Φ18	N6Φ14	Φ10@100(4)	2Φ22 (×2)	3Φ10 (×4)	2Φ22 (×2)

连梁设集中对角斜筋配筋列表注写示例 表 5-11

编号	所在楼层号	梁顶相对标高高差	梁截面 $b \times h$	上部纵筋	下部纵筋	侧面纵筋	连梁箍筋	集中对角斜筋
LL(DX)3	6	—	400×1000	4Φ20	4Φ20	N8Φ14	Φ10@100(4)	8Φ20 (×2)

（8）跨高比不小于 5 的连梁，按框架梁设计时（代号为 LLkxx），采用平面注写方式，注写规则同框架梁，可采用适当比例单独绘制，也可与剪力墙平法施工图合并绘制。

（9）当设置双连梁、多连梁时，应分别表达在剪力墙平法施工图上。

墙梁侧面纵筋的配置，当墙身水平分布钢筋满足连梁、暗梁侧面纵向构造钢筋的要求时，该筋配置同墙身水平分布钢筋，表中不注，施工按标准构造详图的要求即可；当墙身水平分布钢筋不满足连梁侧面纵向构造钢筋的要求时，应在表中补充注明梁侧面纵筋的具体数值；纵筋沿梁高方向均匀布置；当采用平面注写方式时，梁侧面纵筋以大写字母"N"打头。梁侧面纵向钢筋在支座内锚固要求同连梁中受力钢筋。

【例 5-8】剪力墙梁 LLk1 的平面注写内容如下，解释其含义。

LLk1

2~9 层：300×700

Φ10@100/200（2）

3Φ16；3Φ16

N6Φ12

【解】

LLk1 表示 1 号剪力墙连梁，按框架梁设计。

LLk1 设置在 2 ～ 9 层时，连梁截面宽 300mm，高 700mm；

连梁箍筋为 HPB300 级钢筋，直径 10mm，加密区间距 100mm，非加密区间距 200mm，均为双肢箍。

连梁上部纵筋 3Φ16；下部纵筋 3Φ16。

连梁两个侧面共配置 6 根直径 12mm 的纵向构造钢筋，每侧各配置 3 根，采用 HRB400 钢筋。

各层连梁顶面标高与所在结构层楼面标高相同（图中不注）。

【例 5-9】识读表 5-12 中剪力墙梁 LL1 的内容。

剪力墙梁表　　　　　　　　　　　表 5-12

编号	所在楼层号	梁顶相对标高高差	梁截面 $b \times h$	上部纵筋	下部纵筋	箍筋
LL1	2~9	0.800	300×2000	4Φ22	4Φ22	Φ10@100（2）
	10~16	0.600	250×1800	4Φ20	4Φ20	Φ8@100（2）
	屋面1		250×1200	4Φ20	4Φ20	Φ10@100（2）

【解】

① LL1：表示 1 号剪力墙连梁。

② LL1 设置在 2 ～ 9 层时：

梁顶面标高高于所在结构层楼面标高 0.8m；

梁截面宽 300mm，高 2000mm；

梁上部纵筋 4Φ22，下部纵筋 4Φ22；

箍筋Φ10，间距 100mm，双肢箍。

墙梁侧面纵筋的配置同墙身水平分布钢筋，表中不注，如图 5-16 所示。

③ LL1 设置在 10 ～ 16 层时：

梁顶面标高高于所在结构层楼面标高 0.6m；

梁截面宽 250mm，高 1800mm；

梁上部纵筋 4Φ20，下部纵筋 4Φ20；

箍筋Φ8，间距 100mm，双肢箍。

墙梁侧面纵筋的配置同墙身水平分布钢筋，表中不注。

④ LL1 设置在屋面 1 时：

梁顶面标高与该结构层楼面标高相同（无高差）；

梁截面宽 250mm，高 1200mm；

梁上部纵筋 4Φ20，下部纵筋 4Φ20；

箍筋Φ10，间距 100mm，双肢箍。

墙梁侧面纵筋的配置同墙身水平分布钢筋，表中不注，如图 5-17 所示。

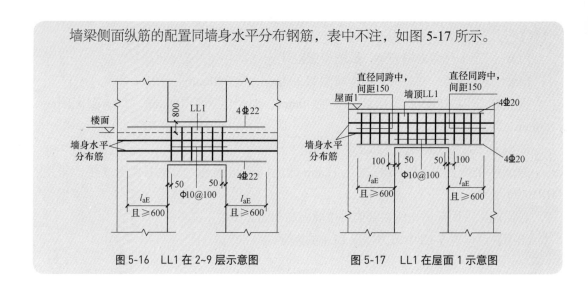

图 5-16　LL1 在 2~9 层示意图　　　　图 5-17　LL1 在屋面 1 示意图

5.2.3　剪力墙截面注写方式

1. 定义

截面注写方式，在分标准层绘制的剪力墙平面布置图上，以直接在墙柱、墙身、墙梁上注写截面尺寸和配筋具体数值的方式来表达剪力墙平法施工图，如图 5-18 所示。

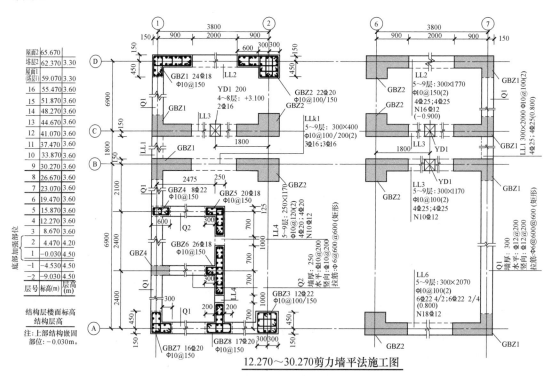

图 5-18　剪力墙平法施工图截面注写方式示例

2.剪力墙截面注写内容

选用适当比例原位放大绘制剪力墙平面布置图，其中对墙柱绘制配筋截面图；对所有墙柱、墙身、墙梁分别进行编号，并分别在相同编号的墙柱、墙身、墙梁中选择一根墙柱、一道墙身、一根墙梁进行注写，其注写方式按以下规定进行。

（1）从相同编号的墙柱中选择一个截面，标注全部纵筋及箍筋的具体数值。

【例5-10】识读图5-19中剪力墙柱GBZ1的截面注写内容。

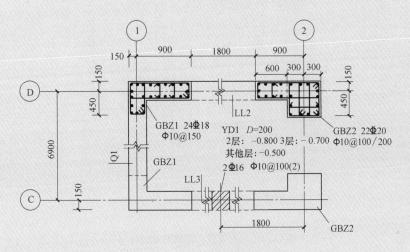

图 5-19　剪力墙柱的截面注写

【解】

①GBZ1：表示1号构造边缘转角墙。

②24Φ18：表示全部纵筋配置24根直径为18mm的HRB400级钢筋。

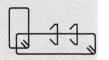

③Φ10@150：表示箍筋为直径10mm的HPB300级钢筋，间距为150mm，箍筋形式如图所示。

④厚均为300mm，X方向墙柱长1050mm，Y方向墙柱长600mm。

【例5-11】识读图5-19中剪力墙柱GBZ2的截面注写内容。

【解】

①GBZ2：表示2号构造边缘端柱。

②22Φ20：表示全部纵筋配置22根直径为20mm的HRB400级钢筋。

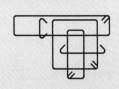

③Φ10@100/200：表示箍筋为直径10mm的HPB300级钢筋，加密区间距为100mm，非加密区间距为200mm，箍筋形式如图所示。

④墙厚均为300mm，X方向墙柱长1200mm，Y方向墙柱长600mm。

（2）从相同编号的墙身中选择一道墙身，按顺序引注的内容为：墙身编号（应包括注写在括号内墙身所配置的水平与竖向分布钢筋的排数）、墙厚尺寸、水平分布钢筋、竖向分布钢筋和拉筋的具体数值。

【例 5-12】识读图 5-20 中剪力墙身 Q1 的截面注写内容。

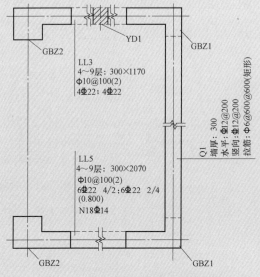

图 5-20　剪力墙身、连梁的截面注写

【解】

① Q1：表示 1 号剪力墙身，配置双排钢筋网。

② 墙厚 300mm；

③ 水平分布筋和垂直分布筋均配置直径为 12mm 的 HRB400 级钢筋，间距为 200mm；

④ 拉筋直径为 6mm 的 HPB300 级钢筋，间距为 600mm，矩形布置。

（3）从相同编号的墙梁中选择一根墙梁，按顺序引注的内容为：注写墙梁编号、墙梁所在层及截面尺寸 $b \times h$、墙梁箍筋、上部纵筋、下部纵筋和墙梁顶面标高高差的具体数值等。注写规定同墙梁列表注写方式。

当墙身水平分布钢筋不能满足连梁的侧面纵向构造钢筋的要求时，应补充注明梁侧面纵筋的具体数值，注写时，以大写字母"N"打头，接续注写梁侧面纵筋的总根数与直径。其在支座内的锚固要求同连梁中受力钢筋。

【例 5-13】LL(JC)1 5 层：500×1800　Φ10@100(4)　4Φ25；4Φ25　N18Φ14　JC300×300　6Φ22(×2)　Φ10@200(3)。表示 1 号设对角暗撑连梁，所在楼层为 5 层；连梁宽 500mm，高 1800mm；箍筋为 Φ10@100(4)；上部纵筋 4Φ25，下部纵筋 4Φ25；连梁两侧配置纵筋 18Φ14；梁顶标高相对于 5 层楼面标高无高差；连梁设有两根相互交叉的暗撑，暗撑截面（箍筋外皮尺寸）宽 300mm，高 300mm；每根暗撑纵筋为 6Φ22，上下排各 3 根；箍筋为 Φ10@200(3)。

【例 5-14】识读图 5-20 中 LL3 的截面注写内容。

【解】

　　① LL3：表示 3 号剪力墙连梁。

　　② LL3 在 4 ~ 9 层时，截面宽 300mm、高 1170mm。

　　③ 箍筋为 Φ10，间距 100mm，双肢箍。

　　④ 连梁上部纵筋为 4⊈22、下部纵筋为 4⊈22。

　　⑤ 4 ~ 9 层连梁顶面标高与所在楼层的结构层楼面标高相同（无高差）。

　　⑥ 连梁侧面纵筋的配置同墙身水平分布钢筋，图中不注。

【例 5-15】识读图 5-20 中 LL5 的截面注写内容。

【解】

　　① LL5：表示 5 号剪力墙连梁。

　　② LL5 在 4~9 层时，截面宽 300mm、高 2070mm。

　　③ 箍筋为 Φ10，间距 100mm，双肢箍。

　　④ 连梁上部纵筋为 6⊈22（上一排纵筋为 4⊈22，下一排纵筋为 2⊈22）；下部纵筋为 6⊈22（上一排纵筋为 2⊈22，下一排纵筋为 4⊈22）。

　　⑤ 4~9 层连梁顶面标高都高出所在结构层楼面标高 0.8m。

　　⑥ 连梁两个侧面共配置 18 根直径为 14mm 的纵向构造钢筋，每侧各配置 9 根。采用 HRB400 钢筋。

5.2.4　剪力墙洞口的表示方法

　　1. 无论采用列表注写方式还是截面注写方式，剪力墙上的洞口均可在剪力墙平面布置图上原位表达，如图 5-6、图 5-18 所示。

　　2. 洞口的具体表示方法

5-5
剪力墙洞口
表示方法

　　（1）在剪力墙平面布置图上绘制洞口示意，并标注洞口中心的平面定位尺寸。

　　（2）在洞口中心位置引注，共四项内容分别为：洞口编号、洞口几何尺寸、洞口所在层及洞口中心相对标高、洞口每边补强钢筋。具体规定如下：

　　1）洞口编号：矩形洞口为 JD×× （×× 为序号），

　　　　　　　　　圆形洞口为 YD×× （×× 为序号）。

　　2）洞口几何尺寸：矩形洞口为洞宽 × 洞高（$b \times h$）；

　　　　　　　　　　　圆形洞口为洞口直径 D。

　　3）洞口所在层及洞口中心相对标高：洞口中心相对标高，是相对于结构层楼（地）面标高的洞口中心高度。当其高于结构层楼面时为正值，低于结构层楼面时为负值。

　　4）洞口每边补强钢筋，分以下几种不同情况：

　　① 当矩形洞口的洞宽、洞高均不大于 800mm 时，此项注写为洞口每边补强钢筋的具体数值。当洞宽、洞高方向补强钢筋不一致时，分别注写洞宽方向、洞高方向补强钢筋，以"/"分隔。

【例 5-16】JD2 400×300 2~5层 +3.100 3Φ14

表示：2~5层设置2号矩形洞口，洞宽400mm，洞高300mm，洞口中心高于本结构层楼面3.100m，洞口每边补强钢筋为3Φ14，如图5-21所示。

【例 5-17】JD4 800×400 6层 +2.100 3Φ18/3Φ14

表示：6层设置4号矩形洞口，洞宽800mm，洞高400mm，洞口中心高于本结构层楼面2.100m，洞宽方向补强钢筋为3Φ18，洞高方向补强钢筋为3Φ14，如图5-22所示。

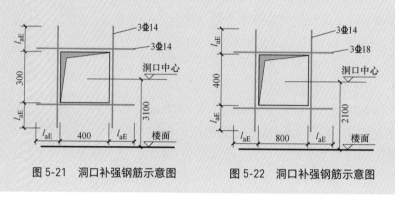

图5-21　洞口补强钢筋示意图　　　　图5-22　洞口补强钢筋示意图

② 当矩形或圆形洞口的洞宽或直径大于800mm时，在洞口的上、下需设置补强暗梁，此项注写为洞口上、下每边暗梁的纵筋与箍筋的具体数值。在标准构造详图中（图5-23），补强暗梁梁高一律定为400mm，施工时按标准构造详图取值，设计不注。当设计者采用与该构造详图不同的做法时，应另行注明。圆形洞口时，尚需注明环向加强钢筋的具体数值（图5-24）；当洞口上、下边为剪力墙连梁时，此项免注；洞口竖向两侧设置边缘构件时，亦不在此项表达（当洞口两侧不设置边缘构件时，设计者应给出具体做法）。

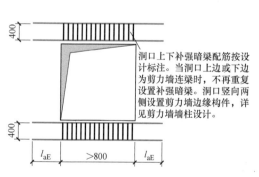

图5-23　矩形洞宽和洞高大于800mm时，洞口补强暗梁构造

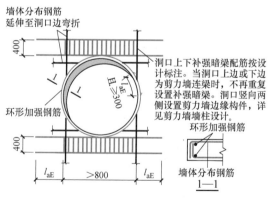

图5-24　圆形洞口直径大于800mm时，补强纵筋构造

【例 5-18】JD5 1800×2100 3 层 +1.800 6Φ20 Φ8@150（2）

表示：3 层设置 5 号矩形洞口，洞宽 1800mm，洞高 2100mm，洞口中心高于本结构层楼面 1.800m，洞口上下设补强暗梁，每边暗梁纵筋为 6Φ20，上、下排对称布置，箍筋为 Φ8@150，双肢箍，如图 5-25 所示。

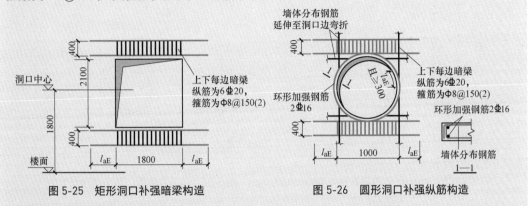

图 5-25　矩形洞口补强暗梁构造　　　　　图 5-26　圆形洞口补强纵筋构造

【例 5-19】YD5 1000 2～6 层 +1.800 6Φ20 Φ8@150（2）2Φ16

表示：2～6 层设置 5 号圆形洞口，直径 1000mm，洞口中心高于本结构层楼面 1.800m，洞口上下设补强暗梁，每边暗梁纵筋为 6Φ20，上、下排对称布置，箍筋为 Φ8@150，双肢箍，环向加强钢筋 2Φ16，如图 5-26 所示。

③ 当圆形洞口设置在连梁中部 1/3 范围（且圆洞直径不应大于 1/3 梁高）时，需注写在圆洞上下水平设置的每边补强纵筋与箍筋，如图 5-27 所示。

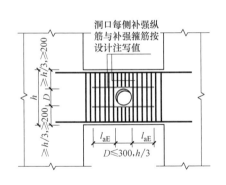

图 5-27　连梁中部圆形洞口补强钢筋构造　　图 5-28　圆形洞口直径≤300mm 时，补强纵筋构造

④ 当圆形洞口设置在墙身或暗梁、边框梁位置，且洞口直径不大于 300mm 时，此项注写洞口上下左右每边布置的补强纵筋的具体数值，如图 5-28 所示。

⑤ 当圆形洞口直径大于 300mm，但不大于 800mm 时，此项注写为洞口上下左右每边布置的补强纵筋的具体数值，以及环向加强钢筋的具体数值，如图 5-29 所示。

【例5-20】YD5 600 5层 +1.800 2Φ20 2Φ16

表示：5层设置5号圆形洞口，直径600mm，洞口中心高于本结构层楼面1.800m，洞口每边补强钢筋为2Φ20，环向加强钢筋为2Φ16，如图5-30所示。

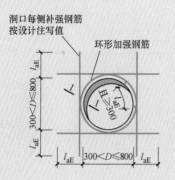

图5-29 300mm<圆洞直径≤800mm时，补强筋构造

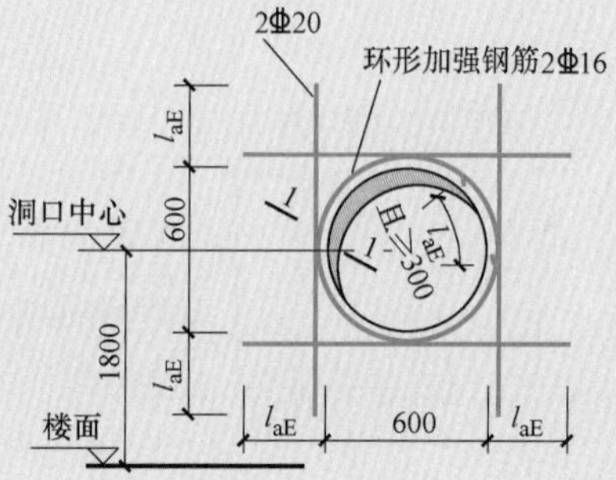

图5-30 圆洞补强筋、环向加强筋示意

【例5-21】解释图5-31中YD1的含义。

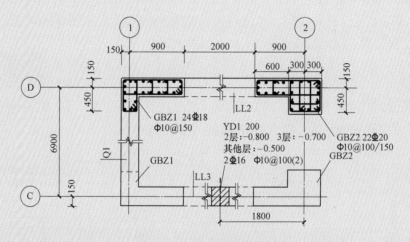

图5-31 剪力墙平法施工图

【解】

① YD1——表示1号圆形洞口。

② 200——表示圆形洞口的直径为200mm。

③ 2层：-0.800——表示洞口中心低于2层结构层楼面标高0.800m；

3层：-0.700——表示洞口中心低于3层结构层楼面标高0.700m；

其他层：-0.500——表示其他层的洞口中心低于所在结构层楼面标高0.500m。

④ 2Φ16 Φ10@100（2）——表示洞口上下水平设置的每边补强纵筋为2Φ16，补强箍筋Φ10，间距100mm，双肢箍，如图5-32所示。

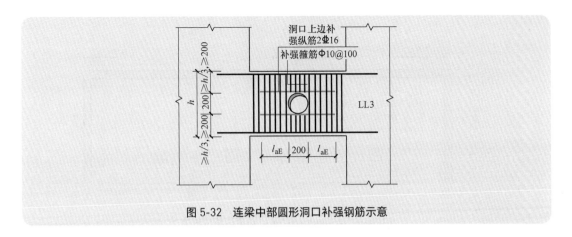

图 5-32　连梁中部圆形洞口补强钢筋示意

5.2.5　地下室外墙的表示方法

1. 本节地下室外墙仅适用于起挡土作用的地下室外围护墙。地下室外墙中墙柱、连梁及洞口等的表示方法同地上剪力墙。

2. 采用平面注写方式表达的地下室外墙平法施工图示例如图 5-33 所示。

5-6
地下室外墙
表示方法

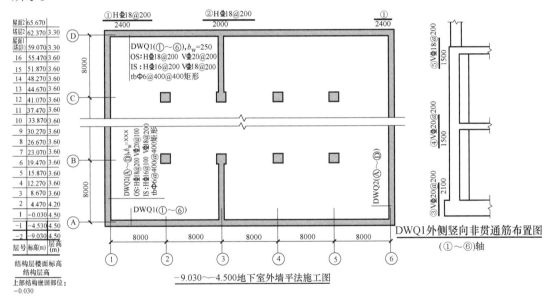

图 5-33　地下室外墙平法施工图平面注写示例

3. 地下室外墙编号，由墙身代号、序号组成。表达为：DWQ××。

4. 地下室外墙平面注写方式，包括：集中标注墙体编号、厚度、贯通筋、拉筋等；原位标注附加非贯通筋等两部分内容。当仅设置贯通筋，未设置附加非贯通筋时，则仅做集中标注，如图 5-34 所示。

5. 地下室外墙的集中标注，规定如下：

（1）注写地下室外墙编号，包括代号、序号、墙身长度（注为 ××~×× 轴）。

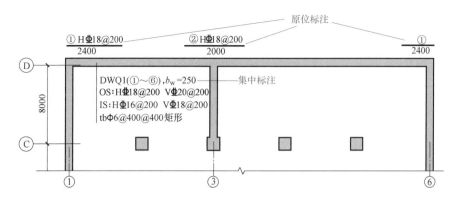

图 5-34 地下室外墙的集中标注与原位标注

（2）注写地下室外墙厚度 $b_w=\times\times$。

（3）注写地下室外墙的外侧贯通筋、内侧贯通筋和拉结筋。

1）以 OS 代表外墙外侧贯通筋。其中，外侧水平贯通筋以 H 打头注写，外侧竖向贯通筋以 V 打头注写。

2）以 IS 代表外墙内侧贯通筋。其中，内侧水平贯通筋以 H 打头注写，内侧竖向贯通筋以 V 打头注写。

3）以 tb 打头注写拉结筋的直径、强度等级及间距，并注明"矩形"或"梅花"。

【例 5-22】 解释图 5-34 中集中标注的含义

DWQ1（①~⑥），$b_w=250$

OS：H Φ 18@200　V Φ 20@200

IS：H Φ 16@200　V Φ 18@200

tb Φ 6@400@400 矩形

【解】

DWQ1（①~⑥），$b_w=250$：表示 1 号地下室外墙，长度为①~⑥轴之间，墙厚 250mm。

OS：H Φ 18@200　V Φ 20@200：表示外侧水平贯通筋为 Φ 18@200，外侧竖向贯通筋为 Φ 20@200。

IS：H Φ 16@200　V Φ 18@200：表示内侧水平贯通筋为 Φ 16@200，内侧竖向贯通筋为 Φ 18@200。

tb Φ 6@400@400 矩形：表示拉结筋直径 Φ 6、水平间距为 400mm，竖向间距为 400mm，矩形布置。

---

6. 地下室外墙的原位标注，主要表示在外墙外侧配置的水平非贯通筋或竖向非贯通筋。

当配置水平非贯通筋时，在地下室墙体平面图上原位标注。在地下室外墙外侧绘制粗实线段代表水平非贯通筋，在其上注写钢筋编号并以 H 打头注写钢筋强度等级、直径、分布间距以及自支座中线向两边跨内的伸出长度值。当自支座中线向两侧对称伸出时，可仅在单侧标注跨内伸出长度，另一侧不注，此种情况下非贯通筋总长度为标注长度的2倍。边支座处非贯通筋的伸出长度值从支座外边缘算起。

【例5-23】解释图5-34中原位标注①号、②号钢筋的含义。

【解】

①号钢筋为水平非贯通筋，钢筋强度等级为HRB400，直径18mm，间距200mm，从支座外边缘算起的伸出长度值为2400mm。

②号钢筋为水平非贯通筋，钢筋强度等级为HRB400，直径18mm，间距200mm，从支座中线向两侧对称伸出的长度值为2000mm，总长度为4000mm。

当在地下室外墙外侧底部、顶部、中层楼板配置竖向非贯通筋时，应补充绘制地下室外墙竖向截面轮廓图并在其上原位标注。表示方法为在地下室外墙竖向截面轮廓图外侧绘制粗实线段代表竖向非贯通筋，在其上注写钢筋编号并以V打头注写钢筋强度等级、直径、分布间距以及向上（下）层的伸出长度值，并在外墙竖向截面轮廓图名下注明分布范围（××~××轴）。

　　注：（1）外墙底部非贯通筋向层内的伸出长度值从基础底板顶面算起。

　　　　（2）外墙顶部非贯通筋向层内的伸出长度值从板底面算起。

　　　　（3）中层楼板处非贯通筋向层内的伸出长度值从板中间算起，当上下两侧伸出长度值相同时可仅注写一侧。

【例5-24】解释图5-33中原位标注③号、④号、⑤号钢筋的含义。

【解】

③号钢筋为竖向非贯通筋，钢筋强度等级为HRB400，直径20mm，间距200mm，从基础底板顶面算起的伸出长度值为2100mm。

④号钢筋为竖向非贯通筋，钢筋强度等级为HRB400，直径20mm，间距200mm，从板中间算起，向上下两侧对称伸出的长度值为1500mm。

⑤号钢筋为竖向非贯通筋，钢筋强度等级为HRB400，直径18mm，间距200mm，从板底面算起的伸出长度值为1500mm。

地下室外墙外侧水平、竖向非贯通筋配置相同者，可仅选择一处注写，其他可仅注写编号。

地下室外墙外侧非贯通筋通常采用"隔一布一"方式与集中标注的贯通筋间隔布置，其标注间距应与贯通筋相同，两者组合后的实际分布间距为各自标注间距的1/2。

【例5-25】图5-33中D轴地下室外墙外侧非贯通筋与贯通筋"隔一布一"的布置示意图，如图5-35所示。

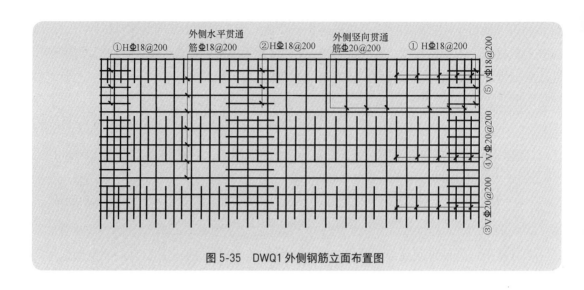

图 5-35　DWQ1 外侧钢筋立面布置图

5.3　剪力墙钢筋构造

　　剪力墙钢筋构造，是指剪力墙构件的各种钢筋在实际工程中可能出现的各种构造情况。本节按剪力墙身、剪力墙柱、剪力墙梁的顺序分别讲述其钢筋构造，如图 5-36 所示。

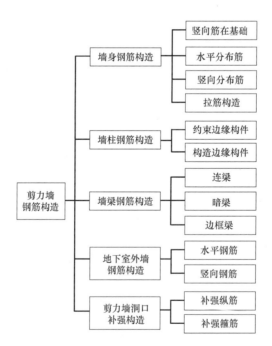

图 5-36　剪力墙钢筋构造知识体系

5.3.1 剪力墙身钢筋构造

1. 墙身竖向分布钢筋在基础中的构造

（1）墙身竖向分布钢筋在基础中的标准构造详图（图5-37）

5-7
剪力墙墙身
钢筋构造

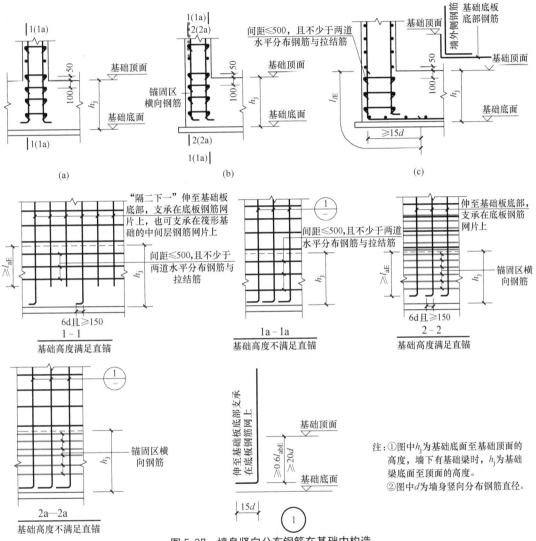

图5-37 墙身竖向分布钢筋在基础中构造

（a）保护层厚度 > $5d$；（b）保护层厚度 ≤ $5d$；（c）搭接连接

（2）墙身竖向分布钢筋在基础中的构造要点（图5-37a）

1）适用于钢筋保护层厚度 > $5d$（d 为墙身竖向分布钢筋直径）。

2）当基础高度满足直锚时（即 h_j - 保护层 - 基础钢筋直径 > l_{aE}），按1-1剖面要求，竖向分布筋"隔二下一"伸到基础底部钢筋网（或筏基中间层钢筋网）上，弯折 $6d$ 且 ≥ 150mm，其余竖向分布筋伸入基础 l_{aE}。当施工采取有效措施保证钢筋定位时，墙身竖向分布钢筋伸入基础长度满足直锚即可。

3）当基础高度不满足直锚时（即 h_j – 保护层 – 基础钢筋直径 ≤ l_{aE}），按 1a-1a 剖面要求，竖向分布筋均伸到基础底部钢筋网上弯折 15d，伸入基础内竖直段长度 ≥ $0.6l_{abE}$ 且 ≥ 20d。

4）基础内第一道水平分布筋与拉筋距离基础顶面 100mm，水平分布筋与拉筋间距 ≤ 500mm，且不少于两道。

5）基础外第一道水平分布筋与拉筋距离基础顶面 50mm。

（3）墙身竖向分布钢筋在基础中的构造要点（图 5-37b）

1）适用于墙外侧钢筋保护层厚度 ≤ 5d，墙内侧钢筋保护层厚度 > 5d。

2）墙内侧钢筋同构造图 5-37（a）要点。

3）墙外侧钢筋构造要点：

① 当基础高度满足直锚时（即 h_j – 保护层 – 基础钢筋直径 > l_{aE}），按 2-2 剖面要求，竖向分布筋均伸到基础底部钢筋网上，弯折 6d 且 ≥ 150mm。

② 当基础高度不满足直锚时（即 h_j – 保护层 – 基础钢筋直径 ≤ l_{aE}），按 2a-2a 剖面要求，竖向分布筋均伸到基础底部钢筋网上弯折 15d，伸入基础内竖直段长度 ≥ $0.6l_{abE}$ 且 ≥ 20d。

③ 基础内设置锚固区横向钢筋，锚固区横向钢筋直径 ≥ d/4（d 为纵筋最大直径），间距 ≤ 10d（d 为纵筋最小直径），且 ≤ 100mm。

④ 当墙身竖向分布钢筋在基础中保护层厚度不一致（如分布筋部分位于梁中，部分位于板内），保护层厚度不大于 5d 的部分应设置锚固区横向钢筋。

（4）墙身竖向分布钢筋在基础中的构造要点（图 5-37c）

1）适用于墙身外侧竖向分布筋与基础底部钢筋搭接连接。当选用图 5-37（c）搭接连接时，设计人员应在图纸中注明。

2）墙外侧竖向分布筋与基础底部钢筋搭接 l_{lE}，且弯折长度 ≥ 15d。

3）其余钢筋同构造图 5-37（a）要点。

2.墙身竖向分布钢筋连接构造

（1）墙身竖向分布钢筋连接的标准构造详图（图 5-38）

（2）墙身竖向分布钢筋连接的构造要点

1）图 5-38（a）适用于一、二级抗震等级剪力墙底部加强部位的竖向分布钢筋搭接连接构造。相邻竖向钢筋交错搭接，搭接长度为 $1.2l_{aE}$，相邻竖向钢筋搭接范围错开距离为 500mm，钢筋直径大于 28mm 时不宜采用搭接连接。

2）图 5-38（b）适用于各级抗震等级的竖向分布钢筋机械连接构造。相邻竖向钢筋交错机械连接，相邻竖向钢筋机械连接接头错开距离为 35d（d 为较小钢筋直径），连接点距离楼板顶面（或基础顶面）不小于 500mm。

3）图 5-38（c）适用于各级抗震等级的竖向分布钢筋焊接连接构造。相邻竖向钢筋交错焊接连接，相邻竖向钢筋焊接连接接头错开距离为 35d（d 为较小钢筋直径）且不小于 500mm，连接点距离楼板顶面（或基础顶面）不小于 500mm。

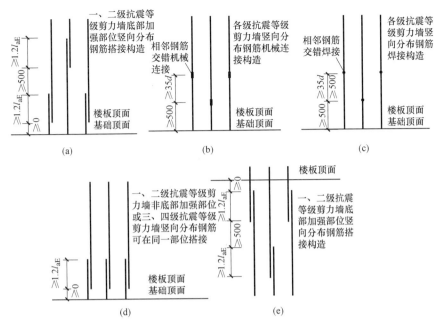

图 5-38　墙身竖向分布钢筋连接构造

（a）底部加强部位搭接连接；（b）机械连接；（c）焊接连接；（d）搭接连接；

（e）上层钢筋直径大于下层钢筋时搭接连接

4）图 5-38（d）适用于一、二级抗震等级剪力墙非底部加强部位或三、四级抗震等级剪力墙的竖向分布钢筋搭接连接构造。搭接长度为 $1.2l_{aE}$，可在同一高度位置搭接连接。

5）图 5-38（e）适用于一、二级抗震等级剪力墙底部加强部位且上层钢筋直径大于下层钢筋直径时的竖向分布钢筋搭接连接构造，上层钢筋延伸到下层连接，相邻竖向钢筋交错搭接，搭接长度为 $1.2l_{aE}$，相邻竖向钢筋搭接范围错开距离为 500mm。

3. 墙身变截面处竖向钢筋构造

（1）墙身变截面处竖向钢筋的标准构造详图（图 5-39）

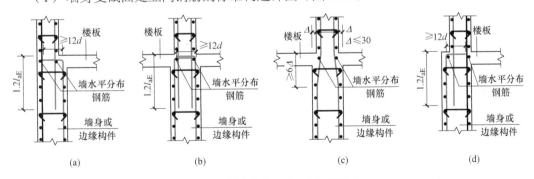

图 5-39　墙身变截面处竖向钢筋构造

（2）墙身变截面处竖向钢筋的构造要点

1）图 5-39（a、b、d）都适用于变截面处竖向钢筋非直通构造，其中，图 5-39（a、d）用于边墙，图 5-39（b）用于中墙。构造要点：墙平齐一侧的竖向钢筋直通伸至上一层连接区；变截面一侧的下层墙身竖向钢筋伸至变截面处向内弯折，弯折长度≥12d，上层竖向钢筋插入下层墙内1.2l_{aE}。

2）图5-39（c）适用于截面单侧内收尺寸Δ≤30mm，变截面处竖向钢筋向内斜弯贯通构造。构造要点：下层钢筋在距离结构层楼板≥6Δ处，以1/6斜率向内弯曲伸到上一楼层。

4. 剪力墙竖向钢筋顶部构造

（1）剪力墙竖向钢筋顶部的标准构造详图（图5-40）

（2）剪力墙竖向钢筋顶部的构造要点

1）当剪力墙顶部为屋面板、楼板或暗梁时，竖向钢筋伸至板顶或梁顶后弯折，弯折长度≥12d。

2）当剪力墙顶部为边框梁时，如果边框梁高度满足直锚（边框梁高−保护层≥l_{aE}），竖向钢筋可伸入边框梁直锚，直锚长度为l_{aE}；如果边框梁高度不满足直锚，竖向钢筋伸至边框梁顶弯折，弯折长度≥12d。

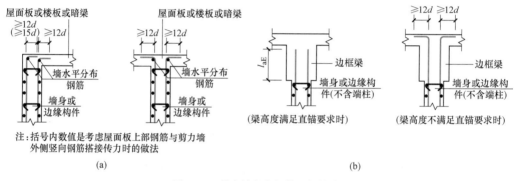

图5-40 剪力墙竖向钢筋顶部构造

（a）顶部为屋面板或楼板或暗梁；（b）顶部为边框梁

5. 剪力墙竖向分布筋锚入连梁构造

剪力墙竖向分布筋锚入连梁构造如图5-41所示。构造要点：墙身竖向钢筋从楼板面直锚入连梁内l_{aE}。

6. 剪力墙多排配筋构造

（1）剪力墙多排配筋的标准构造详图（图5-42）

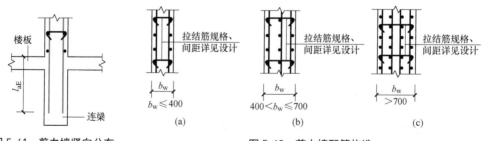

图5-41 剪力墙竖向分布
筋锚入连梁构造

图5-42 剪力墙配筋构造

（a）剪力墙双排配筋；（b）剪力墙三排配筋；（c）剪力墙四排配筋

（2）剪力墙多排配筋的构造要点

1）剪力墙分布钢筋网的排数规定，当剪力墙厚度≤ 400mm 时，应配置双排；当剪力墙厚度＞ 400mm，但≤ 700mm 时，宜配置三排；当剪力墙厚度＞ 700mm 时，宜配置四排。

2）水平分布筋放在外侧，竖向分布筋放在内侧。因此，剪力墙的保护层是针对水平分布筋来说的。

3）剪力墙分布钢筋配置若多于两排，水平分布筋宜均匀放置，竖向分布钢筋在保持相同配筋率条件下外排筋直径宜大于内排筋直径。剪力墙拉结筋两端应同时钩住外排水平分布筋和竖向分布筋，还应与剪力墙内排水平分布筋和竖向分布筋绑扎在一起。

7. 施工缝处抗剪钢筋连接构造

施工缝处抗剪钢筋连接构造如图 5-43 所示。构造要点：用于一级剪力墙，附加竖向插筋由设计人员根据需要设置规格、排数、间距指定，附加竖向插筋从施工缝处分别向上、向下插入长度为 l_{aE}。

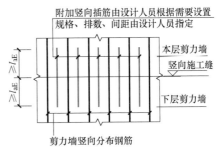

图 5-43 施工缝处抗剪钢筋连接构造（一级剪力墙）

8. 墙身水平钢筋构造

（1）剪力墙水平分布钢筋交错搭接构造

墙身水平分布钢筋交错搭接的标准构造详图，如图 5-44（a）所示。

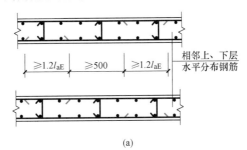

(a)

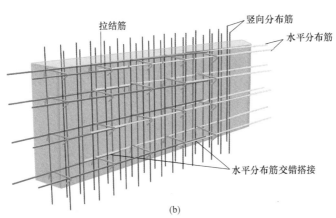

(b)

图 5-44 墙身水平分布筋交错搭接

（a）水平分布筋交错搭接标准构造详图；（b）水平分布筋交错搭接三维图

构造要点：剪力墙上下、左右相邻两排水平钢筋交错搭接连接，搭接长度≥1.2l_{aE}，搭接范围错开距离≥500mm，其钢筋三维图如图5-44（b）所示。

（2）端部有暗柱时剪力墙水平钢筋构造

端部有暗柱时剪力墙水平钢筋标准构造详图，如图5-45、图5-46所示。构造要点：

1）墙身水平分布筋伸到暗柱对边角筋内侧弯折10d。

2）剪力墙的水平分布筋与暗柱的箍筋在同一层面，竖向分布筋与暗柱的纵筋在同一层面。

（3）水平分布筋在斜交转角墙中的构造

水平分布筋在斜交转角墙中的构造详图，如图5-47所示。构造要点：

1）外侧水平分布筋连续通过阳角，内侧水平分布筋伸至暗柱对边纵筋内侧后弯折15d。

2）剪力墙分布钢筋配置若多于两排，中间排水平分布钢筋端部构造同内侧钢筋。

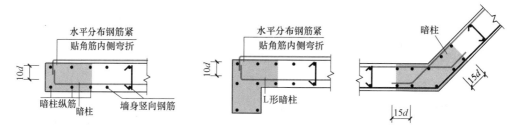

图 5-45 端部有矩形暗柱时剪力墙水平钢筋端部做法　图 5-46 端部有 L 形暗柱时剪力墙水平钢筋端部做法　图 5-47 斜交转角墙

（4）水平分布筋在转角墙中的构造

水平分布筋在转角墙中的标准构造详图，如图5-48所示。

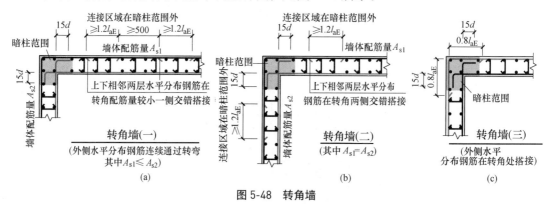

图 5-48 转角墙

1）转角墙（一）构造要点（图5-48a）

① 适用于上下相邻两层水平分布筋在转角配筋量较小一侧交错搭接。

② 配筋较大的外侧水平分布筋连续通过转角墙柱，在转角墙柱以外与另一侧剪力墙的外侧水平分布筋交错搭接，搭接长度≥1.2l_{aE}，搭接范围错开距离≥500mm。

③ 内侧水平分布筋伸至转角墙柱对边纵筋内侧弯折15d。

2）转角墙（二）构造要点（图5-48b）

① 适用于两墙水平分布筋配筋量相同，上下相邻两层水平分布筋在转角两侧交错搭接。

② 外侧水平分布筋连续通过转角墙柱，在转角墙柱以外的两侧交错搭接，搭接长度≥$1.2l_{aE}$。

③ 内侧水平分布筋伸至转角墙柱对边纵筋内侧弯折15d。

3）转角墙（三）构造要点（图5-48c）

① 适用于外侧水平分布筋在转角处搭接。

② 外侧水平分布筋伸至转角墙柱对边，弯折长度为$0.8l_{aE}$。

③ 内侧水平分布筋伸至转角墙柱对边纵筋内侧弯折15d。

4）剪力墙分布钢筋配置若多于两排，中间排水平分布钢筋端部构造同内侧钢筋。

（5）水平分布筋在翼墙中的构造

水平分布筋在翼墙中的标准构造详图，如图5-49所示。

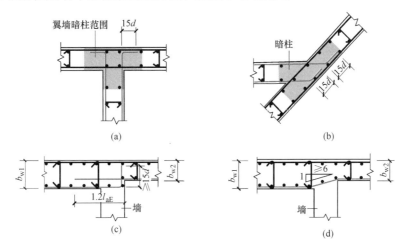

图5-49 翼墙构造

（a）翼墙（一）；（b）斜交翼墙；（c）翼墙（二）；（d）翼墙（三）

1）翼墙（一）、斜交翼墙构造要点：翼墙两翼的水平分布筋连续通过翼墙。翼墙肢部的水平分布筋伸至翼墙暗柱对边纵筋内侧弯折15d。

2）翼墙（二）构造要点：平齐一侧水平分布筋连续通过。不平齐一侧，窄墙的水平分布筋伸入宽墙内$1.2l_{aE}$，宽墙的水平分布筋伸至翼墙对边弯折15d。

3）翼墙（三）构造要点：平齐一侧水平分布筋连续通过。不平齐一侧，水平分布筋斜弯后连续通过，钢筋斜率≤1/6。

（6）水平分布筋在端柱转角墙中的构造

水平分布筋在端柱转角墙中的标准构造详图，如图5-50所示。

构造要点：

1）外侧（剪力墙边与端柱边平齐的一侧）水平分布筋伸至端柱对边纵筋内侧紧贴角筋弯折15d，且伸入端柱的平直段长度≥$0.6l_{abE}$。

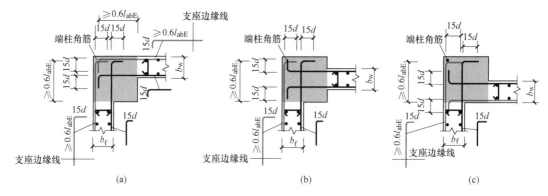

图 5-50 端柱转角墙

（a）端柱转角墙（一）；（b）端柱转角墙（二）；（c）端柱转角墙（三）

2）内侧水平分布筋伸至端柱对边纵筋内侧弯折 15d，若伸入端柱的长度 $\geqslant l_{aE}$，可直锚。

（7）水平分布筋在端柱翼墙中的构造

水平分布筋在端柱翼墙中的标准构造详图，如图 5-51 所示。

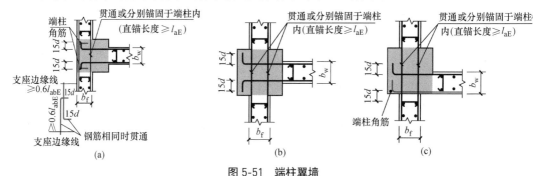

图 5-51 端柱翼墙

（a）端柱翼墙（一）；（b）端柱翼墙（二）；（c）端柱翼墙（三）

1）端柱翼墙（一）构造要点：

① 两翼外侧（剪力墙边与端柱边平齐的一侧）的水平分布筋相同时，外侧水平分布筋贯通端柱，不相同时，外侧水平分布筋伸至端柱对边纵筋内侧紧贴角筋弯折 15d，且伸入端柱的平直段长度 $\geqslant 0.6l_{abE}$。翼墙内侧的水平分布筋贯通或分别锚固于端柱内，锚固于端柱的直锚长度 $\geqslant l_{aE}$。

② 肢部的水平分布筋伸至端柱对边纵筋内侧弯折 15d，若伸入端柱的长度 $\geqslant l_{aE}$，可直锚。

2）端柱翼墙（二）构造要点：

① 两翼的水平分布筋贯通或分别锚固于端柱内，锚固于端柱的直锚长度 $\geqslant l_{aE}$。

② 肢部的水平分布筋伸至端柱对边纵筋内侧弯折 15d，若伸入端柱的长度 $\geqslant l_{aE}$，可直锚。

3）端柱翼墙（三）构造要点：

① 两翼的水平分布筋贯通或分别锚固于端柱内，锚固于端柱的直锚长度 $\geqslant l_{aE}$。

② 肢部墙外侧（剪力墙边与端柱边平齐的一侧）水平分布筋伸至端柱对边纵筋内侧紧贴角筋弯折 15d，且伸入端柱的平直段长度 $\geqslant 0.6l_{abE}$。肢部墙内侧水平分布筋伸至端柱对边纵筋内侧弯折 15d，若伸入端柱的长度 $\geqslant l_{aE}$，可直锚。

（8）水平分布筋在端柱端部墙中的构造

水平分布筋在端柱端部墙中的标准构造详图，如图 5-52 所示。

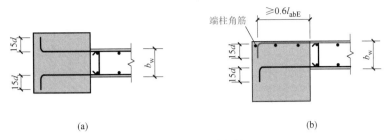

图 5-52　端柱端部墙
（a）端柱端部墙（一）；（b）端柱端部墙（二）

1）端柱端部墙（一）构造要点：水平分布筋伸至端柱对边纵筋内侧弯折 $15d$，若伸入端柱的长度≥ l_{aE} 时，可直锚。

2）端柱端部墙（二）构造要点：外侧（剪力墙边与端柱边平齐的一侧）水平分布筋伸至端柱对边纵筋内侧紧贴角筋弯折 $15d$，且伸入端柱的平直段长度≥ $0.6l_{abE}$。内侧水平分布筋伸至端柱对边纵筋内侧弯折 $15d$，若伸入端柱的长度≥ l_{aE}，可直锚。

9.剪力墙拉结筋构造

剪力墙拉结筋的构造如图 5-53 所示。

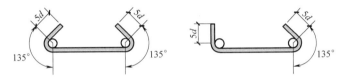

图 5-53　拉结筋构造

构造要点：

1）拉结筋有两种构造做法，一种是两端都弯 135°弯钩；另一种是一端弯 135°弯钩、另一端弯 90°直钩，弯钩的平直段均为 $5d$，拉结筋放置时弯钩朝下。

2）剪力墙拉结筋两端应同时钩住外排水平分布筋和竖向分布筋，还应与各排分布筋绑扎，拉结筋的钩朝下。

3）拉结筋按设计要求选择"矩形"或"梅花"布置方式，如图 5-54 所示。如设计未注明布置方式，一般采用"梅花"布置。

4）拉结筋布置范围

在层高范围：最下一排拉结筋位于底部板顶以上第二排水平分布筋位置处，最上一排拉结筋位于层顶部板底（梁底）以下第一排水平分布筋位置处，如图 5-55 所示。剪力墙层高范围最下一排水平分布筋距底部板顶 50mm，最上一排水平分布筋距顶部板顶不大于100mm。当层顶位置设有宽度大于剪力墙厚度的边框梁时，最上一排水平分布筋距顶部边框梁底 100mm。

在墙身宽度范围：从边缘构件边第一排墙身竖向分布筋处开始设置拉结筋，如图 5-60所示。

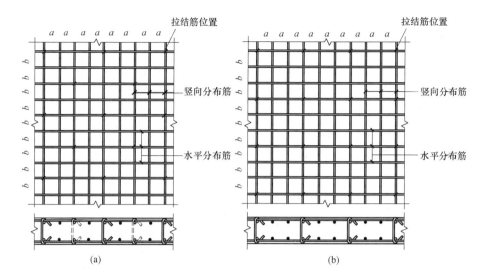

图 5-54　剪力墙拉结筋排布图

（a）拉结筋 @4a@4b 梅花（$a \leqslant 150$、$b \leqslant 150$）；（b）拉结筋 @3a@3b 矩形（$a \leqslant 200$、$b \leqslant 200$）

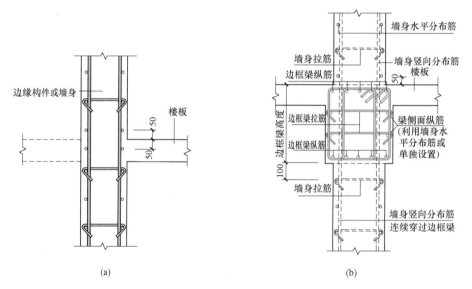

图 5-55　拉结筋布置范围

（a）顶部为楼板；（b）顶部为边框梁

5.3.2　剪力墙柱钢筋构造

5-8
剪力墙边缘
构件构造

　　剪力墙柱包括边缘构件（约束边缘构件 YBZ、构造边缘构件 GBZ）、非边缘暗柱 AZ、扶壁柱 FBZ。其中，约束边缘构件包括：约束边缘暗柱、约束边缘端柱、约束边缘翼墙、约束边缘转角墙。构造边缘构件包括：构造边缘暗柱、构造边缘端柱、构造边缘翼墙、构造边缘转角墙。

1. 剪力墙边缘构件纵筋在基础中的构造

剪力墙边缘构件纵筋在基础中的构造详图如图 5-56 所示。

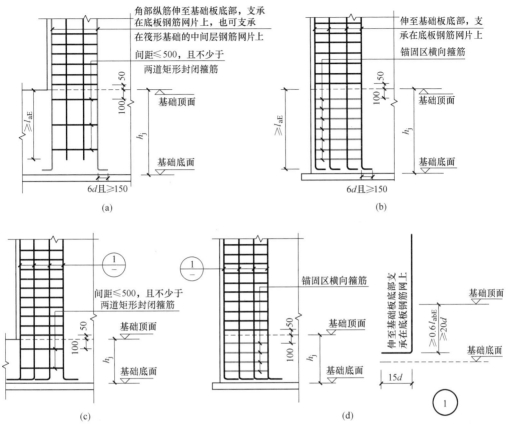

注：①图中 h_j 为基础底面至基础顶面的高度，墙下有基础梁时，h_j 为基础梁底面至顶面的高度。
②图中 d 为边缘构件纵筋直径。

图 5-56　边缘构件纵筋在基础中的构造

（a）保护层厚度> 5d；基础高度满足直锚；（b）保护层厚度≤ 5d；基础高度满足直锚；
（c）保护层厚度> 5d；基础高度不满足直锚；（d）保护层厚度≤ 5d；基础高度不满足直锚

（1）边缘构件纵筋在基础中的构造要点（图 5-56a）

1）适用于保护层厚度> 5d（d 为边缘构件纵筋直径），且基础高度满足直锚时（即 h_j – 保护层 – 基础钢筋直径≥ l_{aE}）。

2）"边缘构件角部纵筋"如图 5-57 所示，图中角部纵筋（不包含端柱）是指边缘构件阴影区角部纵筋，图示为蓝色点状钢筋，图示蓝色的箍筋为在基础高度范围内采用的箍筋形式。

3）角部纵筋伸至基础底部钢筋网（或筏基中间层钢筋网）上，弯折 6d 且≥ 150mm；其余纵筋伸入基础直锚长度 l_{aE}。伸至钢筋网上的边缘构件角部纵筋（不包含端柱）之间，间距不应大于 500mm，不满足时应将边缘构件其他纵筋伸至钢筋网上。

4）基础内箍筋间距≤ 500mm，且不少于两道矩形封闭箍筋（蓝色外箍）。

5）基础内第一道箍筋距离基础顶面 100mm，基础外第一道箍筋距离基础顶面 50mm。

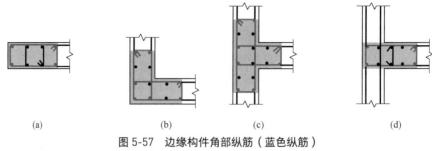

(a)   (b)   (c)   (d)

图 5-57　边缘构件角部纵筋（蓝色纵筋）

（a）暗柱；（b）转角墙；（c）翼墙；（d）翼墙

（2）边缘构件纵筋在基础中的构造要点（图 5-56b）

1）适用于保护层厚度≤5d（d为边缘构件纵筋直径），且当基础高度满足直锚时（即 h_j – 保护层 – 基础钢筋直径≥l_{aE}）。

2）边缘构件纵筋均伸至基础底部钢筋网上，弯折 6d 且≥150mm。

3）基础内设置锚固区横向箍筋（外箍），横向箍筋直径≥d/4（d为纵筋最大直径），间距≤10d（d为纵筋最小直径），且≤100mm。

4）当边缘构件纵筋在基础中保护层厚度不一致（如纵筋部分位于梁中，部分位于板内），保护层厚度不大于 5d 的部分应设置锚固区横向钢筋。

5）当边缘构件（包含端柱）一侧纵筋位于基础外边缘（保护层厚度≤5d，且基础高度满足直锚）时，边缘构件内所有纵筋均按图 5-56（b）构造。对于端柱锚固区横向钢筋要求、其他情况端柱纵筋在基础中构造要求按柱的构造。

6）基础内第一道箍筋距离基础顶面 100mm，基础外第一道箍筋距离基础顶面 50mm。

（3）边缘构件纵筋在基础中的构造要点（图 5-56c）

1）适用于保护层厚度＞5d（d为边缘构件纵筋直径），且当基础高度不满足直锚时（即 h_j – 保护层 – 基础钢筋直径＜l_{aE}）。

2）边缘构件纵筋均伸至基础底部钢筋网上，弯折 15d，伸入基础内竖直段长度≥0.6l_{abE} 且≥20d。

3）基础内箍筋间距≤500mm，且不少于两道矩形封闭箍筋（外箍）。

4）基础内第一道箍筋距离基础顶面 100mm，基础外第一道箍筋距离基础顶面 50mm。

（4）边缘构件纵筋在基础中的构造要点（图 5-56d）

1）适用于保护层厚度≤5d（d为边缘构件纵筋直径），且当基础高度不满足直锚时（即 h_j – 保护层 – 基础钢筋直径＜l_{aE}）。

2）边缘构件纵筋均伸至基础底部钢筋网上，弯折 15d，伸入基础内竖直段长度≥0.6l_{abE} 且≥20d。

3）基础内设置锚固区横向箍筋（外箍），横向箍筋直径≥d/4（d为纵筋最大直径），间距≤10d（d为纵筋最小直径），且≤100mm。

4）基础内第一道箍筋距离基础顶面 100mm，基础外第一道箍筋距离基础顶面 50mm。

2. 剪力墙边缘构件纵向钢筋连接构造

剪力墙边缘构件纵向钢筋连接的标准构造详图，如图 5-58 所示。

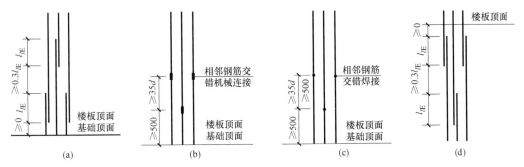

图 5-58 剪力墙边缘构件纵向钢筋连接构造

（a）绑扎搭接；（b）机械连接；（c）焊接；（d）上层钢筋直径大于下层钢筋搭接

剪力墙边缘构件纵向钢筋连接的构造要点：

（1）适用于约束边缘构件阴影部分和构造边缘构件的纵向钢筋连接构造。

（2）当采用搭接连接时，相邻纵向钢筋交错搭接，搭接长度为 l_{lE}，相邻纵向钢筋搭接范围错开距离为 $0.3l_{lE}$，连接点可在楼板顶面（或基础顶面）若上层钢筋直径大于下层时，上层钢筋延伸到下层绑扎搭接。约束边缘构件阴影部分、构造边缘构件、扶壁柱及非边缘暗柱的纵筋搭接长度范围内，箍筋直径应不小于纵向搭接钢筋最大直径的 0.25 倍，箍筋间距不大于 100mm。钢筋直径大于 28mm 时，不宜采用搭接连接。

（3）当采用机械连接时，相邻纵向钢筋交错机械连接，相邻纵向钢筋机械连接接头错开距离为 35d（d 为较小钢筋直径），连接点距离楼板顶面（或基础顶面）不小于 500mm。

（4）当采用焊接连接时，相邻纵向钢筋交错焊接连接，相邻纵向钢筋焊接连接接头错开距离为 35d（d 为较小钢筋直径）且不小于 500mm，连接点距离楼板顶面（或基础顶面）不小于 500mm。

（5）端柱竖向钢筋和箍筋的构造与框架柱相同。矩形截面独立墙肢，当截面高度不大于截面厚度的 4 倍时，其竖向钢筋和箍筋的构造要求与框架柱相同或按设计要求设置。

3. 剪力墙边缘构件纵向钢筋顶部构造

剪力墙约束边缘构件、构造边缘构件中纵向钢筋在顶部的构造同剪力墙墙身中竖向钢筋顶部构造，如图 5-40 所示。端柱边缘构件除外，端柱纵向钢筋应按框架柱在顶层的构造。

4. 剪力墙上起约束边缘构件纵筋构造

剪力墙上起约束边缘构件纵筋的标准构造详图，如图 5-59 所示。其构造要点为：约束边缘构件纵筋直锚入下层剪力墙内 $1.2l_{aE}$。下部设置锚固区横向箍筋，箍筋直径应不小于纵向钢筋最大直径的 0.25 倍，间距不大于 100mm。

5. 约束边缘构件 YBZ 构造

（1）约束边缘构件的标准构造详图

约束边缘构件包括：约束边缘暗柱、约束边缘端柱、约束边缘翼墙、约束边缘转角墙。约束边缘构件沿墙肢的长度 l_c 包括阴影部分和非阴影部分，其标准构造详图如图 5-60 所示。

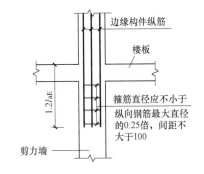

图 5-59 剪力墙上起约束边缘构件纵筋

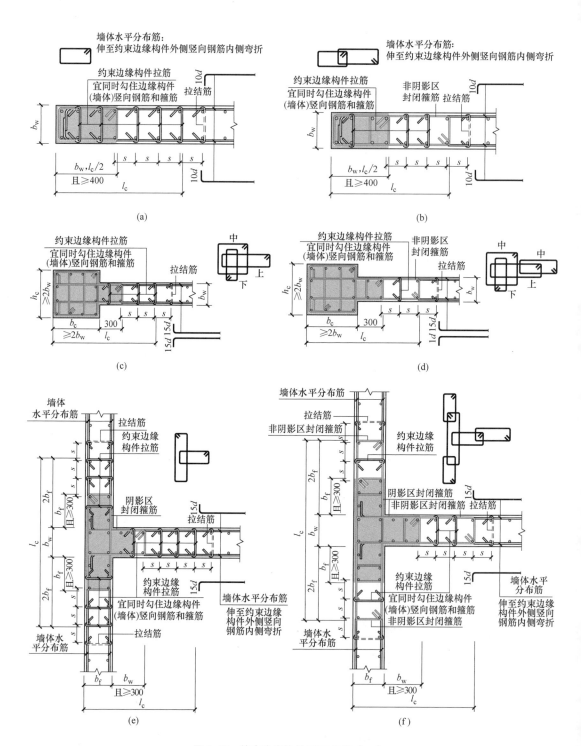

图 5-60 约束边缘构件 YBZ 构造（一）

（a）约束边缘暗柱（一）（非阴影区设置拉筋）；（b）约束边缘暗柱（二）（非阴影区外圈设置封闭箍筋）；
（c）约束边缘端柱（一）（非阴影区设置拉筋）；（d）约束边缘端柱（二）（非阴影区外圈设置封闭箍筋）；
（e）约束边缘翼墙（一）（非阴影区设置拉筋）；（f）约束边缘翼墙（二）（非阴影区外圈设置封闭箍筋）

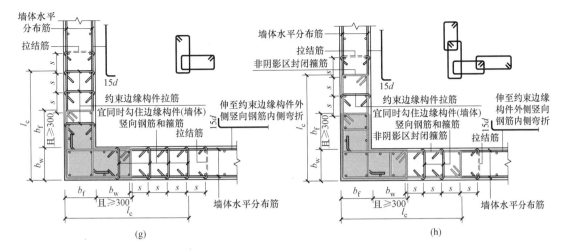

图 5-60 约束边缘构件 YBZ 构造（二）

（g）约束边缘转角墙（一）（非阴影区设置拉筋）；（h）约束边缘转角墙（二）（非阴影区外圈设置封闭箍筋）

（2）约束边缘构件的构造要点

1）约束边缘构件阴影区范围的尺寸及总尺寸 l_c（远离剪力墙端部一侧以箍筋外皮计算）见具体工程设计。

2）约束边缘构件阴影区的纵筋、封闭箍筋或拉筋由设计标注。非阴影区的封闭箍筋或拉筋直径由设计标注，与阴影区箍筋直径相同时，可不注。非阴影区箍筋或拉筋的竖向间距、构造做法同阴影区；非阴影区竖向钢筋即为剪力墙竖向分布钢筋。

3）当约束边缘构件内箍筋、拉筋位置（标高）与墙体水平分布筋相同时（图 5-61 中剖面 1-1），可采用图 5-60 中的详图（一）或（二）；当约束边缘构件内箍筋、拉筋位置（标高）与墙体水平分布筋不

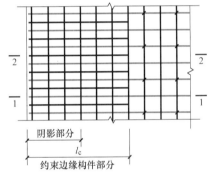

图 5-61　墙体立面示意图

同时（图 5-61 中剖面 2-2），应采用图 5-60 中的详图（二），即非阴影区外圈设置封闭箍筋，施工时该封闭箍筋沿墙厚方向的短肢应套在阴影区内第二列（从阴影区和非阴影区交界处算起）或更靠近墙端部的纵筋上。位于阴影部分内部的箍筋肢可计入阴影部分体积配箍率计算。

6. 构造边缘构件 GBZ 构造

（1）构造边缘构件的标准构造详图

构造边缘构件包括：构造边缘暗柱、构造边缘端柱、构造边缘翼墙、构造边缘转角墙，其标准构造详图如图 5-62 所示。

（2）构造边缘构件的构造要点

1）构造边缘构件的尺寸、纵筋及箍筋详见设计标注。

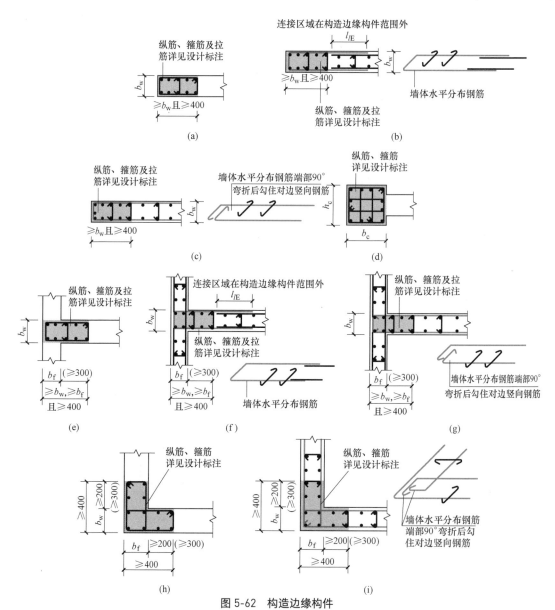

图 5-62 构造边缘构件
（a）构造边缘暗柱（一）；（b）构造边缘暗柱（二）；（c）构造边缘暗柱（三）；（d）构造边缘端柱；
（e）构造边缘翼墙（一）；（f）构造边缘翼墙（二）；（g）构造边缘翼墙（三）
（h）构造边缘转角墙（一）；（i）构造边缘转角墙（二）

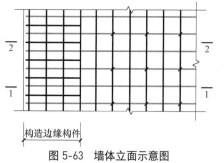

图 5-63　墙体立面示意图

2）剪力墙构造边缘构件的抗震构造要求低于约束边缘构件，仅有阴影范围。在非底部加强部位，当构造边缘构件内箍筋、拉筋位置（标高）与墙体水平分布筋相同时，可采用符合构造要求的水平分布筋替代同层构造边缘构件中的外圈封闭箍筋，非同层时仍设置封闭箍筋。此种替代做法应由设计者指定后使用。图 5-63 中剖面 1-1 对应构造边缘构件内封闭箍筋、拉筋位置（标高）与墙体水平分布筋相同；剖面 2-2 是构造边缘构件内封闭箍筋、拉筋位置（标高）与墙体水平分布筋不相同。

3）图 5-62 中构造边缘构件的详图（二）、（三）用于非底部加强部位，当构造边缘构件内箍筋、拉筋位置（标高）与墙体水平分布筋相同时采用，此构造做法应由设计者指定后使用。计入的墙水平分布钢筋不应大于边缘构件箍筋总体积（含箍筋、拉筋以及符合构造要求的水平分布钢筋）的 50%。

4）构造边缘暗柱（图 5-62b）、构造边缘翼墙（图 5-62f）中墙体水平分布筋宜在构造边缘构件范围外错开搭接，即同排水平分布钢筋的搭接接头之间以及上、下相邻水平分布钢筋的搭接接头之间，沿水平方向的净间距不宜小于 500mm，搭接长度不应小于 $1.2l_{aE}$，如图 5-64 所示。也可采用在同一截面搭接的做法，搭接长度为 l_{lE}。

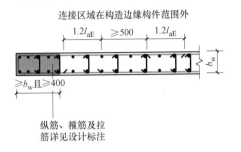

图 5-64　U 形钢筋与墙水平钢筋错开搭接

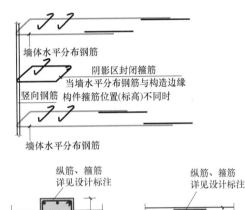

7. 扶壁柱和非边缘暗柱构造

在实际工程中，除了在剪力墙的端部和转角等部位设置边缘构件外，有时还在剪力墙中设置扶壁柱 FBZ 和非边缘暗柱 AZ，如图 5-65 所示，此类柱为剪力墙的非边缘构件。

图 5-65　非边缘墙柱

（a）扶壁柱 FBZ；（b）非边缘暗柱 AZ

扶壁柱和非边缘暗柱的纵筋、箍筋详见设计标注，扶壁柱、非边缘暗柱的纵筋锚固要求同边缘构件纵筋。

5.3.3　剪力墙梁钢筋构造

1. 剪力墙连梁 LL 配筋构造

（1）剪力墙连梁 LL 配筋的标准构造详图（图 5-66）

（2）剪力墙连梁 LL 配筋的构造要点

1）连梁 LL 的纵筋在墙内直锚时，从洞口边算起伸入墙肢长度 $\geq l_{aE}$ 且 ≥ 600mm。

2）若端部墙肢水平长度 $< l_{aE}$ 或 < 600mm，则连梁的纵筋伸至墙外侧纵筋内侧弯折 $15d$（d 为纵筋直径）。当端部洞口连梁的纵筋在端支座的直锚长度 $\geq l_{aE}$ 且 ≥ 600mm 时，可不必往上（下）弯折。

3）当两洞口之间的墙肢水平长度 $< 2l_{aE}$ 或 < 1200mm 时，采用双洞口连梁，连梁的上部、下部、侧面纵筋连续通过洞间墙肢。

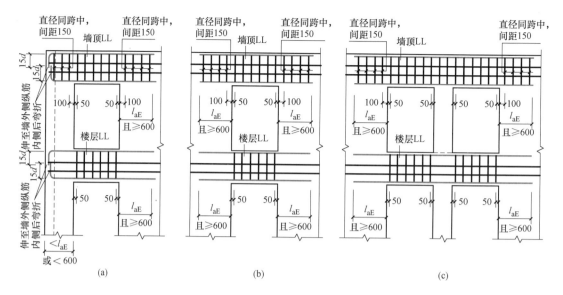

图 5-66 剪力墙连梁 LL 配筋

（a）单洞口连梁（端部墙肢较短）；（b）单洞口连梁（单跨）；（c）单洞口连梁（双跨）

4）楼层连梁的箍筋仅在洞口范围内布置。洞口范围内的箍筋详见设计标注，第一个箍筋在距洞口边缘 50mm 处开始设置。

5）顶层连梁的箍筋在全梁范围内布置。其中，洞口范围内的第一个箍筋在距洞口边缘 50mm 处设置，箍筋的直径及间距详见设计标注；纵筋伸入墙肢长度范围内设构造箍筋，第一个构造箍筋在距洞口边缘 100mm 处设置，构造箍筋的直径同跨中，间距 ≤ 150mm。

6）连梁、暗梁、边框梁侧面纵筋和拉筋构造，如图 5-67 所示。连梁、暗梁、边框梁侧面纵筋详见设计标注，当设计未注写侧面纵筋时，墙身水平分布钢筋作为连梁、暗梁、边框梁侧面构造纵筋。

7）连梁、暗梁、边框梁拉筋直径按梁的宽度确定，当梁宽 ≤ 350mm 时，拉筋直径为 6mm；当梁宽 > 350mm 时，拉筋直径为 8mm，拉筋间距为 2 倍箍筋间距，竖向沿侧面水平筋"隔一拉一"。

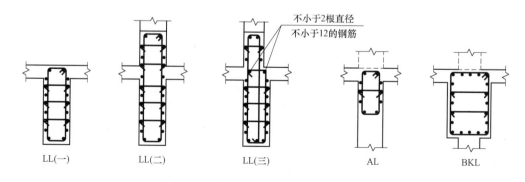

图 5-67 连梁、暗梁、边框梁侧面纵筋和拉筋

2. 连梁、暗梁、边框梁及墙体钢筋的摆放位置

（1）连梁、暗梁及墙体钢筋的摆放位置如图 5-68 所示，其钢筋排布要点：

1）墙身的水平分布钢筋在最外层，在连梁或暗梁高度范围内也应布置墙身的水平分布钢筋。连梁或暗梁箍筋外皮与剪力墙竖向分布钢筋外皮平齐，在水平分布钢筋的内侧，竖向分布钢筋与箍筋在水平方向错开放置，不应重叠放置。连梁或暗梁的纵筋在暗梁箍筋内侧设置。

2）剪力墙竖向分布钢筋连续通过暗梁高度范围。

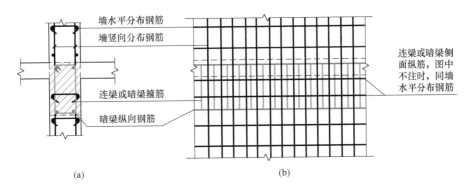

(a)　　　　　　　　　　(b)

图 5-68　连梁、暗梁及墙体钢筋的摆放位置

（a）剖面图；（b）立面图

（2）边框梁及墙体钢筋的摆放位置如图 5-69 所示，其钢筋排布要点：

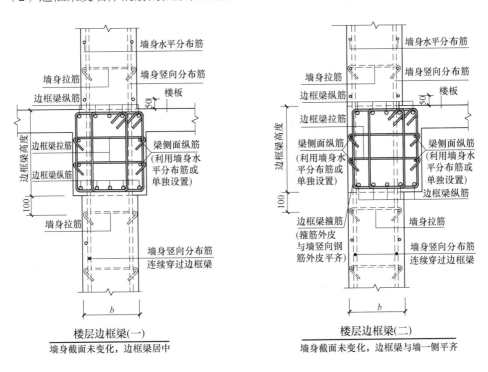

楼层边框梁(一)

墙身截面未变化，边框梁居中

楼层边框梁(二)

墙身截面未变化，边框梁与墙一侧平齐

图 5-69　边框梁及墙体钢筋的摆放位置

1）当边框梁与墙身侧面平齐时，平齐一侧边框梁箍筋外皮与剪力墙竖向钢筋外皮平齐，边框梁侧面纵筋在边框梁箍筋外侧紧靠箍筋外皮设置；当边框梁与墙身侧面不平齐时，边框梁侧面纵筋在边框梁箍筋内设置。

2）边框梁侧面纵筋详见设计标注，当设计未注写侧面纵筋时，墙身水平分布钢筋作为边框梁侧面构造纵筋。

3）剪力墙竖向分布钢筋连续通过边框梁高度范围。

3. 边框梁或暗梁与连梁重叠时配筋构造

（1）边框梁或暗梁与连梁重叠时配筋的标准构造详图（图5-70）

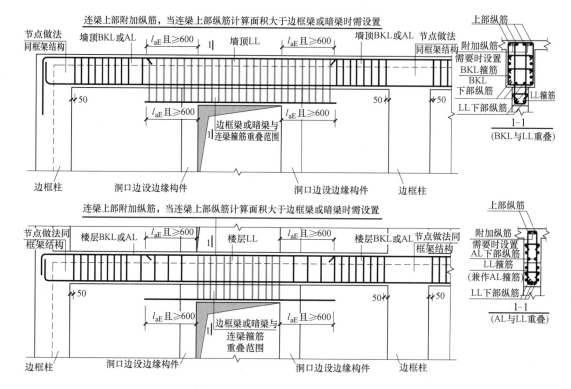

图 5-70　边框梁 BKL 或暗梁 AL 与连梁 LL 重叠时配筋构造

（2）边框梁或暗梁与连梁重叠时配筋的构造要点

1）当连梁上部纵筋计算面积＞边框梁或暗梁时，需设置连梁上部附加纵筋，附加纵筋从洞边伸入连梁内 l_{aE} 且 $\geqslant 600\text{mm}$；当连梁上部纵筋计算面积≤边框梁或暗梁时，边框梁或暗梁上部纵筋兼作连梁上部纵筋。

2）连梁下部纵筋、边框梁或暗梁下部纵筋照常设置。

3）连梁箍筋兼作暗梁的箍筋。

4. 剪力墙连梁 LLk 构造

（1）剪力墙连梁 LLk 的标准构造详图（图5-71、图5-72）

（2）剪力墙连梁 LLk 的构造要点

按照《22G101》平法制图规则，剪力墙中由于开洞而形成的上部连梁，当连梁的跨

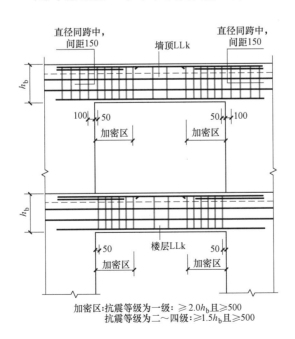

通长筋(小直径)

l_{lE}　　l_{lE}

(用于梁上部贯通钢筋由不同直径钢筋搭接时)

架立筋

150　　150

(用于梁上有架立筋时,架立筋与非贯通钢筋的搭接)

架立筋

150　　150

(用于梁上有架立筋时,架立筋与非贯通钢筋的搭接)

$l_n/3$　　$l_n/3$
$l_n/4$　　$l_n/4$

墙顶LLk

l_{aE} 且≥600　　l_{aE} 且≥600

$l_n/3$　　$l_n/3$
$l_n/4$　　$l_n/4$

楼层LLk

l_{aE} 且≥600　　l_n　　l_{aE} 且≥600

(a)

$l_n/3$　　$l_n/3$

15d
15d

伸至墙外侧纵筋内侧后弯折

≥0.6l_{abE}

墙顶LLk

$l_n/3$　　$l_n/3$

l_{aE} 且≥600

15d
15d

伸至墙外侧纵筋内侧后弯折

≥0.4l_{abE}　　l_n

楼层LLk

l_{aE} 且≥600

<l_{aE}
或<600

(b)

图 5-71　连梁 LLk 纵筋构造

（a）单洞口连梁 LLk；（b）小墙垛处洞口连梁 LLk

直径同跨中,间距150　　墙顶LLk　　直径同跨中,间距150

h_b

100 50　　50 100
加密区　　加密区

h_b

50　　50
楼层LLk
加密区　　加密区

50　　50
加密区　　加密区

加密区:抗震等级为一级：≥2.0h_b且≥500
抗震等级为二～四级:≥1.5h_b且≥500

图 5-72　连梁 LLk 箍筋加密区范围

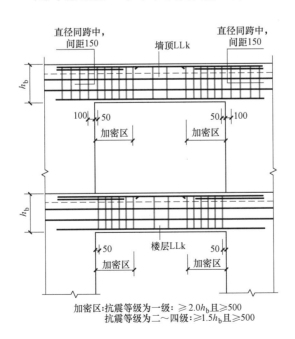

高比不小于 5 时，连梁的代号是 LLk，按框架梁进行设计。所以，连梁 LLk 既有框架梁的特征，又有连梁的特征。其构造要点如下：

1）连梁 LLk 的纵筋在墙内直锚时，从洞口边算起伸入墙内长度 $\geqslant l_{aE}$ 且 $\geqslant 600mm$。若端部墙肢水平长度 $< l_{aE}$ 或 $< 600mm$，则连梁的纵筋伸至墙外侧纵筋内侧后弯折 15d（d 为纵筋直径）。

2）连梁 LLk 上部非贯通筋的截断做法同框架梁，即上部非贯通筋自洞口边的伸出长度：第一排为 $l_n/3$、第二排为 $l_n/4$，l_n 为洞口宽度。当连梁上部贯通筋由不同直径的钢筋采用搭接连接时，搭接长度为 l_{lE}。当连梁上部设有架立筋时，架立筋与非贯通筋的搭接长度为 150mm。

3）连梁 LLk 上部通长筋连接位置宜位于跨中 $l_n/3$ 范围内；连梁 LLk 下部钢筋连接位置宜位于支座 $l_n/3$ 范围内；且在同一连接区段内钢筋接头面积百分率不宜大于 50%。

4）楼层连梁的箍筋仅在洞口范围内布置，第一个箍筋在距洞口边缘 50mm 处开始设置。顶层连梁的箍筋在全梁范围内布置。其中，洞口范围内的第一个箍筋在距洞口边缘 50mm 处设置，箍筋的直径及间距详见设计标注；纵筋伸入墙肢长度范围内设构造箍筋，第一个构造箍筋在距洞口边缘 100mm 处设置，构造箍筋的直径同跨中，间距 $\leqslant 150mm$。

5）当设计标注连梁箍筋分加密区和非加密区时，箍筋加密区范围按框架梁的构造要求，抗震等级同剪力墙。抗震等级为一级时，箍筋加密区长度 $\geqslant 2.0h_b$ 且 $\geqslant 500mm$（h_b 为连梁截面高度）；抗震等级为二～四级时，箍筋加密区长度 $\geqslant 1.5h_b$ 且 $\geqslant 500mm$。

5. 剪力墙边缘构件、连梁、墙身钢筋排布示意图（图 5-73）

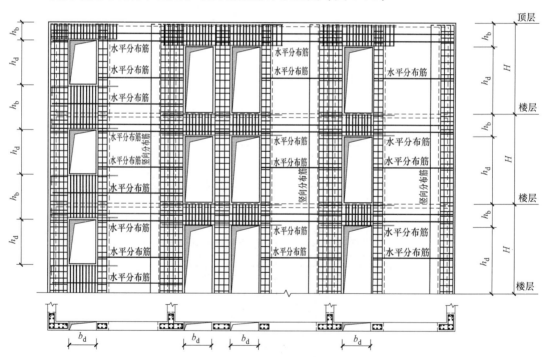

注：b_d、h_d 分别为洞口宽、高，h_b 为梁高，H 为层高。

图 5-73 剪力墙边缘构件、连梁、墙身钢筋排布示意

5.3.4 地下室外墙钢筋构造

1. 地下室外墙钢筋的标准构造详图（图 5-74）

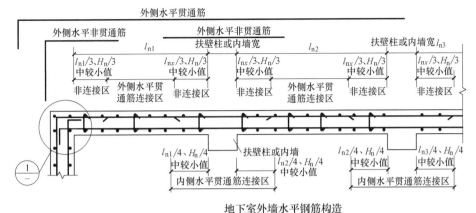

地下室外墙水平钢筋构造

l_{nx} 为相邻水平跨的较大净跨值，H_n 为本层净高

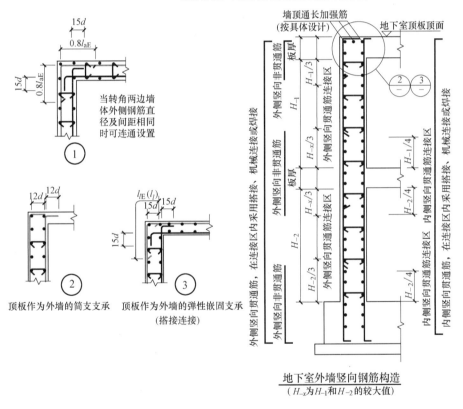

图 5-74 地下室外墙 DWQ 钢筋构造

2. 地下室外墙钢筋的构造要点

（1）当具体工程的钢筋排布与本图不同时（如将水平筋设置在外层），应按设计要求进行施工。即地下室外墙水平钢筋与竖向钢筋的位置关系由设计确定。

（2）外侧水平贯通筋非连接区长度：端部节点取 $l_{n1}/3$ 和 $H_n/3$ 中的较小值（l_{n1} 为端跨的净跨值，H_n 为本层净高），中间节点取 $l_{nx}/3$ 和 $H_n/3$ 中的较小值（l_{nx} 为相邻水平跨的较大净跨值）。即外侧水平贯通筋连接区：位于跨中 $l_{nx}/3$ 和 $H_n/3$ 中较小值的范围内。内侧水平贯通筋连接区：位于扶壁柱或内墙及两边 $l_{ni}/4$ 和 $H_n/4$ 中较小值的范围内（l_{ni} 为本跨的净跨值）。注意：当扶壁柱、内墙不作为地下室外墙的平面外支承时，水平贯通筋的连接区域不受限制。而扶壁柱、内墙是否作为地下室外墙的平面外支承由设计人员确定，并在设计文件中明确。

（3）当转角两边墙体外侧钢筋直径及间距相同时，外侧水平钢筋宜在转角处连通，并在连接区进行连接，如图 5-75 所示。若需要在转角处搭接时，外侧水平钢筋伸至转角墙对边弯折，弯折长度为 $0.8l_{aE}$，即搭接长度为 $1.6l_{aE}$。内侧水平钢筋伸至转角墙对边钢筋内侧弯折 $15d$，详见图 5-74 中节点①大样。

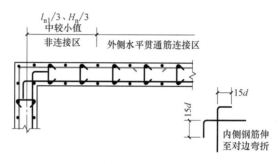

图 5-75　外侧水平钢筋在转角处连通

（4）外侧竖向贯通筋非连接区：基础顶面往上 $H_{-2}/3$（H_{-2} 为地下二层净高）；地下室顶板底面往下 $H_{-1}/3$（H_{-1} 为地下一层净高）；中间层楼板底面往下 $H_{-x}/3$（H_{-x} 为相邻两层净高的较大值），中间层楼板顶面往上 $H_{-x}/3$。

（5）内侧竖向贯通筋连接区：基础顶面往上 $H_{-2}/4$；中间层楼板底面往下 $H_{-1}/4$；中间层楼板顶面往上 $H_{-2}/4$。

（6）在图 5-74 中，外墙和顶板的连接节点做法②、③的选用由设计人员在图纸中注明。节点②适用于顶板作为外墙的简支支承，外墙外侧和内侧竖向钢筋均伸至地下室顶板顶面弯折 $12d$。节点③适用于顶板作为外墙的弹性嵌固支承（搭接连接），外墙外侧竖向钢筋与地下室顶板上部钢筋搭接 l_{lE}（l_l），且外墙外侧竖向钢筋弯折后水平段长度 $\geqslant 15d$；外墙内侧竖向钢筋伸至地下室顶板顶面钢筋内侧弯折 $15d$；顶板下部钢筋伸至墙外侧钢筋内侧弯折 $15d$。

5.3.5　剪力墙洞口补强构造

1. 剪力墙洞口补强的标准构造详图（图 5-76）

2. 剪力墙洞口补强构造要点

（1）当剪力墙矩形洞口的洞宽、洞高均不大于 800mm 时，洞口每侧需设置补强钢筋，如图 5-76（a）所示。洞口每侧补强钢筋按设计注写值，从洞口边算起补强钢筋两端分别

锚入墙内的长度为 l_{aE}，墙身钢筋延伸至洞口边弯直钩，弯钩长度 = 墙厚 −2 倍保护层厚度，补强钢筋固定在弯钩内侧。

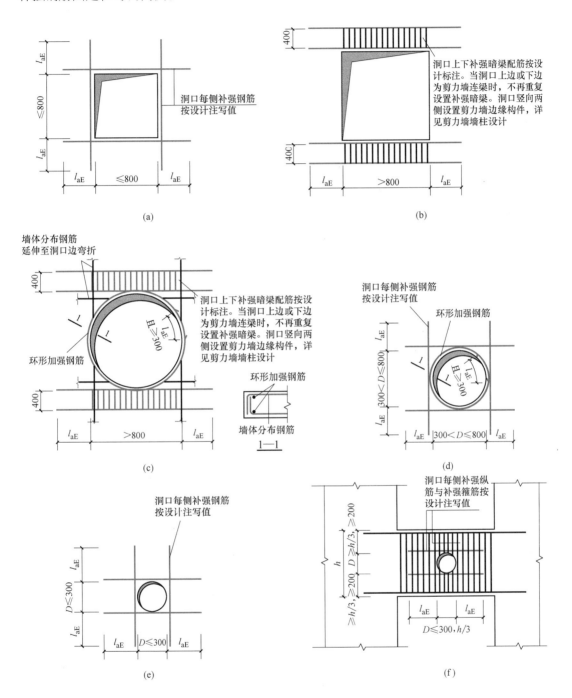

图 5-76　剪力墙洞口补强构造

（a）矩形洞宽和洞高均 ≤ 800 时，洞口补强钢筋构造；（b）矩形洞宽和洞高均 > 800 时，洞口补强暗梁构造；
（c）圆形洞口直径 > 800 时，补强钢筋构造；（d）圆形洞口直径 > 300 且 ≤ 800 时，补强钢筋构造；
（e）圆形洞口直径 ≤ 300 时，补强钢筋构造；（f）连梁中部圆形洞口补强钢筋构造

（2）当剪力墙矩形洞口的洞宽和洞高均大于 800mm 时，在洞口的上、下需设置补强暗梁，如图 5-76（b）所示。补强暗梁配筋按设计标注，补强暗梁梁高一律定为 400mm，设计不注。从洞口边算起补强暗梁纵筋两端分别锚入墙内的长度为 l_{aE}。当洞口的上边或下边为剪力墙连梁时，不再重复设置补强暗梁。洞口竖向两侧设置剪力墙边缘构件。当设计者采用与该构造详图不同的做法时，应另行注明。

（3）当剪力墙圆形洞口的直径大于 800mm 时，在洞口的上、下需设置补强暗梁，如图 5-76（c）所示。补强暗梁配筋按设计标注，补强暗梁梁高一律定为 400mm，设计不注。从洞口直径边算起补强暗梁纵筋两端分别锚入墙内的长度为 l_{aE}。当洞口的上边或下边为剪力墙连梁时，不再重复设置补强暗梁。洞口竖向两侧设置剪力墙边缘构件，当洞口竖向两侧不设置边缘构件时，设计者应给出具体做法。同时在圆形洞口周围设置环向加强钢筋，环向加强钢筋配筋按设计标注，环向加强钢筋的首尾搭接长度 $\geqslant l_{aE}$ 且 $\geqslant$ 300mm。墙身钢筋延伸至洞口边弯直钩，弯钩长度 = 墙厚 -2 倍保护层厚度，环向加强钢筋固定在弯钩内侧。

（4）当剪力墙圆形洞口的直径大于 300mm 且不大于 800mm 时，洞口的上下左右均需设置补强钢筋，如图 5-76（d）所示。每侧补强钢筋按设计注写值，从洞口直径边算起补强钢筋两端分别锚入墙内的长度为 l_{aE}。同时在圆形洞口周围设置环向加强钢筋，环向加强钢筋配筋按设计标注，环向加强钢筋的首尾搭接长度 $\geqslant l_{aE}$ 且 $\geqslant$ 300mm。墙身钢筋延伸至洞口边弯直钩，弯钩长度 = 墙厚 -2 倍保护层厚度，环向加强钢筋固定在弯钩内侧。

（5）当剪力墙圆形洞口的直径不大于 300mm 时，洞口的上下左右均需设置补强钢筋，如图 5-76（e）所示。每侧补强钢筋按设计注写值，从洞口直径边算起补强钢筋两端分别锚入墙内的长度为 l_{aE}。

（6）当圆形洞口设置在连梁中部、洞口直径不大于 300mm 且不大于 1/3 梁高时，在圆洞的上下设置补强纵筋与补强箍筋，如图 5-76（f）所示。每侧补强纵筋与补强箍筋按设计注写值，从洞口直径边算起补强纵筋两端分别锚入连梁内的长度为 l_{aE}。

5.4 剪力墙钢筋计算实例

1. 剪力墙施工图

本实例为采用截面注写方式表达的剪力墙施工图，包括：-4.400 ~ -0.100 地下室剪力墙、柱平法施工图（图 5-77），-0.100 ~ 7.700 剪力墙、柱平法施工图（图 5-78），剪力墙基础剖面图（图 5-79），层高标高表（表 5-13）。已知：基础、柱、墙混凝土强度等级均为 C30，所处环境类别为一类环境，设计使用年限为 50 年。抗震等级为二级抗震，基础保护层厚度为 40mm。钢筋接头形式：直径 $\leqslant$ 14mm 的为绑扎搭接，直径 > 14mm 的为焊接。

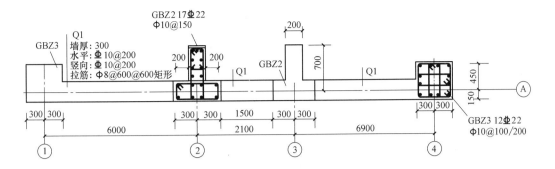

图 5-77 — 4.400 ～ — 0.100 剪力墙、柱平法施工图

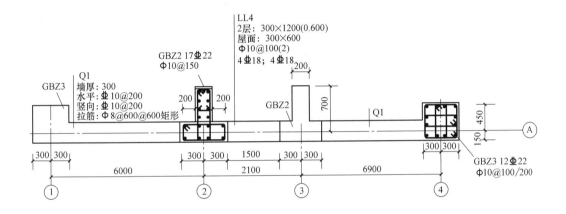

图 5-78 — 0.100 ～ 7.700 剪力墙、柱平法施工图

层高标高表 表 5-13

层号	底标高（m）	层高（m）	板厚（mm）
屋面	7.700		120
2	3.800	3.900	120
1	-0.100	3.900	180
-1	-4.400	4.300	

注：嵌固部位在地下室顶板面 -0.100m。

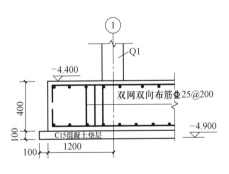

图 5-79 基础剖面图

2. 剪力墙连梁钢筋计算

【例5-26】 根据图5-78，计算各层连梁LL4钢筋的设计长度、根数，并画出钢筋简图。

【解】

第一步，识读连梁LL4标注的内容。

LL4表示4号剪力墙连梁。

LL4设置在2层时，梁顶面标高高出所在结构层楼面标高600mm。LL4截面宽300mm、高1200mm，梁上部纵筋4Φ18、下部纵筋4Φ18，箍筋Φ10，间距100mm，双肢箍。连梁侧面纵筋的配置同所在墙身Q1水平分布钢筋，图中不注，如图5-80所示。

LL4设置在屋面时，梁顶面标高与该结构层楼面标高相同。LL4截面宽300mm、高600mm，梁上部纵筋4Φ18、下部纵筋4Φ18，箍筋Φ10，间距100mm，双肢箍。连梁侧面纵筋的配置同所在墙身Q1水平分布钢筋，图中不注。

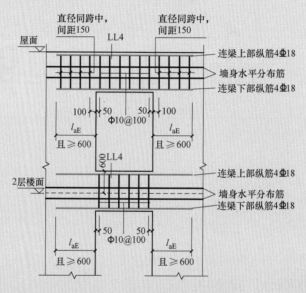

图5-80 LL4第2层及屋面层示意图

第二步，查规范数据，如：保护层厚度、抗震锚固长度l_{aE}，判断纵筋是否需要弯折，找到适合该连梁的标准构造详图。

根据已知：墙混凝土强度等级为C30，环境类别为一类环境，二级抗震，钢筋为HRB400级，查表1-9，墙的最小保护层厚度为15mm（注：墙的保护层厚度是指墙身水平分布筋外边缘至混凝土表面的距离）。查表1-13，抗震锚固长度l_{aE}=40d。

Φ18的钢筋，l_{aE}=40×18=720mm，而图中洞口两端的墙柱长均大于720mm，所以Φ18的纵筋不必弯折。其构造详图如图5-66（b）所示。

第三步，计算纵筋设计长度、根数。

（1）2层（中间层）LL4，上部、下部纵筋合计为8Φ18，编为①号，长度计算如下：

上（下）部纵筋长度 = 左锚固长度 + 洞口宽度 + 右锚固长度

$$= \max（l_{aE}, 600）+ 洞口宽度 + \max（l_{aE}, 600）$$

$$= 720 + 1500 + 720 = 2940\text{mm}$$

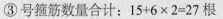

（2）屋面层（顶层）LL4 上部、下部纵筋合计为 8Φ18，其长度形状同①号钢筋。

第四步，计算箍筋的长度及数量。

（1）2 层（中间层）LL4，箍筋为 Φ10 @ 100，编为②号，长度及数量计算如下：

箍筋内皮宽 = 梁宽 $-2 \times$（保护层厚度 + 墙水平筋直径）$-2 \times$ 箍筋直径

$$= 300 - 2 \times（15 + 10）- 2 \times 10 = 230\text{mm}$$

箍筋内皮高 = 梁高 $-2 \times$ 保护层厚度 $-2 \times$ 箍筋直径

$$= 1200 - 2 \times 15 - 2 \times 10 = 1150\text{mm}$$

箍筋弯钩长度 $= \max（10d, 75）$

$$= \max（10 \times 10, 75）= 100\text{mm}$$

箍筋数量 =（洞口宽度 -50×2）/ 间距 $+1$

$$=（1500 - 50 \times 2）/100 + 1 = 15 \text{ 根}$$

（2）屋面层（顶层）LL4，洞口上方箍筋为 Φ10 @ 100，纵筋锚固长度范围内设构造箍筋 Φ10 @ 150，箍筋编为③号，其数量计算如下：

洞口上方箍筋数量 =（洞口宽度 -50×2）/ 间距 $+1$

$$=（1500 - 50 \times 2）/100 + 1 = 15 \text{ 根}$$

左（右）锚固长度范围箍筋数量 $=[\max（l_{aE}, 600）-100]/$ 间距 $+1$

$$=（720 - 100）/150 + 1 = 6 \text{ 根}$$

③号箍筋数量合计：$15 + 6 \times 2 = 27$ 根

第五步，计算拉筋的长度及数量。

当梁宽$\leq$350mm 时，拉筋直径为 6mm；拉筋间距为箍筋间距的 2 倍，竖向沿侧面水平筋隔一拉一。该梁宽为 300mm，所以拉筋直径取 6mm。箍筋间距为 100mm，所以拉筋间距为 200mm，拉筋编为④号。

（1）2 层（中间层）LL4 拉筋

拉筋内皮长度 = 梁宽 $-2 \times$ 保护层厚度

$$= 300 - 2 \times 15 = 270\text{mm}$$

拉筋弯钩长度 $= \max（10d, 75）= \max（10 \times 6, 75）= 75\text{m}$

拉筋排数 =（连梁高 $-2 \times$ 保护层厚度）/（墙水平筋间距 $\times 2$）-1

$$=（1200 - 2 \times 15）/（200 \times 2）- 1 = 2 \text{ 排}$$

每排根数 =（洞口宽 -2×50）/（箍筋间距 $\times 2$）$+1$

$$=（1500 - 2 \times 50）/（100 \times 2）+ 1 = 8 \text{ 根}$$

或每排根数 = 箍筋数量 /2 = 15/2 = 8 根

拉筋数量 = 拉筋排数 × 每排根数

=2×8=16 根

（2）屋面层（顶层）LL4 拉筋

拉筋长度形状同 2 层，数量计算如下：

拉筋排数 =（600−2×15）/（200×2）−1=1 排

每排根数 = 箍筋数量 /2=27/2=14 根

拉筋数量 = 拉筋排数 × 每排根数 =1×14=14 根

3. 剪力墙身钢筋计算

【例 5-27】　根据图 5-77 ~ 图 5-79，计算剪力墙身 Q1 的钢筋设计长度、根数，并画出钢筋排布图及钢筋简图。

【解】

第一步，识读剪力墙身 Q1 标注的内容。

1）Q1 表示 1 号剪力墙，配置双排钢筋网。

2）剪力墙的墙厚是 300mm，水平分布筋和竖向分布筋均配置直径为 10mm 的 HRB400 级钢筋，间距为 200mm；拉筋为直径 8mm 的 HPB300 级钢筋，间距为 600mm，矩形布置。

第二步，查规范数据，如：保护层厚度、抗震锚固长度 l_{aE}，找到适合该剪力墙身的标准构造详图。

根据已知：墙混凝土强度等级为 C30，环境类别为一类环境，二级抗震，钢筋为 HRB400 级，查表 1-9，墙的最小保护层厚度为 15mm（注：墙的保护层厚度是指墙身水平分布筋外边缘至混凝土表面的距离）。查表 1-13，抗震锚固长度 l_{aE}=40d。

Φ 10 的水平分布筋，l_{aE}=40×10=400mm，图 5-78 中两端的端柱宽 600mm，所以 Φ 10 的内侧水平分布筋在端柱内可直锚。其构造详图如图 5-52（b）所示，即外侧（剪力墙边与端柱边平齐的一侧）水平分布筋伸至端柱对边纵筋内侧紧贴角筋弯折 15d，内侧水平分布筋伸入端柱直锚长度 l_{aE}。

Φ 10 的竖向分布筋，l_{aE}=40×10=400mm，图 5-79 中基础高 400mm，所以 Φ 10 的竖向分布筋在基础内不满足直锚。其构造详图如图 5-37（a）中的 1a-1a 剖面所示，即竖向分布筋均伸到基础底部钢筋网上弯折 15d，基础内水平分布筋与拉筋间距 ≤ 500mm，且不少于两道。

竖向分布筋采用搭接连接，其构造详图如图 5-38（d）所示，即竖向分布筋均在基础顶面或楼板顶面搭接 1.2l_{aE}。

第三步，计算钢筋设计长度、根数。

（1）基础层钢筋

1）外侧水平分布筋为 Φ 10@200，编为①号，计算如下：

水平段长度 = 墙全长 −2×（墙柱保护层厚度 + 墙柱箍筋直径 + 墙柱纵筋直径）

=300+6000+2100+6900+300−2×（15+10+22）=15506mm

左、右弯折长度 =15d=15×10=150mm

①号水平分布筋数量 =2 根

2）内侧水平分布筋为 Φ10@200，编为②号，计算如下：

水平段长度 = 端柱之间墙长 +2×l_{aE}

　　　　　　 =6000+2100+6900-300×2+2×40×10=15200mm

②号水平分布筋数量 =2 根

3）竖向分布筋（插筋）为 Φ10@200，编为③号，计算如下：

插筋竖向长度 = 基础高度 - 保护层厚度 - 基础底部钢筋直径 +1.2l_{aE}

　　　　　　 =400-40-25×2+1.2×40×10=790mm

弯折长度 =15d=15×10=150mm

竖向分布筋数量 =[墙身净长 / 竖向分布筋间距 -1]× 排数

①轴 ~ ②轴竖向分布筋数量 =[（6000-300×2）/200-1]×2 排 =52 根

②轴 ~ ③轴竖向分布筋数量 =[（2100-300×2）/200-1]×2 排 =14 根

③轴 ~ ④轴竖向分布筋数量 =[（6900-300×2）/200-1]×2 排 =62 根

③号竖向分布筋合计：52+14+62=128 根

4）拉结筋为 Φ8@600@600 矩形布置，编为④号，计算如下：

拉结筋内皮长度 = 墙厚 -2× 保护层厚度

　　　　　　　 =300-2×15=270mm

拉结筋弯钩长度 =5d=5×8=40mm

拉结筋排数 =2 排

每排根数 =（墙身净长 -2×竖向分布筋间距）/ 拉结筋间距 +1

①轴 ~ ②轴每排根数 =（6000-300×2-2×200）/600+1=10 根

②轴 ~ ③轴每排根数 =（2100-300×2-2×200）/600+1=3 根

③轴 ~ ④轴每排根数 =（6900-300×2-2×200）/600+1=11 根

每排根数合计：10+3+11=24 根

拉结筋数量 = 排数 × 每排根数 =2×24=48 根

（2）-1 层钢筋

1）外侧水平分布筋为①号，内侧水平分布筋为②号，钢筋形状、长度同基础层。

①号水平分布筋数量 =（层高-50×2）/ 水平分布筋间距 +1

　　　　　　　　 =（4300-50×2）/200+1=22 根

②号水平分布筋数量 =22 根（同①号）

2）竖向分布筋为 Φ10@200，由于②轴 ~ ③轴上层有宽度为 1500mm 的洞口，其竖向分布筋要按顶部构造，如图 5-40（a）所示，钢筋编为⑤号，计算如下：

⑤号竖向分布筋竖向长度 = 层高 - 保护层厚度

$$=4300-15=4285mm$$

弯折长度 $=12d=12 \times 10=120mm$

⑤号竖向分布筋数量 =（1500/200-1）× 2 排 =14 根

①轴~②轴、③轴~④轴的竖向分布筋编为⑥号，计算如下：

⑥号竖向分布筋竖向长度 = 层高 $+1.2l_{aE}$

$$=4300+1.2 \times 40 \times 10=4780mm$$

①轴~②轴竖向分布筋数量 =[（6000-300×2）/200-1]×2 排 =52 根

③轴~④轴竖向分布筋数量 =[（6900-300×2）/200-1]×2 排 =62 根

⑥号竖向分布筋合计：52+62=114 根

3）拉结筋为④号，钢筋形状、长度同基础层。

拉结筋排数 =[层高 -（100+ 水平分布筋间距）]/ 拉结筋竖向间距 +1

$$=[4300-（100+200）]/600+1=8 排$$

每排根数 =28 根（同基础层）

拉结筋数量 = 排数 × 每排根数 =7×28=196 根

（3）1 层（中间层）钢筋

由于②轴~③轴有宽度为 1500mm，高度为 3300mm 的洞口，洞口两侧设有 GBZ2，洞口两侧水平分布筋在 GBZ2 的构造，按端部有暗柱构造，如图 5-46 所示，即水平分布筋伸至暗柱对边纵筋的内侧，弯直钩 10d。洞口上方连梁高度范围内的水平分布筋正常设置，兼做连梁侧面构造钢筋。

1）连梁高度 600mm 范围内的水平分布筋，外侧水平分布筋为①号，内侧水平分布筋为②号，钢筋形状、长度同基础层。

①号水平分布筋数量 =（连梁高 -50）/ 水平分布筋间距 +1

$$=（600-50）/200+1=4 根$$

②号水平分布筋数量 =4 根（同①号）

2）①轴~②轴外侧水平分布筋为 Φ10@200，编为⑦号，计算如下：

水平段长度 = 墙长 -2×（墙柱保护层厚度 + 墙柱箍筋直径 + 墙柱纵筋直径）

$$=300+6000+300-2 \times （15+10+22）=6506mm$$

左弯折长度 =15d=15 × 10=150mm

右弯折长度 =10d=10 × 10=100mm

⑦号水平分布筋数量 =（洞口高 -50）/ 水平分布筋间距

$$=（3300-50）/200=17 根$$

①轴~②轴内侧水平分布筋为 Φ10@200，编为⑧号，计算如下：

水平段长度 = 墙长 +l_{aE}-（墙柱保护层厚度 + 墙柱箍筋直径 + 墙柱纵筋直径）

$$=6000+40 \times 10-（15+10+22）=6353mm$$

右弯折长度 =$10d$=10×10=100mm

⑧号水平分布筋数量 =17 根（同⑦号）

3）③轴～④轴外侧水平分布筋为 $\Phi 10@200$，编为⑨号，计算如下：

水平段长度 = 墙长 -2×（墙柱保护层厚度 + 墙柱箍筋直径 + 墙柱纵筋直径）

$$=300+6900+300-2 \times（15+10+22）=7406mm$$

右弯折长度 =$15d$=15×10=150mm

左弯折长度 =$10d$=10×10=100mm

⑨号水平分布筋数量 =17 根（同⑦号）

③轴～④轴内侧水平分布筋为 $\Phi 10@200$，编为⑩号，计算如下：

水平段长度 = 墙长 +l_{aE}-（墙柱保护层厚度 + 墙柱箍筋直径 + 墙柱纵筋直径）

$$=6900+40 \times 10-（15+10+22）=7253mm$$

左弯折长度 =$10d$=10×10=100mm

⑩号水平分布筋数量 =17 根（同⑦号）

4）①轴～②轴、③轴～④轴的竖向分布筋，编为⑪号，计算如下：

⑪号竖向分布筋竖向长度 = 层高 +$1.2l_{aE}$

$$=3900+1.2 \times 40 \times 10=4380mm$$

⑪号竖向分布筋数量 =114 根（同⑥号）

5）拉结筋为④号，钢筋形状、长度同基础层。

拉结筋排数 =[层高-（50+ 水平分布筋间距）×2]/ 拉结筋竖向间距 +1

$$=[3900-（50+200）\times 2]/600+1=7 排$$

每排根数 =（墙身净长 -2× 竖向分布筋间距）/ 拉结筋间距 +1

①轴～②轴每排根数 =（6000-300×2-2×200）/600+1=10 根

③轴～④轴每排根数 =（6900-300×2-2×200）/600+1=11 根

每排根数合计：10+11=21 根

拉结筋数量 = 排数 × 每排根数 =7×21=147 根

（4）2 层（顶层）钢筋

由于②轴～③轴有宽度为 1500mm，高度为 2700mm 的洞口，洞口下方、上方连梁高度范围内的水平分布筋正常设置，兼做连梁侧面构造钢筋。

1）洞口下方连梁高度 600mm 范围内、洞口上方连梁高度 600mm 范围内的水平分布筋，外侧水平分布筋为①号，内侧水平分布筋为②号，钢筋形状、长度同基础层。

①号水平分布筋数量 =[（连梁高-50）/ 水平分布筋间距 +1]×2

$=[(600-50)/200+1]\times 2=8$ 根

②号水平分布筋数量 =8 根（同①号）

2）①轴～②轴外侧水平分布筋为⑦号，钢筋形状、长度同 1 层。

⑦号水平分布筋数量 = 洞口高 / 水平分布筋间距 −1

$$=2700/200-1=13$$ 根

①轴～②轴内侧水平分布筋为⑧号，钢筋形状、长度同 1 层。

⑧号水平分布筋数量 =13 根（同⑦号）

3）③轴～④轴外侧水平分布筋为⑨号，钢筋形状、长度同 1 层。

⑨号水平分布筋数量 =13 根（同⑦号）

4）①轴～②轴、③轴～④轴的竖向分布筋，编为⑫号，计算如下：

⑫号竖向分布筋竖向长度 = 层高 − 保护层厚度

$$=3900-15=3885mm$$

弯折长度 $=12d=12\times 10=120mm$

⑫号竖向分布筋数量 =114 根（同⑥号）

5）拉结筋为④号，钢筋形状、长度同基础层。

拉结筋数量 =147 根（同 1 层）

第四步，画出钢筋排布图及钢筋简图。

剪力墙钢筋排布图及钢筋简图如图 5-81、图 5-82 所示。

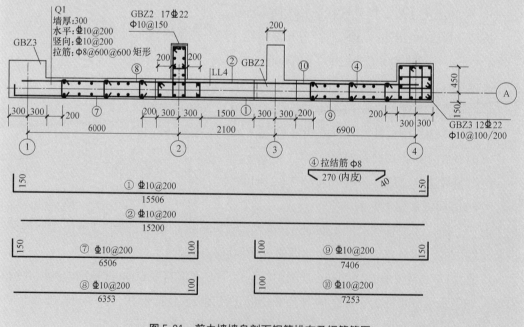

图 5-81　剪力墙墙身剖面钢筋排布及钢筋简图

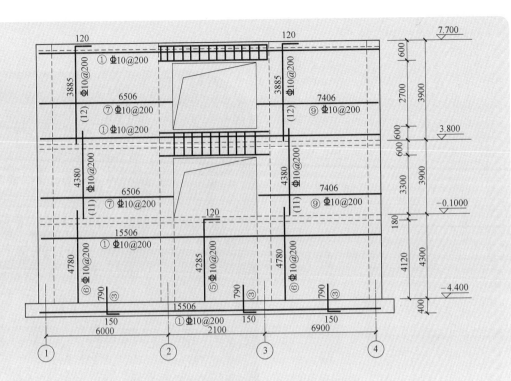

图 5-82　剪力墙墙身钢筋立面排布及钢筋简图

6.1 基础基本知识
6.2 独立基础识图与钢筋计算
6.3 梁板式筏形基础识图与钢筋计算

引古喻今——深扎基础

老子的《道德经》中有云："合抱之木，生于毫末；九层之台，起于累土；千里之行，始于足下。"意思是合抱的大树，生长于细小的萌芽；九层的高台，筑起于每一堆泥土；千里的远行，是从脚下第一步开始走出来的。这告诉我们大的东西都是从细小的东西发展而来的，无论做什么事情，都必须有坚强的毅力，脚踏实地，从小事做起，才能成就大事业。

基础是建筑底部与地基（土壤）接触的重要承重构件，房屋建筑的上部荷载需通过基础传递给地基，因此，确保基础稳固和可靠尤为重要。基础不良的好建筑是没有的，正所谓万丈高楼从基础做起。同样，扎扎实实地打好知识基础，练好基本功，是做好学问和事业成功的秘诀。反之，基础打不牢，学问攀不高。

基础建于地基之上埋于土中，工程竣工后，基础就隐蔽不为人见了，但却一直在默默地承担着高楼大厦的荷载、守护着高楼大厦的安全。这正像很多建设者在平凡的岗位上默默工作、潜心学习、刻苦钻研、开拓创新、热爱建设，在细节中精益求精，在工作中坚守初心、甘于奉献，以一流的技术、一流的素质诠释了新时代的工匠精神，在平凡的岗位上绽放光彩，书写着建设者伟大的故事。

按照国家建筑标准设计图集《混凝土结构施工图平面整体表示方法制图规则和构造详图（独立基础、条形基础、筏形基础、桩基础）》22G101-3 有关基础的知识对附录中"南宁市 ×× 综合楼工程的基础平法施工图"进行识读，使学生能正确识读基础平法施工图，正确理解设计意图；掌握基础的钢筋构造要求，能正确计算基础构件中的各类钢筋设计长度及数量，为进一步计算钢筋工程量、编写钢筋下料单打下基础，同时为能胜任施工现场基础钢筋绑扎安装质量检查的工作打下基础。

✍ 学习目标

❶ 了解基础基本知识。

❷ 熟悉独立基础、梁板式筏形基础平法施工图的制图规则，能正确识读基础平法施工图。

❸ 掌握独立基础、梁板式筏形基础中基础主梁、基础次梁、基础平板的钢筋构造要求。

❹ 掌握独立基础、梁板式筏形基础中基础主梁、基础次梁、基础平板的钢筋计算方法。

▦ 任务分组

学生任务分配表

表 6-1

班级		组号		指导老师	
组长		学号			
组员	姓名	学号	姓名	学号	姓名	学号
任务分工						

1. 基础基本知识

引导问题 1：现浇混凝土基础常用的五种类型有：＿＿＿＿＿＿＿、＿＿＿＿＿＿、＿＿＿＿＿＿＿、＿＿＿＿＿＿＿、＿＿＿＿＿＿＿。

引导问题 2：独立基础分为哪几类？＿＿＿＿＿＿＿＿＿＿、＿＿＿＿＿＿＿＿＿＿、＿＿＿＿＿＿＿＿＿＿。

引导问题 3：筏形基础包括哪两种类型？＿＿＿＿＿＿＿＿＿＿、＿＿＿＿＿＿＿＿＿＿。

引导问题 4：梁板式筏形基础的组成有：＿＿＿＿＿＿、＿＿＿＿＿＿、＿＿＿＿＿＿、＿＿＿＿＿＿。

引导问题 5：基础主梁是框架柱（或剪力墙）的支座，基础主梁是基础次梁的支座，＿＿＿＿＿＿和＿＿＿＿＿＿是基础平板的支座，基础主梁的箍筋必须连续通过＿＿＿＿＿＿。

引导问题 6：基础梁包含的钢筋种类有：＿＿＿＿＿＿＿＿、＿＿＿＿＿＿＿、＿＿＿＿＿＿＿、＿＿＿＿＿＿、＿＿＿＿＿＿、＿＿＿＿＿＿。

引导问题 7：基础平板 LPB 的钢筋种类有：＿＿＿＿＿＿＿＿＿、＿＿＿＿＿＿＿、＿＿＿＿＿＿＿、＿＿＿＿＿＿。

2. 独立基础平法施工图制图规则

引导问题 8：独立基础平法施工图表达方式分为＿＿＿＿＿注写方式和＿＿＿＿＿注写方式。

引导问题 9：独立基础的平面注写方式分为＿＿＿＿＿＿＿＿＿和＿＿＿＿＿＿＿＿＿。

引导问题 10：普通独立基础和杯口独立基础的集中标注是哪几项内容？＿＿＿＿＿＿、＿＿＿＿＿＿、＿＿＿＿＿＿。

引导问题 11：DJj05、DJz03 分别表示＿＿＿＿＿＿＿＿＿＿＿、＿＿＿＿＿＿＿＿＿＿。

引导问题 12：DJj09 400/400/300 表示＿＿＿＿＿＿＿＿＿＿＿＿＿＿＿。

引导问题 13：B：X Φ 16@150 表示＿＿＿＿＿＿＿＿＿＿＿＿＿，Y Φ 16@200 表示＿＿＿＿＿＿＿＿＿＿＿＿＿。

引导问题 14：T:9 Φ 18@100/ Φ 10@200 表示＿＿＿＿＿＿＿＿＿＿＿＿。

引导问题 15：识读附录—结施 2 中 DJj1 和 DJj2 独立基础的集中标注 "-1.500" 表示＿＿＿＿＿＿＿＿＿＿＿＿＿＿＿＿＿＿。

引导问题 16：双柱独立基础或者四柱独立基础设置的基础梁集中标注的内容有：JL01（1B）600×900 表示＿＿＿＿＿＿＿＿＿＿＿＿＿＿＿＿＿＿＿＿＿；Φ 10@100（4）表示＿＿＿＿＿＿＿＿＿＿＿＿＿＿＿＿＿＿＿＿＿＿＿＿＿＿＿；B：4 Φ 25；T：4 Φ 20 表示＿＿＿＿＿＿＿＿＿＿＿＿＿＿＿＿＿＿＿＿＿＿＿＿＿＿＿＿＿＿＿；G6 Φ 16 表示＿＿＿＿＿＿＿＿＿＿＿＿＿＿＿＿＿＿＿＿＿＿＿。

引导问题 17：当四柱独立基础已设置两道平行的基础梁时，根据内力需要可在双梁之间及梁的长度范围内配置基础底板顶部钢筋，T：Φ 16@120/ Φ 10@200 表示＿＿＿＿＿＿＿＿＿＿＿＿＿＿＿＿＿＿＿＿＿＿＿＿＿＿＿＿＿。

3. 梁板式筏形基础平法施工图制图规则

引导问题 18：基础梁底面与基础平板底面的标高高差位置关系有哪三种?
_____、_____、_____。

引导问题 19：识读附录—结施 2 "基础平法施工图" 中梁板式筏形基础主梁集中标注的信息，完成识图报告。

JL7（3） 500×1600

8ϕ12@100/ϕ12@200（6）

B6ϕ25；T8ϕ25

G8ϕ18

_____

_____

_____

_____

引导问题 20：识读附录—结施 2 "基础平法施工图" 中梁板式筏形基础次梁集中标注的信息，完成识图报告。

JCL1（2B） 500×1000

8ϕ12@100/ϕ12@200（6）

B6ϕ25；T8ϕ25

G8ϕ18

_____

_____

_____

_____

引导问题 21：识读附录—结施 2 "基础平法施工图" 中梁板筏基础平板集中标注的信息，完成识图报告。

LPB1 h=600

X：Bϕ20@300；Tϕ20@300（5B）

Y：Bϕ18@300；Tϕ18@300（2B）

板底标高：-6.070

_____

_____

_____

_____

4. 梁板式筏形基础钢筋构造

引导问题 22：梁板式筏形基础某柱下区域梁柱关系如图 6-1 所示，已知 JL1 截面为 800×1200，JL2 截面为 600×1000。在柱下区域，箍筋该如何布置? （请用文字说明）

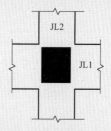

图 6-1　基础平面图

引导问题 23：筏形基础底板加设中层钢筋网，目的是 _____。

引导问题 24：梁板式筏形基础平板底部附加非贯通纵筋与贯通纵筋直径相同，采用"隔一布一"方式，其特点是_____。

引导问题 25：梁板式筏形基础的基础梁，什么情况下需设置梁侧纵向构造钢筋？梁侧纵向构造钢筋的设置要求有（请用文字说明）：_____
_____。

引导问题 25：某梁板式筏形基础梁在主次梁相交处，在交叉区域内箍筋布置原则是：主梁_____，次梁_____。

引导问题 27：筏形基础平板外伸部位的边缘侧面是否一定需要设置封边钢筋？_____
_____，如果要设置附加 U 形封边钢筋，请简述设置要点：
_____。

引导问题 28：请绘制梁板筏基础主梁和基础次梁相交处、主梁内设置附加箍筋的形状。

5. 基础钢筋计算

引导问题 29：梁板式筏形基础底板在基础梁下的底部非贯通纵筋，如图 6-2 所示，自梁中线起到截断点的距离 l_1、l_2 为（需要列计算过程）_____。

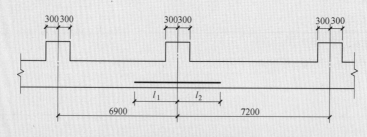

图 6-2　基础剖面图

引导问题 30：某梁板式筏形基础为低板位，混凝土强度等级为 C30，混凝土保护层厚度为 40mm，基础次梁 JCL1 的平面注写如图 6-3 所示，设计考虑充分利用钢筋的抗拉强度。已知：JL2 截面为 900mm×1600mm，纵筋直径为 Φ25，箍筋直径为 Φ10，轴线居梁中。请根据已知条件绘制该基础次梁的纵剖图和钢筋分离图，需标注清楚钢筋编号、数

量、直径或长度。（注：箍筋、拉筋的数量往上一位取整）

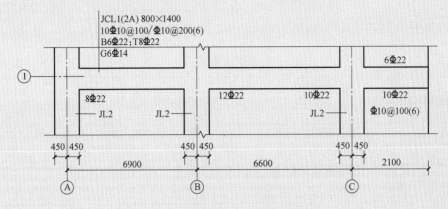

JCL1(2A) 800×1400
10Φ10@100/Φ10@200(6)
B6Φ22；T8Φ22
G6Φ14

6Φ22

8Φ22
JL2   JL2

12Φ22   10Φ22
JL2

10Φ22
Φ10@100(6)

450 450   450 450   450 450
6900   6600   2100
Ⓐ   Ⓑ   Ⓒ

图 6-3　基础次梁 JCL1 平法施工图

引导问题 31：识读附录一结施 2 "基础平法施工图"，绘制基础主梁 JL4 纵剖面图和钢筋分离图。需标注清楚钢筋编号、数量、直径或长度。（注：箍筋、拉筋的数量往上一位取整）

引导问题 32：识读附录一结施 2 "基础平法施工图"，绘制独立基础 DJj2 钢筋分离图。需标注清楚钢筋编号、数量、直径或长度。（注：箍筋、拉筋的数量往上一位取整）

1.学生进行自我评价，并将结果填入表 6-2 中。

学生自评表

表 6-2

班级：　　　　　　　　姓名：　　　　　　　　　　学号：

学习情境6	基础识图与钢筋计算		
评价项目	评价标准	分值	得分
基础基本知识	理解基础的分类、基础的受力特点，熟悉独立基础、梁板式筏形基础的钢筋种类，掌握基础梁上部、下部贯通纵筋的连接位置	5	
独立基础平法施工图制图规则	能正确识读普通独立基础标注的信息	5	
独立基础钢筋构造	能准确理解独立基础底板配筋构造要求	5	
梁板式筏形基础平法施工图制图规则	能正确识读基础主梁、基础次梁、基础平板标注的信息	15	
梁板式筏形基础钢筋构造	能准确理解基础主梁、基础次梁、基础平板的钢筋构造要求	20	
基础钢筋计算	能正确计算普通独立基础、梁板式筏形基础中各类钢筋的设计长度及根数	20	
工作态度	态度端正，无无故缺勤、迟到、早退现象	10	
工作质量	能按计划完成工作任务	5	
协调能力	与小组成员之间能合作交流、协调工作	5	
职业素质	能做到保护环境，爱护公共设施	5	
创新意识	通过阅读附录中"南宁市××综合楼图纸"，能更好地理解有关基础的图纸内容，并写出基础图纸的会审记录	5	
合计		100	

2.学生以小组为单位进行互评，并将结果填入表 6-3 中。

学生互评表

表 6-3

班级：　　　　　　　　　　　　　　　　小组：

学习情境6		基础识图与钢筋计算					
评价项目	分值	评价对象得分					
基础基本知识	5						
独立基础平法施工图制图规则	5						
独立基础钢筋构造	5						
梁板式筏形基础平法施工图制图规则	15						
梁板式筏形基础钢筋构造	20						
基础钢筋计算	20						
工作态度	10						
工作质量	5						
协调能力	5						
职业素质	5						
创新意识	5						
合计	100						

3. 教师对学生工作过程与结果进行评价，并将结果填入表 6-4 中。

教师综合评价表 表 6-4

班级： 姓名： 学号：

学习情境 6	基础识图与钢筋计算			
评价项目	评价标准		分值	得分
基础基本知识	理解基础的分类、基础的受力特点，熟悉独立基础、梁板式筏形基础的钢筋种类，掌握基础梁上部、下部贯通纵筋的连接位置		5	
独立基础平法施工图制图规则	能正确识读普通独立基础标注的信息		5	
独立基础钢筋构造	能准确理解独立基础底板配筋构造要求		5	
梁板式筏形基础平法施工图制图规则	能正确识读基础主梁、基础次梁、基础平板标注的信息		15	
梁板式筏形基础钢筋构造	能准确理解基础主梁、基础次梁、基础平板的钢筋构造要求		20	
基础钢筋计算	能正确计算普通独立基础、梁板式筏形基础中各类钢筋的设计长度及根数		20	
工作态度	态度端正，无无故缺勤、迟到、早退现象		10	
工作质量	能按计划完成工作任务		5	
协调能力	与小组成员之间能合作交流，协调工作		5	
职业素质	能做到保护环境，爱护公共设施		5	
创新意识	通过阅读附录中"南宁市××综合楼图纸"，能更好地理解有关基础的图纸内容，并写出基础图纸的会审记录		5	
合计			100	
综合评价	自评（20%）	小组互评（30%）	教师评价（50%）	综合得分

6.1 基础基本知识

6.1.1 基础类型

图集《22G101-3》中介绍了现浇混凝土基础常用的五种类型：独立基础（包括普通独立基础、杯口独立基础）、条形基础、梁板式筏形基础、平板式筏形基础、桩基础，如图 6-4 所示。考虑到本书篇幅有限和各类基础之间知识点的互通性，本书只详细介绍常用的普通独立基础、梁板式筏形基础两种类型。

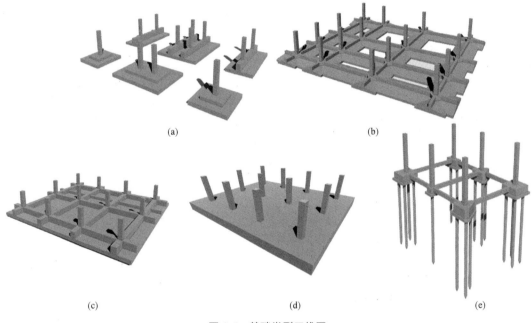

图 6-4 基础类型三维图

（a）普通独立基础；（b）条形基础；（c）梁板式筏形基础；（d）平板式筏形基础；（e）桩基础

6.1.2 独立基础的基本知识

1. 独立基础的分类

当建筑物上部结构采用框架结构或单层排架结构承重时，基础常采用独立基础，也称单独基础。独立基础分四种：阶形普通独立基础、锥形普通独立基础、阶形杯口独立基础、锥形杯口独立基础。如图 6-5 所示。

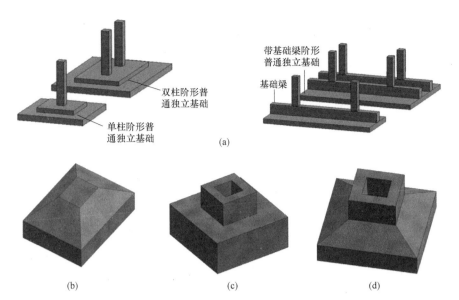

图 6-5　独立基础分类三维图

（a）阶形普通独立基础；（b）锥形普通独立基础；（c）阶形杯口独立基础；（d）锥形杯口独立基础

2. 独立基础的受力特点

独立基础承担上部结构传至框架柱底的内力引起的地基反力，独立基础像倒过来的楼盖。由于独立基础自身的混凝土厚度足以抵抗地基反力产生的剪力，通常只考虑地基反力产生的弯矩对基础的影响。基础的受力图如图 6-6 所示，从基础的弯矩图可知，独立基础在柱下区域弯矩较大，距离柱下越远弯矩越小；由于双柱普通独立基础还会在柱之间的上部中心位置出现较大弯矩，所以双柱普通独立基础除了要在基础底部配筋，通常还要在两柱之间的基础顶部配筋，如图 6-8 所示。

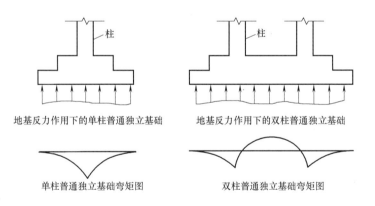

图 6-6　独立基础受力图

3. 独立基础的钢筋骨架

单柱独立基础，通常仅双向配置基础底部钢筋，如图 6-7 所示。当为双柱独立基础且柱距较小时，通常仅配置基础底部钢筋。当柱距较大时，除基础底部配筋外，尚需在两柱之间配置顶部钢筋或设置基础梁，如图 6-8 所示。

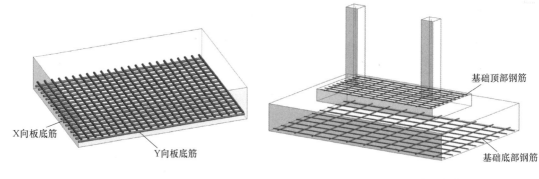

| 图 6-7 单柱独立基础底部配筋 | 图 6-8 双柱独立基础配筋 |

6.1.3 筏形基础基本知识

筏形基础亦称为筏板基础或片筏基础。当建筑物上部荷载较大而持力层地基承载力较低，压缩性大时，用简单的独立基础或条形基础已不能满足地基变形要求，此时常将墙或柱下基础连成一片，使整个建筑物的荷载承受在一块整板上，这种满堂式的板式基础称为筏形基础。常见的筏形基础包括两种类型：梁板式筏形基础和平板式筏形基础。本教材重点介绍梁板式筏形基础的平法识图与钢筋计算。

1. 梁板式筏形基础的组成

梁板式筏形基础由三类构件组成，分别为：基础主梁、基础次梁、梁板筏形基础平板，如图 6-9 所示。

图 6-9 梁板式筏形基础的组成

2. 基础梁的受力特点

筏形基础承受向上的地基反力和柱向下的集中力作用，其受力类似倒过来的楼盖。筏形基础主梁受力图如图 6-10 所示，从基础主梁的弯矩图可知，筏形基础主梁在跨中负弯矩较大，在柱下正弯矩较大。所以，基础主梁顶部贯通纵筋连接区在柱两侧 1/4 净跨及柱范围内，底部贯通纵筋连接区在跨中 1/3 净跨范围内。特别要注意：筏形基础构件的受力筋位置与楼盖构件受力筋的位置是相反的。从基础主梁的剪力图可知，在柱下剪力较大，在跨中剪力较小。所以，在柱下及梁端配置的箍筋通常是加密的，而在跨中配置的箍筋通常是非加密的。

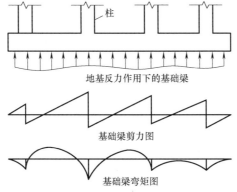

图 6-10 筏形基础主梁受力图

3. 梁板式筏形基础的钢筋种类

（1）基础梁包含的钢筋种类如图 6-11 所示。

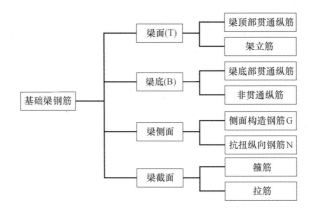

图 6-11 基础梁钢筋种类

（2）基础梁的钢筋三维示意图如图 6-12 所示。

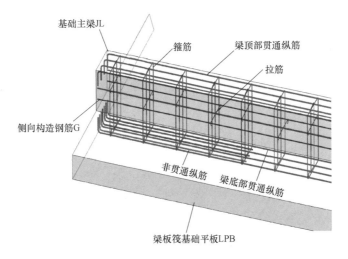

图 6-12 基础梁的钢筋三维示意

（3）基础平板 LPB 的钢筋种类如图 6-13 所示。

图 6-13　基础平板 LPB 钢筋种类

（4）基础平板 LPB 的钢筋三维示意图如图 6-14 所示。

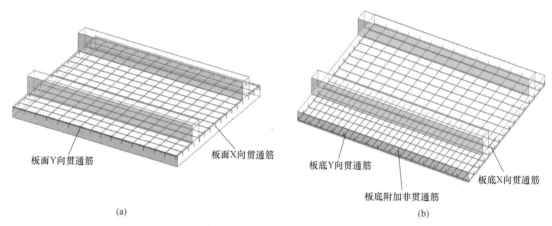

（a）

（b）

图 6-14　基础平板钢筋三维示意
（a）基础平板顶部钢筋三维图；（b）基础平板底部钢筋三维图

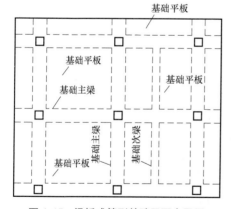

图 6-15　梁板式筏形基础平面布置图

4. 梁板式筏形基础的支座

基础主梁（柱下）是框架柱（或剪力墙）的支座，基础主梁还是基础次梁的支座，基础主梁和基础次梁都是梁板筏基础平板的支座，各构件平面布置图如图 6-15 所示。框架柱或者剪力墙的纵筋要伸入基础主梁内有足够的锚固长度，而作为支座的基础主梁其箍筋必须连续通过柱下区域节点。基础主梁同时也是基础次梁、梁板筏基础平板的支座，所以基础次梁的纵筋要伸入基础主梁内有足够的锚固长度，而作为支座的基础主梁其箍筋必须连续通过与基础次梁相交处节点，并且还会在节点处的基础主梁内设置附加箍筋或者吊筋来控制基础次梁对基础主梁造成的斜裂缝。

6.2.1　独立基础平法施工图制图规则

1. 独立基础平法施工图的表示方法

6-2
独立基础的
识读

（1）独立基础平法施工图，有平面注写、截面注写、列表注写三种表达方式。平面注写方式在实际工程中应用较广，本教材重点介绍平面注写方式。

（2）独立基础的平面注写方式主要是在独立基础平面布置图上表示基础尺寸信息及配筋信息的一种绘图方法。独立基础平面布置图一般将独立基础平面与基础所支承的柱一起绘制。当设置基础联系梁时，可根据图面的疏密情况，将基础联系梁与基础平面布置图一起绘制，或将基础联系梁布置图单独绘制。

（3）在独立基础平面布置图上应标注基础定位尺寸；当独立基础的柱中心线或杯口中心线与建筑轴线不重合时，应标注其定位尺寸。编号相同且定位尺寸相同的基础，可仅选择一个进行标注。

2. 独立基础的平面注写方式

独立基础的平面注写方式分为集中标注和原位标注两部分内容。

（1）集中标注

普通独立基础和杯口独立基础的集中标注，是在基础平面图上集中引注：基础编号、截面竖向尺寸、配筋三项必注内容，以及基础底面标高（与基础底面基准标高不同时）和必要的文字注解两项选注内容。如图 6-16 所示。

1）注写独立基础编号（必注内容）

独立基础编号见表 6-5。阶形普通独立基础、锥形普通独立基础、阶形杯口独立基础、锥形杯口独立基础，其类型代号分别为 DJj、DJz、BJj、BJz，其中阶形截面编号加小写字母"j"、锥形截面编号加小写字母"z"。基础类型后面的数字代表该基础的序号。

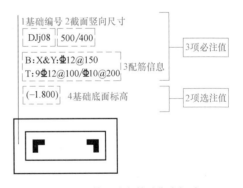

图 6-16　普通独立基础集中标注

独立基础编号　　　　　　　　　　　　　表 6-5

类型	基础底板截面形状	代号	序号
普通独立基础	阶形	DJj	××
	锥形	DJz	××
杯口独立基础	阶形	BJj	××
	锥形	BJz	××

【例6-1】图6-16中DJj08表示第8号阶形普通独立基础。

2）注写独立基础截面竖向尺寸（必注内容）

普通独立基础。注写 $h_1/h_2/h_3\cdots$，具体标注为：

① 当基础为阶形截面时，如图6-17所示。

【例6-2】阶形截面普通独立基础DJj09的竖向尺寸注写为"400/300/300"，表示独立基础各阶的高度自下而上为 h_1=400mm、h_2=300mm、h_3=300mm，基础底板总高度为1000mm。

上例及图6-17所示为三阶，当为更多阶时，各阶尺寸自下而上用"/"分隔顺写。当基础为单阶时，其竖向尺寸仅为一个，即为基础总高度，如图6-18所示。

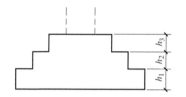

图6-17　阶形截面普通独立基础竖向尺寸

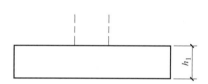

图6-18　单阶普通独立基础竖向尺寸

② 当基础为锥形截面时，注写为 h_1/h_2，如图6-19所示。

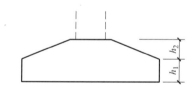

图6-19　锥形截面普通独立基础竖向尺寸

【例6-3】锥形截面普通独立基础DJz06的竖向尺寸注写为"350/300"，表示 h_1=350mm、h_2=300mm，基础底板总高度为650mm。

3）注写独立基础配筋（必注内容）

① 注写单柱独立基础底板配筋。普通独立基础和杯口独立基础的底部双向配筋注写规定如下：以B代表各种独立基础底板的底部配筋。

X向配筋以X打头、Y向配筋以Y打头注写；当两向配筋相同时，则以X&Y打头注写。

【例6-4】独立基础底板配筋标注为"B:XΦ16@150，YΦ16@200"；表示基础底板底部配置HRB400级钢筋，X向钢筋直径为16mm，间距150mm；Y向钢筋直径为16mm，间距200mm，如图6-20所示。

【例 6-5】如图 6-16 所示，独立基础底板配筋标注为 "B: X&Y: ⊈12@150"；表示基础底板底部配置 HRB400 级钢筋，X 向钢筋直径为 12mm，间距 150mm；Y 向钢筋直径为 12mm，间距 150mm。

② 注写双柱独立基础底板顶部配筋。当独立基础为双柱独立基础且柱距较大时，除基础底板底部配筋外，尚需在两柱间配置基础顶部钢筋，顶部钢筋通常对称分布在双柱中心线两侧，以大写字母 "T" 打头，注写为：双柱间纵向受力钢筋 / 分布钢筋。当纵向受力钢筋在基础底板顶面非满布时，应注明其总根数。

【例 6-6】如图 6-21 所示，双柱独立基础底板顶部配筋标注为 T:9 ⊈ 18@100/Φ10@200，表示双柱独立基础顶部配置纵向受力钢筋为 HRB400 级，直径 18mm 设置 9 根，间距 100mm；分布筋为 HPB300 级，直径 10mm，间距 200mm。

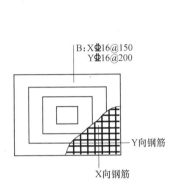

图 6-20　独立基础底板底部双向配筋示意

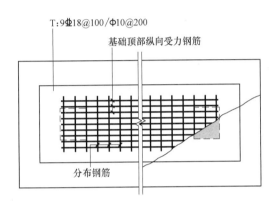

图 6-21　双柱独立基础底板顶部配筋示意

③ 注写双柱独立基础的基础梁配筋。当双柱独立基础为基础底板与基础梁相结合时，注写基础梁的编号、几何尺寸和配筋。如 JL×× (1) 表示该基础梁为 1 跨，两端无外伸；JL×× (1A) 表示该基础梁为 1 跨，一端有外伸；JL×× (1B) 表示该基础梁为 1 跨，两端均有外伸。通常情况下，双柱独立基础宜采用端部有外伸的基础梁，基础底板则采用受力明确、构造简单的单向受力配筋与分布筋，基础梁宽度宜比柱截面宽出不小于 100mm（每边不小于 50mm）。如图 6-22 所示。

④ 注写配置两道基础梁的四柱独立基础底板顶部配筋。当四柱独立基础已设置两道平行的基础梁时，根据内力需要可在双梁之间及梁的长度范围内配置基础顶部钢筋，注写为：梁间受力钢筋 / 分布钢筋。

【例 6-7】如图 6-23 所示，四柱独立基础底板顶部配筋标注为 "T: ⊈ 16@120/Φ10@200"，表示在四柱独立基础顶部两道基础梁之间配置受力钢筋为 HRB400 级，直径为 16mm，间距 120mm；分布筋为 HPB300 级，直径为 10mm，分布间距 200mm。

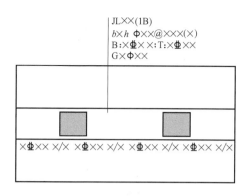

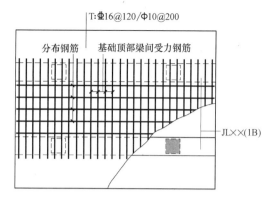

图 6-22　双柱独立基础的基础梁配筋注写示意　　　图 6-23　四柱独立基础顶部基础梁间配筋注写示意

4）注写基础底面标高（选注内容）

当独立基础的底面标高与基础底面基准标高不同时，应将独立基础底面标高直接注写在"（　　）"内。

【例6-8】如图6-16所示，标注"（-1.800）"，表示阶形普通独立基础DJj08的基础底面标高为-1.800m，与基础底面基准标高-2.400m不同，此时需要在集中标注注明（-1.800）。

5）必要的文字注解（选注内容）。当独立基础的设计有特殊要求时，宜增加必要的文字注解。例如，基础底板配筋长度是否采用减短方式等，可在该项内注明。

（2）原位标注

普通独立基础的原位标注，是在基础平面布置图上标注独立基础的平面尺寸，对相同编号的基础，可选择一个进行原位标注，当平面图形较小时，可将所选定进行原位标注的基础按比例适当放大，其他相同编号者仅注编号。

普通独立基础原位标注的具体内容规定如下：

原位标注 x、y，x_c、y_c（或圆柱直径 d_c），x_i、y_i，$i=1$，2，3…。其中，x，y 为普通独立基础两向边长，x_c、y_c 为柱截面尺寸，x_i、y_i 为阶宽或坡形平面尺寸（当设置短柱时，尚应标注短柱的截面尺寸）。

对称阶形截面普通独立基础的原位标注，如图6-24所示；对称锥形截面普通独立基础的原位标注，如图6-25所示。

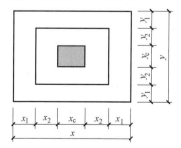

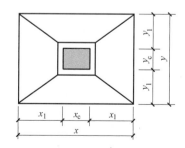

图 6-24　对称阶形截面普通独立基础原位标注　　　图 6-25　对称锥形截面普通独立基础原位标注

3.独立基础平法施工图平面注写方式识读案例

【例6-9】识读图6-26中③轴交 Ⓓ 轴的DJj01标注的内容。

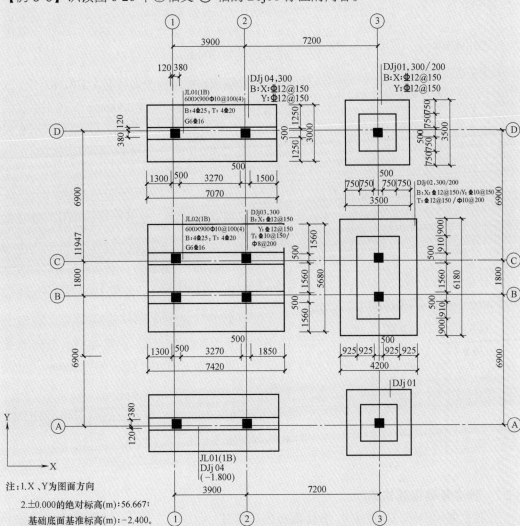

图 6-26　独立基础平法施工图平面注写方式示例

【解析】

DJj01,300/200
B：X：⌀12@150
　　Y：⌀12@150

　　1号阶形普通独立基础，基础为二阶，基础各阶的高度自下而上为 h_1=300mm、h_2=200mm，基础底板总高度为500mm。

　　独立基础底板配置受力钢筋为 HRB400 级，X 向钢筋直径为 12mm，间距 150mm；Y 向钢筋直径为 12mm，间距 150mm。基础底面标高与基础底面基准标高 -2.400m 相同，不需要集中标注注明。

【例 6-10】识读图 6-26 中①~②轴交⑩轴的 DJj04 及 JL01 标注的内容。

【解析】该基础为基础底板与基础梁相结合的双柱独立基础，其中基础底板标注的内容解析如下：

DJj04,300
B：X：Φ12@150
　　Y：Φ12@150

4 号阶形普通独立基础，基础为一阶，基础底板高度为 300mm。

独立基础底板配置受力钢筋为 HRB400 级，X 向钢筋直径为 12mm，间距 150mm；Y 向钢筋直径为 12mm，间距 150mm。基础底面标高与基础底面基准标高 -2.400m 相同，不需要集中标注注明。

基础梁标注的内容解析如下：

双柱独立基础第 1 号基础梁，1 跨，两端有外伸。

JL01（1B）
600×900　Φ10@100（4）
B:4Φ25；T:4Φ20
G6Φ16

基础梁截面宽 600mm，高 900mm；箍筋为 HPB300 级，直径 10mm，间距 100mm，四肢箍。

双柱独立基础梁底部配置纵向受力钢筋为 HRB400 级，直径 25mm，设置 4 根；顶部配置纵向受力钢筋为 HRB400 级，直径 20mm，设置 4 根。

梁的两个侧面共配置 6Φ16 的纵向构造钢筋，每侧各配置 3Φ16。

6.2.2　独立基础钢筋构造

1. 独立基础 DJj、DJz、BJj、BJz 底板配筋构造

（1）独立基础 DJj、DJz、BJj、BJz 底板配筋标准构造详图（图 6-27）

（2）独立基础 DJj、DJz、BJj、BJz 底板配筋构造要点

1）独立基础底板配筋构造适用于普通独立基础和杯口独立基础。

2）单柱独立基础，通常仅配置基础底板双向钢筋，施工时，基础底板双向交叉钢筋长向设置在下，短向设置在上。

6-3
独立基础钢筋
构造要求

3）第一根板底钢筋距基础边缘的距离取 75mm 与 $s/2$ 两者之间的较小值，s 为板底筋间距。例如：独立基础集中标注配筋项注写为 B:X：Φ18@200；Y：Φ18@100。对于 X 向板底筋，其第一根钢筋距离基础边缘为 75mm（s=200mm，$s/2$=100mm，75＜100，故取 75mm）。对于 Y 向板底筋，其第一根钢筋距离基础边缘为 50mm（s=100mm，$s/2$=50mm，50＜75,故取 50mm）。

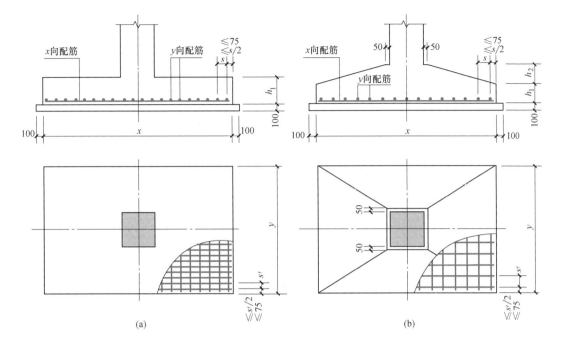

图 6-27　独立基础 DJj 底板配筋构造

（a）阶形；（b）锥形

4）独立基础钢筋长度 = 基础长度 −2× 保护层。

2. 独立基础底板配筋长度减短 10% 的构造

（1）独立基础底板配筋长度减短 10% 的标准构造详图（图 6-28）

（2）独立基础底板配筋长度减短 10% 的构造要点

1）当独立基础底板长度≥2500mm 时，除外侧钢筋外，底板配筋长度可取相应方向底板长度的 0.9 倍，交错放置，如图 6-28（a）所示。

2）当非对称独立基础底板长度≥2500mm，但该基础某侧从柱中心至基础底板边缘的距离 <1250mm 时，钢筋在该侧不应减短，如图 6-28（b）所示。

3. 双柱普通独立基础底部与顶部配筋构造

（1）双柱普通独立基础底部与顶部配筋的标准构造详图（图 6-29）

（2）双柱普通独立基础底部与顶部配筋构造要点

1）双柱普通独立基础底板的截面形状，可为阶形截面 DJj 或锥形截面 DJz。

2）双柱普通独立基础底部双向交叉钢筋，根据基础两个方向从柱外缘至基础外缘的伸出长度 ex 和 ey 的大小，较大者方向的钢筋设置在下，较小者方向的钢筋设置在上。

3）第一根板底钢筋距基础边缘的距离取 75mm 与 $s/2$ 两者之间的较小值，s 为板底筋间距。

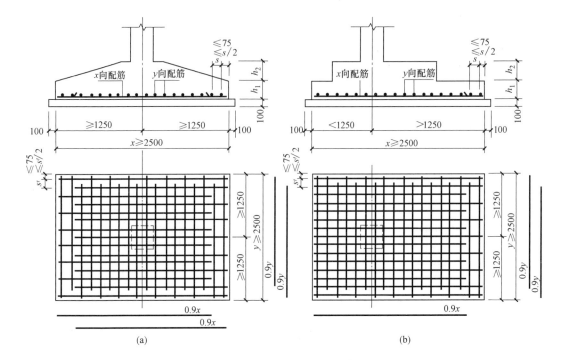

图 6-28 独立基础底板配筋长度减短 10% 构造

（a）对称独立基础；（b）非对称独立基础

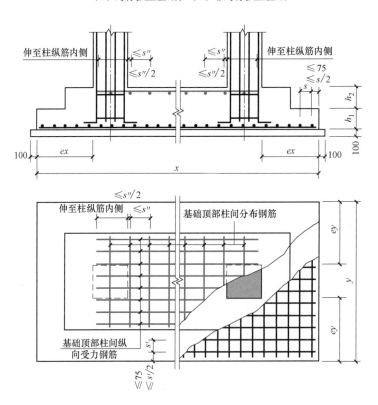

图 6-29 双柱普通独立基础底部与顶部配筋构造

4）当配置顶部钢筋时，分布筋放置在受力钢筋之下，顶部柱间纵向受力钢筋伸至柱纵筋内侧，如图 6-30 所示。

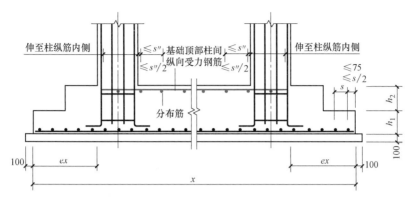

图 6-30　双柱普通独立基础顶部配筋构造

6.2.3　独立基础钢筋计算实例

【例 6-11】某框架结构普通独立基础 DJj01 平面注写方式如图 6-31 所示。计算 DJj01 的钢筋设计长度、根数，并画出钢筋形状及排布图。根据结构说明已知：混凝土强度等级为 C30，所处环境类别为三 b 类环境，设计使用年限为 50 年，基础底部混凝土垫层 100mm 厚。

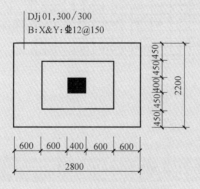

图 6-31　DJj01 平法施工图

【解】

第一步，识读基础平法施工图标注的内容，解析如下：

1 号阶形普通独立基础，基础为二阶，基础各阶的高度自下而上为 h_1=300mm、h_2=300mm，基础底板总高度为 600mm。独立基础底板配置受力钢筋为 HRB400 级，X 向与 Y 向钢筋直径均为 12mm，间距 150mm。独立基础 X 向的边长为 2800mm，Y 向的边长为 2200mm。

第二步，查规范数据，如：保护层厚度，找到适合该基础的标准构造详图。

根据已知：混凝土强度等级为 C30，环境类别为三 b 类，钢筋为 HRB400 级，查表 1-9，查出：基础顶面、底面和侧面的最小保护层厚度均为 40mm。

独立基础 X 向的边长为 2800mm ≥ 2500mm，除外侧钢筋外，X 向的底板配筋长度可取 X 向底板长度的 0.9 倍，交错放置，其标准构造详图如图 6-28（a）所示。

第三步，计算钢筋长度及根数

1）X 向底筋 ϕ 12@150

X 向第一根钢筋距离基础边缘为：min（间距 /2，75）=min（150/2，75）=75mm

外侧：$L_{x外}$ 长度 =2800-40×2=2720mm

数量 =2 根

中部：$L_{x中}$ 长度 =2800×0.9=2520mm

数量 =（2200-75×2）/150-1=12.7 ≈ 13 根

2）Y 向底筋 ϕ 12@150

Y 向第一根钢筋距离基础边缘为：min（间距 /2，75）=min（150/2，75）=75mm

L_y 长度 =2200-40×2=2120mm

根数 =（2800-75×2）/150+1=18.7 ≈ 19 根

独立基础底板的钢筋排布如图 6-32 所示。

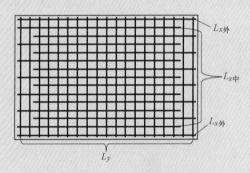

图 6-32　DJj01 钢筋排布图

6.3　梁板式筏形基础识图与钢筋计算

6.3.1　梁板式筏形基础平法施工图制图规则

1. 梁板式筏形基础平法施工图的表示方法

（1）梁板式筏形基础平法施工图，是在基础平面布置图上采用平面注写方式进行表达。

6-4
梁板式筏形基础施工图的识图方法

（2）当绘制基础平面布置图时，应将梁板式筏形基础与其所支承的柱、墙一起绘制。梁板式筏形基础以多数相同的基础平板底面标高作为基础底面基准标高。当基础底面标高不同时，需注明与基础底面基准标高不同之处的范围和标高。

（3）通过选注基础梁底面与基础平板底面的标高高差来表达两者间的位置关系，可以明确其"高板位"（梁顶与板顶一平）、"低板位"（梁底与板底一平）以及"中板位"（板在梁的中部）三种不同位置组合的筏形基础，方便设计表达。如图6-33所示。

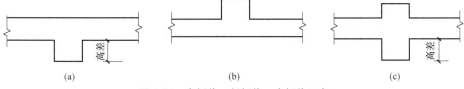

图6-33 高板位、低板位、中板位示意

（a）高板位；（b）低板位；（c）中板位

（4）对于轴线未居中的基础梁，应标注其定位尺寸。

2. 梁板式筏形基础构件的类型与编号

梁板式筏形基础由基础主梁、基础次梁、基础平板构成。编号按表6-6的规定。

梁板式筏形基础构件编号 表6-6

构件类型	代号	序号	跨数及有无外伸
基础主梁（柱下）	JL	××	（××）或（××A）或（××B）
基础次梁	JCL	××	（××）或（××A）或（××B）
梁板筏基础平板	LPB	××	

注：①（××A）为一端有外伸，（××B）为两端有外伸，外伸不计入跨数。
　　②梁板式筏形基础平板跨数及是否有外伸分别在X、Y两向的贯通纵筋之后表达。图面从左至右为X向，从下至上为Y向。
　　③梁板式筏形基础主梁与条形基础梁编号与标准构造详图一致。

【例6-12】 JL7（5B）表示第7号基础主梁，5跨，两端有外伸。
　　　　　JCL3（2A）表示第3号基础次梁，2跨，一端有外伸。

3. 基础主梁与基础次梁的平面注写方式

（1）基础主梁JL与基础次梁JCL的平面注写方式，分集中标注与原位标注两部分内容。当集中标注中的某项数值不适用于梁的某部位时，则将该项数值采用原位标注，施工时，原位标注优先。

【例6-13】 图6-34为基础主梁JL1的集中标注与原位标注。

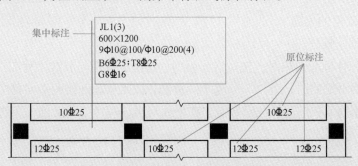

图6-34 基础主梁的集中标注与原位标注

（2）基础主梁 JL 与基础次梁 JCL 的集中标注内容为：基础梁编号、截面尺寸、配筋信息三项必注内容，以及基础梁底面标高高差（相对于筏形基础平板底面标高）一项选注内容。集中标注应在梁的第一跨引出，如图 6-35 所示。

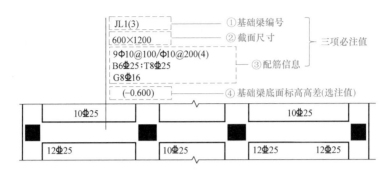

图 6-35　基础梁集中标注内容示意

集中标注具体规定如下：

1）注写基础梁的编号，见表 6-6。

2）注写基础梁的截面尺寸。以 $b \times h$ 表示梁截面宽度与高度；当为竖向加腋梁时，用"$b \times h \ Yc_1 \times c_2$"表示，其中 c_1 为腋长，c_2 为腋高。竖向加腋基础梁如图 6-36 所示。

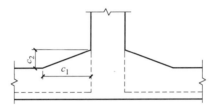

图 6-36　竖向加腋基础梁示意

【例 6-14】图 6-35 中标注 JL1（3），表示第 1 号基础主梁，3 跨。

图 6-35 中集中标注 600×1200，表示基础梁梁宽为 600mm，梁高 1200mm。

图 6-41 中集中标注截面为"400×700 Y500×250"，表示竖向加腋，腋长 500mm，腋高 250mm。

3）注写基础梁的配筋

① 注写基础梁箍筋

A. 当采用一种箍筋间距时，注写钢筋级别、直径、间距与肢数（写在括号内）。

B. 当采用两种箍筋时，用"/"分隔不同箍筋，按照从基础梁两端向跨中的顺序注写。先注写第 1 段箍筋（在前面加注箍数），在斜线后再注写第 2 段箍筋（不再加注箍数）。

【例 6-15】9 φ 16@100/ φ 16@200（6），表示箍筋为 HPB300 钢筋，直径 16mm，间距为两种，从梁两端起向跨内按箍筋间距 100mm 每端各设置 9 道，梁其余部位的箍筋间距为 200mm，均为 6 肢箍，如图 6-37 所示。

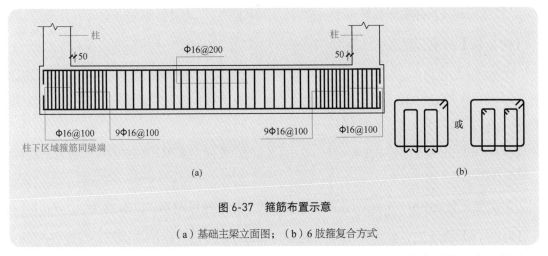

图 6-37　箍筋布置示意

（a）基础主梁立面图；（b）6肢箍复合方式

施工时应注意：两向基础主梁相交的柱下区域，应有一向截面较高的基础主梁箍筋贯通设置，当两向基础主梁高度相同时，任选一向基础主梁箍筋贯通设置。如图6-38所示。

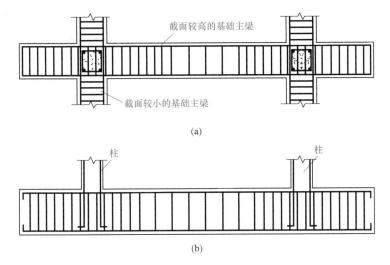

图 6-38　两向基础主梁相交的柱下区域箍筋布置示意

（a）基础主梁平面图；（b）截面较高的基础主梁立面图

② 注写基础梁的底部、顶部及侧面纵向钢筋

以 B 打头，先注写梁底部贯通纵筋（不应少于底部受力钢筋总截面面积的 1/3）。当跨中所注根数少于箍筋肢数时，需要在跨中加设架立筋以固定箍筋，注写时，用"+"将贯通纵筋与架立筋相联，架立筋注写在加号后面的括号内。

以 T 打头，注写梁顶部贯通纵筋值。注写时用"；"将底部与顶部纵筋分隔开，如有个别跨与其不同，按原位注写的规定处理。

【例6-16】　图6-35中标注"B6Φ25；T8Φ25"表示梁的底部配置6Φ25的贯通纵筋，梁的顶部配置8Φ25的贯通纵筋。

当梁底部或顶部贯通纵筋多于一排时，用斜线"／"将各排纵筋自上而下分开。

【例6-17】梁底部贯通筋注写为"B8 Φ28 3/5"，则表示上一排纵筋为3 Φ28，下一排纵筋为5 Φ28。

以大写字母G打头注写基础梁两侧面对称设置的纵向构造钢筋的总配筋值（当梁腹板高度 h_w 不小于450mm时，根据需要配置）。

【例6-18】图6-35中标注G8 Φ16，表示梁的两个侧面共配置8 Φ16的纵向构造钢筋，每侧各配置4 Φ16。

当需要配置抗扭纵向钢筋时，梁两个侧面设置的抗扭纵向钢筋以N打头。

【例6-19】N6 Φ22，表示梁的两个侧面共配置6 Φ22的受扭纵向钢筋，每侧各配置3 Φ22。

4）注写基础梁底面标高高差

基础梁底面标高高差（指相对于筏形基础平板底面标高的高差值），该项为选注值。

有高差时须将高差写入括号内（如"高板位"与"中板位"基础梁的底面与基础平板底面标高的高差值），无高差时不注（如"低板位"筏形基础的基础梁）。

【例6-20】图6-35中标注"（-0.600）"，表示基础梁底面低于基础平板底面0.600m，如图6-39所示。

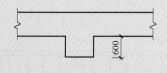

图6-39　基础梁底面标高高差示意

（3）基础主梁与基础次梁的原位标注

1）梁支座的底部纵筋系指包含贯通纵筋与非贯通纵筋在内的所有纵筋：

① 当底部纵筋多于一排时，用"/"将各排纵筋自上而下分开。

【例6-21】梁端（支座）底部纵筋注写为"10 Φ25 4/6"，表示上一排纵筋为4 Φ25，下一排纵筋为6 Φ25。

② 当同排纵筋有两种直径时，用加号"+"将两种直径的纵筋相联。

【例6-22】梁端区域底部纵筋注写为"4 Φ28+2 Φ25"，表示一排纵筋由两种不同直径钢筋组合。

③ 当梁中间支座两边的底部纵筋配置不同时，需在支座两边分别标注；当梁中间支座两边的底部纵筋相同时，可仅在支座的一边标注配筋值。

④ 当梁端（支座）区域的底部全部纵筋与集中注写过的贯通纵筋相同时，可不再重

复做原位标注。如图 6-40 所示。

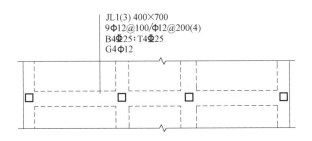

图 6-40　底部全部纵筋均为贯通纵筋注写

⑤ 竖向加腋梁加腋部位钢筋，需在设置加腋的支座处以 Y 打头注写在括号内。

【例 6-23】图 6-41 中竖向加腋梁端处注写为"（Y4 Φ 25）"，表示竖向加腋部位斜纵筋为 4 Φ 25。

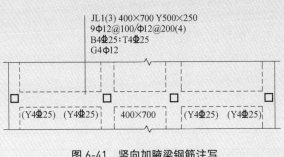

图 6-41　竖向加腋梁钢筋注写

2）注写基础梁的附加箍筋或（反扣）吊筋。

将附加箍筋或（反扣）吊筋直接画在平面图中的主梁上，用线引注总配筋值（附加箍筋的肢数注在括号内），当多数附加箍筋或（反扣）吊筋相同时，可在基础梁平法施工图上统一注明，少数与统一注明值不同时，再原位引注。

3）当基础梁外伸部位变截面高度时，在该部位原位注写 $b \times h_1/h_2$，h_1 为根部截面高度，h_2 为尽端截面高度。

4）注写修正内容。

当在基础梁上集中标注的某项内容（如梁截面尺寸、箍筋、底部与顶部贯通纵筋或架立筋、梁侧面纵向构造钢筋、梁底面标高高差等）不适用于某跨或某外伸部分时，则将其修正内容原位标注在该跨或该外伸部位，施工时原位标注取值优先。

当在多跨梁的集中标注中已注明竖向加腋，而该梁某跨的根部不需要竖向加腋时，则应在该跨原位标注等截面的 $b \times h$，以修正集中标注中的加腋信息。

【例 6-24】图 6-41 中集中标注截面为"400×700 Y500×250"，表示竖向加腋，腋长 500mm，腋高 250mm，该截面用于第一跨和第三跨。第二跨原位标注截面为 400×700，该跨没有加腋。

【例6-25】基础主梁JL7原位标注示例，如图6-42所示。

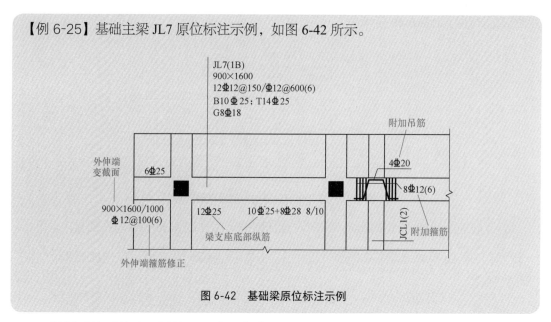

图 6-42 基础梁原位标注示例

4. 梁板式筏形基础平板的平面注写方式

（1）梁板式筏形基础平板 LPB 的平面注写，分为集中标注与原位标注两部分内容。如图6-43所示。

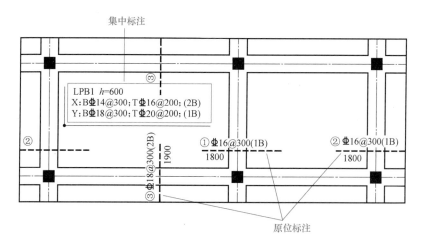

图 6-43 梁板筏基础平板的集中标注与原位标注

（2）梁板式筏形基础平板 LPB 贯通纵筋的集中标注，应在所表达的板区双向均为第一跨（X 与 Y 双向首跨）的板上引出（图面从左至右为 X 向，从下至上为 Y 向）。

板区划分条件：板厚相同、基础平板底部与顶部贯通纵筋配置相同的区域为同一板区。

集中标注的内容规定如下：

1）注写基础平板的编号，见表6-6。

【例6-26】LPB1，表示1号梁板式筏形基础平板。

2）注写基础平板的截面尺寸。注写 $h=×××$ 表示板厚。

3）注写基础平板的底部与顶部贯通纵筋及其跨数及外伸情况。

先注写 X 向底部（B 打头）贯通纵筋与顶部（T 打头）贯通纵筋及纵向长度范围；再注写 Y 向底部（B 打头）贯通纵筋与顶部（T 打头）贯通纵筋及其跨数及外伸情况（图面从左至右为 X 向，从下至上为 Y 向）。

贯通纵筋的跨数及外伸情况注写在括号中，注写方式为"跨数及有无外伸"，其表达形式为：（××）（无外伸）、（××A）（一端有外伸）或（××B）（两端有外伸）。

注：基础平板的跨数以构成柱网的主轴线为准；两主轴线之间无论有几道辅助轴线（例如框筒结构中混凝土内筒中的多道墙体），均可按一跨考虑。

当贯通筋采用两种规格钢筋"隔一布一"时，表达为 Φxx/yy@×××，表示直径 xx 的钢筋和直径 yy 的钢筋之间的间距为 ×××。

（3）梁板式筏形基础平板 LPB 的原位标注，主要表达板底部附加非贯通纵筋。

1）原位注写位置及内容。

板底部原位标注的附加非贯通纵筋，应在配置相同跨的第一跨表达（当在基础梁悬挑部位单独配置时则在原位表达）。在配置相同跨的第一跨（或基础梁外伸部位），垂直于基础梁绘制一段中粗虚线（当该筋通长设置在外伸部位或短跨板下部时，应画至对边或贯通短跨），在虚线上注写编号（如①、②等）、配筋值、横向布置的跨数及是否布置到外伸部位。

注：（××）为横向布置的跨数，（××A）为横向布置的跨数及一端基础梁的外伸部位，（××B）为横向布置的跨数及两端基础梁的外伸部位。

板底部附加非贯通纵筋自支座边线向两边跨内的伸出长度值注写在线段的下方位置。当该筋向两侧对称伸出时，可仅在一侧标注，另一侧不注。当布置在边梁下时，向基础平板外伸部位一侧的伸出长度与方式按标准构造，设计不注。底部附加非贯通筋相同者，可仅注写一处，其他只注写编号。

横向连续布置的跨数及是否布置到外伸部位，不受集中标注贯通纵筋的板区限制。

【例 6-30】图 6-43 中原位标注①号筋的信息表示：在第一跨及基础梁两端外伸部位横向配置 Φ16@300 底部附加非贯通纵筋，自梁边线向两侧对称伸出 1800mm。

图 6-43 中原位标注③号筋的信息表示：在第一跨至第二跨及基础梁两端外伸部位横向配置 Φ18@300 底部附加非贯通纵筋，自梁边线向内侧伸出 1900mm，向基础平板外伸部位一侧的伸出长度与方式按标准构造，设计不注。

原位注写的底部附加非贯通纵筋与集中标注的底部贯通纵筋，宜采用"隔一布一"的方式布置。即基础平板（X 向或 Y 向）底部附加非贯通纵筋与贯通纵筋间隔布置，其标注间距与底部贯通纵筋相同（两者实际组合后的间距为各自标注间距的 1/2）。

【例 6-31】图 6-43 中原位注写的底部附加非贯通纵筋与集中标注的底部贯通纵筋，就是采用"隔一布一"的方式布置，如图 6-44 所示。

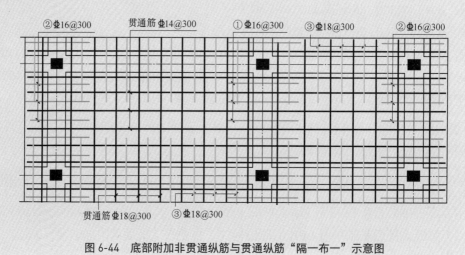

图 6-44　底部附加非贯通纵筋与贯通纵筋"隔一布一"示意图

2）注写修正内容。当集中标注的某些内容不适用于梁板式筏形基础平板某板区的某一板跨时，应由设计者在该板跨内注明，施工时应按注明内容取用。

3）当若干基础梁下基础平板的底部附加非贯通纵筋配置相同时（其底部、顶部的贯通纵筋可以不同），可仅在一根基础梁下做原位注写，并在其他梁上注明"该梁下基础平板底部附加非贯通纵筋同 ×× 基础梁"。

6.3.2　梁板式筏形基础钢筋构造

1. 基础梁 JL 纵筋构造

（1）基础梁 JL 纵筋标准构造详图（图 6-45）

（2）基础梁 JL 纵筋构造要点

1）顶部贯通纵筋连接区：在中间支座两侧 $l_n/4$ 及支座范围内，不宜在端跨支座附近连接。底部贯通纵筋连接区：在跨中 $l_n/3$ 范围内，l_n 为相邻两跨净跨长度的较大值。

顶部贯通纵筋在连接区内采用搭接、机械连接或焊接。同一连接区段内接头面积百分率不宜大于50%。
当钢筋长度可穿过一连接区到下一连接区并满足连接要求时，宜穿越设置

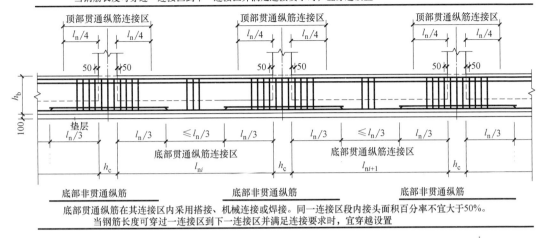

图 6-45 基础梁 JL 纵向钢筋与箍筋构造

2）当两毗邻跨的底部贯通纵筋配置不同时，应将配置较大一跨的底部贯通纵筋越过其标注的跨数终点或起点，伸至配置较小的毗邻跨的跨中连接区进行连接。

3）连接方式可采用机械连接、焊接、绑扎搭接，钢筋直径＞25mm 时不宜采用绑扎搭接，钢筋直径＞28mm 时不宜采用焊接连接。

4）同一连接区段内钢筋接头面积百分率不宜大于 50%。同一钢筋在同一跨内接头个数宜小于 2 个。当钢筋长度可穿过某一连接区到下一连接区并满足要求时，宜穿越设置。

5）底部第一排、第二排非贯通纵筋自柱（墙）边向跨内的延伸长度为 $l_n/3$。当底部纵筋多于两排时，从第三排起非贯通纵筋向跨内的伸出长度值应由设计者注明。

6）基础梁相交处位于同一层面的交叉纵筋，何梁纵筋在下，何梁纵筋在上，应按具体设计说明。

2. 基础梁 JL 端部与外伸部位钢筋构造

（1）基础梁 JL 端部外伸标准构造详图（图 6-46）

（2）基础梁 JL 端部外伸构造要点

1）基础梁 JL 下部第一排钢筋伸至外伸尽端后弯折，当从柱内边算起水平段长度 $\geq l_a$ 时，弯折 12d；当从柱内边算起水平段长度 $< l_a$，且 $\geq 0.6l_{ab}$ 时，弯折 15d，如图 6-47 所示。

2）基础梁 JL 下部第二排钢筋伸至外伸尽端不弯折。

3）基础梁 JL 下部非贯通筋从柱边向跨内伸入长度为 $l_n/3$ 且 $\geq l_n'$，l_n 为端跨净跨长度，l_n' 为端部外伸长度。

4）需连续通过外伸部位的上部钢筋伸至外伸尽端后弯折 12d，在支座处截断的钢筋从柱内侧算起水平段长度 $\geq l_a$。

3. 基础梁 JL 端部无外伸构造

（1）基础梁 JL 端部无外伸标准构造详图（图 6-48）

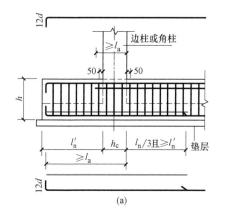

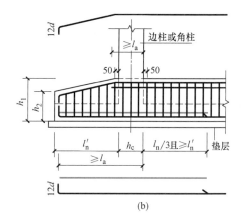

图 6-46 基础梁 JL 端部外伸构造

（a）基础梁 JL 端部等截面外伸构造； （b）基础梁 JL 端部变截面外伸构造

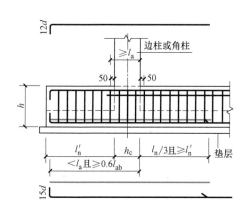

图 6-47 基础梁 JL 端部等截面外伸构造

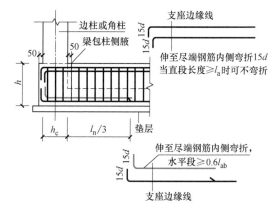

图 6-48 基础梁 JL 端部无外伸构造

（2）基础梁 JL 端部无外伸构造要点

1）基础梁 JL 下部钢筋均伸至尽端钢筋内侧后弯折 15d，且从柱内边算起水平段长度 $\geqslant 0.6l_{ab}$。

2）基础梁 JL 下部非贯通筋从柱边向跨内伸入长度为 $l_n/3$。

3）基础梁 JL 上部钢筋伸至尽端钢筋内侧弯折 15d，当从柱内边算起水平段长度 $\geqslant l_a$ 时可不弯折。

4. 基础梁 JL 箍筋构造

（1）基础梁 JL 箍筋标准构造详图（图 6-49）

（2）基础梁 JL 箍筋构造要点

1）节点区内箍筋按梁端箍筋设置。梁相互交叉宽度内的箍筋按截面高度较大的基础梁设置。同跨箍筋有两种时，各自设置范围按具体设计注写。

2）当具体设计未注明时，基础梁的外伸部位以及基础梁端部节点内按第一种箍筋设置。

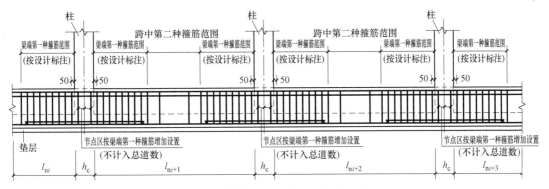

图 6-49　基础梁 JL 配置两种箍筋构造

3）梁端第一道箍筋距柱边 50mm 布置。梁端第一种箍筋范围 = 第一种箍筋间距 × （第一种箍筋根数 -1）+50；跨中第二种箍筋根数 = （梁净跨长度 - 梁端第一种箍筋范围 ×2）÷ 第二种箍筋间距 -1；节点区柱下区域箍筋范围 = 框架柱宽度 +50×2。

4）基础梁截面外围应采用封闭箍筋，封闭箍筋可采用焊接封闭箍筋形式；当为多肢复合箍筋时，其截面内箍可采用开口箍或封闭箍；内箍封闭箍的弯钩可在四角的任何部位，开口箍的弯钩宜设在基础底板内。基础梁箍筋复合方式如图 6-50 所示。

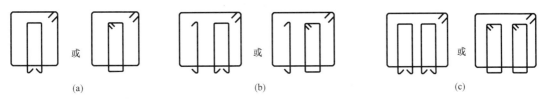

图 6-50　基础梁箍筋复合方式

（a）四肢箍；（b）五肢箍；（c）六肢箍

5. 附加箍筋及附加（反扣）吊筋构造

（1）附加箍筋、附加（反扣）吊筋标准构造详图（图 6-51、图 6-52）

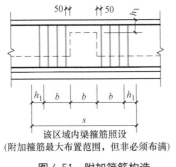

图 6-51　附加箍筋构造

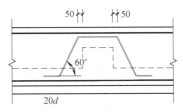

图 6-52　附加（反扣）吊筋构造

（2）附加箍筋、附加（反扣）吊筋构造要点

1）基础主梁与基础次梁相交处在基础主梁内设置附加箍筋或附加（反扣）吊筋，附加箍筋、附加（反扣）吊筋的配筋值由设计标注。

2）附加箍筋的布置范围 $s=3b+2h_1$（b 为基础次梁宽，h_1 为基础主次梁高差）。第一根附加箍筋距离基础次梁边缘 50mm，附加箍筋的布置范围内，基础主梁内原箍筋照常放置。

3）附加吊筋，采用反扣形式放置在基础主梁 JL 与基础次梁 JCL 相交处，吊筋的弯起角度为 60°，吊筋顶部平直段长度 = 基础次梁宽 +100mm，吊筋底部每侧平直段长度 =20d，d 为吊筋直径。吊筋高度应根据基础梁高度推算，吊筋顶部平直段与基础梁顶部纵筋净距应满足规范要求，当净距不足时应置于下一排。

6. 基础梁 JL 竖向加腋钢筋构造

（1）基础梁 JL 竖向加腋钢筋标准构造详图（图 6-53）

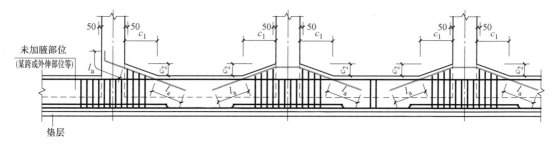

图 6-53　基础梁 JL 竖向加腋钢筋构造

（2）基础梁 JL 竖向加腋钢筋构造要点

1）图 6-53 中 c_1 是腋长，c_2 是腋高。

2）基础梁竖向加腋部位的钢筋见设计标注。加腋范围的箍筋与基础梁端部的箍筋配置相同，仅箍筋高度为变值。第一道箍筋距柱边 50mm 设置。

3）加腋部位斜纵筋锚入柱内长度为 l_a，从加腋处向梁内延伸 l_a。

4）基础梁的梁柱结合部位所加侧腋顶面与基础梁非竖向加腋段顶面相平，不随梁竖向加腋的升高而变化。

7. 基础梁侧面构造纵筋和拉筋

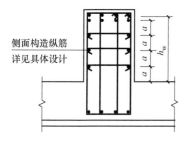

图 6-54　基础梁侧面构造纵筋和拉筋（$a \leqslant 200$）

（1）基础梁侧面构造纵筋和拉筋标准构造详图（图 6-54）

（2）基础梁侧面构造纵筋和拉筋构造要点

1）$a \leqslant 200$mm；h_w 为梁腹板高度。

2）拉筋直径除注明者外均为 8mm，间距为箍筋间距的 2 倍；当设有多排拉筋时，上下两排拉筋竖向错开设置。

3）基础梁侧面构造纵筋，其搭接与锚固长度为 15d。

① 十字相交或丁字相交的基础梁，当相交位置有柱时，侧面构造纵筋锚入梁包柱侧腋内 15d，如图 6-55 所示。

② 十字相交的基础梁，当相交位置无柱时，侧面构造纵筋锚入交叉梁内 15d，如图 6-56 所示。

③ 丁字相交的基础梁，当相交位置无柱时，横梁外侧的构造纵筋应贯通，横梁内侧

的构造纵筋锚入交叉梁内15d，如图6-57所示。

④ 丁字相交的基础梁，当相交位置有柱、横梁外侧无侧腋时，横梁外侧的构造纵筋应贯通，横梁内侧的构造纵筋锚入梁包柱侧腋内15d，如图6-58所示。

⑤ 基础梁侧面受扭纵筋的搭接长度为l_l，其锚固长度为l_a，锚固方式同基础梁上部纵筋。

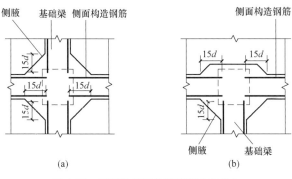

图 6-55　基础梁侧面构造纵筋（有柱）
（a）十字相交；（b）丁字相交

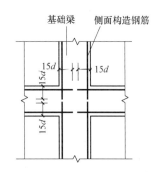

图 6-56　十字相交基础梁侧面构造纵筋

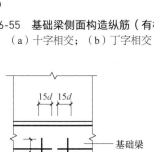

图 6-57　丁字相交的基础梁
侧面构造纵筋

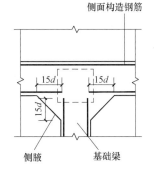

图 6-58　丁字相交的基础梁
侧面构造纵筋（有柱）

8. 基础梁底不平和变截面部位钢筋构造

（1）基础梁底有高差钢筋构造

1）梁底有高差的标准构造详图如图6-59所示。

2）梁底有高差的构造要点：

① 梁底部钢筋从变截面处算起伸入梁内长度均为l_a。

② 梁底高差坡度a根据场地实际情况可取30°、45°或60°。

（2）梁顶有高差钢筋构造

1）梁顶有高差的标准构造详图如图6-60所示。

2）梁顶有高差的构造要点：

① 低位梁顶部钢筋从柱边伸入l_a。

② 高位梁顶部第一排钢筋伸至侧腋内弯折，弯折长度＝高差+l_a-保护层；顶部第二排钢筋伸至尽端钢筋内侧弯折15d，当直段长度≥l_a时可不弯折。

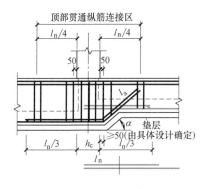

图 6-59 梁底有高差钢筋构造

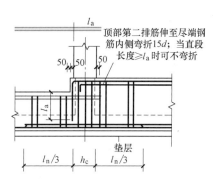

图 6-60 梁顶有高差钢筋构造

（3）梁底、梁顶均有高差钢筋构造

梁底、梁顶均有高差的标准构造详图如图 6-61 所示。其底部钢筋构造同梁底有高差的构造要点，其顶部钢筋构造同梁顶有高差的构造要点。

（4）柱两边梁宽不同钢筋构造

1）柱两边梁宽不同的标准构造详图如图 6-62 所示。

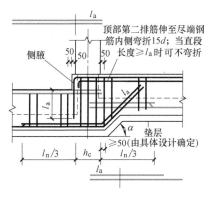

图 6-61 梁底、梁顶均有高差钢筋构造

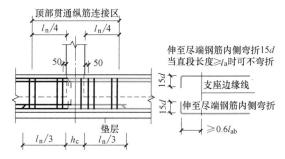

图 6-62 柱两边梁宽不同钢筋构造

2）柱两边梁宽不同的钢筋构造要点

① 柱两边梁宽不同，按照能通则通的原则，能拉通的钢筋应拉通设置。

② 在宽出部位不能拉通的钢筋，伸至尽端钢筋内侧弯折 $15d$，且伸入柱内的平直段长度 $\geq 0.6l_{ab}$，当直段长度 $\geq l_a$ 时，可不弯折。

9. 基础梁 JL 与柱结合部侧腋构造

（1）基础梁 JL 与柱结合部侧腋标准构造详图（图 6-63）

（2）基础梁 JL 与柱结合部侧腋构造要点

1）除基础梁比柱宽且完全形成梁包柱的情况外，所有基础梁与柱结合部位均按图 6-63 加侧腋。

2）加腋筋直径 $\geq$ 12mm，且不小于柱箍筋直径，间距与柱箍筋间距相同；分布筋规格为 ϕ8@200。

3）加腋筋伸入梁内长度从侧腋算起为 l_a。

4）各边侧腋至少比柱宽出 50mm。

5）当基础梁与柱等宽，或柱与梁的某一侧面相平时，存在因梁纵筋与柱纵筋同在一个平面内导致直通交叉遇阻情况，此时应适当调整基础梁宽度使柱纵筋直通锚固。

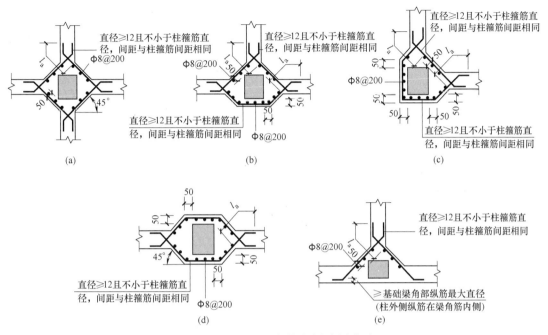

图 6-63　基础梁 JL 与柱结合部侧腋构造

（a）十字交叉基础梁侧腋构造；（b）丁字交叉基础梁侧腋构造；（c）无外伸基础梁侧腋构造；

（d）基础梁中心穿柱侧腋构造；（e）基础梁偏心穿柱侧腋构造

6）当柱与基础梁结合部位的梁顶面高度不同时，梁包柱侧腋顶面应与较高基础梁的梁顶面一平（即在同一平面上），侧腋顶面至较低梁顶面高差内的侧腋，可参照角柱或丁字交叉基础梁包柱侧腋构造进行施工。

10. 基础次梁 JCL 纵筋构造

（1）基础次梁 JCL 纵筋标准构造详图（图 6-64）

（2）基础次梁 JCL 纵筋构造要点

1）图中"设计按铰接时""充分利用钢筋的抗拉强度时"由设计指定。

2）顶部贯通纵筋连接区：在中间支座两侧 $l_n/4$ 及支座范围内，不宜在端跨支座附近连接。底部贯通纵筋连接区：跨中 $l_n/3$ 的范围内。l_n 为相邻两跨净跨长度的较大值。

3）连接方式可采用机械连接、焊接连接、绑扎搭接，钢筋直径＞25mm 时不宜采用绑扎搭接，钢筋直径＞28mm 时不宜采用焊接连接。

4）同一连接区段内接头面积百分率不宜大于 50%。同一钢筋在同一跨内接头个数宜小于 2 个。当钢筋长度可穿过某一连接区到下一连接区并满足要求时，宜穿越设置；当相互连接的两根钢筋直径不同时，应将大直径钢筋伸至小直径钢筋所在跨内连接区进行连接。

5）底部第一排、第二排非贯通纵筋从基础主梁边伸入跨内 $l_n/3$。

6）当底部纵筋多于两排时，从第三排起非贯通纵筋向跨内的伸出长度值应由设计者注明。

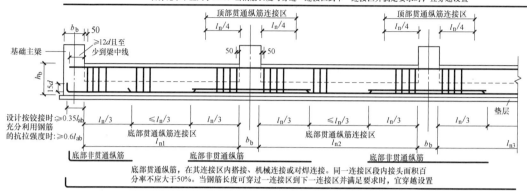

图 6-64 基础次梁 JCL 纵筋构造

（跨度值 l_n 为左跨 l_{ni} 和右跨 l_{ni+1} 之较大值，其中 i=1，2，3…）

7）当端部无外伸时，下部钢筋伸至基础主梁外侧角筋内侧后弯折 $15d$，从基础主梁内侧算起直段长度 $\geq 0.35l_{ab}$（设计按铰接时）或 $\geq 0.6l_{ab}$（充分利用钢筋抗拉强度时）。上部钢筋伸入端支座（基础主梁）内长度 $\geq 12d$，且至少过基础主梁中线。

11. 基础次梁 JCL 端部外伸部位钢筋构造

（1）基础次梁 JCL 端部外伸部位钢筋标准构造详图（图 6-65、图 6-66）

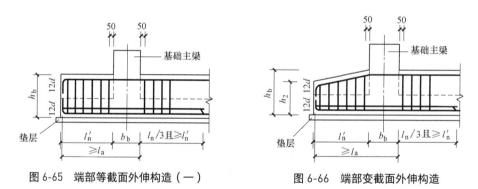

图 6-65 端部等截面外伸构造（一）　　　　**图 6-66 端部变截面外伸构造**

（2）基础次梁 JCL 端部外伸部位钢筋构造要点

1）下部第一排钢筋伸至外伸尽端后弯折，当从基础主梁内边算起水平段长度 $\geq l_a$ 时，弯折 $12d$，如图 6-65、图 6-66 所示；当从基础主梁内边算起水平段长度 $< l_a$，且 $\geq 0.6l_{ab}$ 时，弯折 $15d$，如图 6-67 所示。

2）下部第二排钢筋伸至外伸尽端不弯折。

3）下部非贯通筋从基础主梁边向跨内伸入 $l_n/3$ 且 $\geq l_n'$，l_n 为端跨净跨长度，l_n' 为端部外伸长度。

4）需连续通过外伸部位的上部钢筋伸至外伸尽端后弯折 12d，如图 6-65、图 6-66 所示。在支座处截断的上部钢筋从基础主梁内侧算起水平段长度 ≥ l_a，如图 6-68 所示。

12. 基础次梁 JCL 箍筋构造

（1）基础次梁 JCL 箍筋标准构造详图（图 6-69）

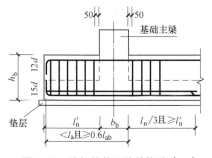

图 6-67　端部等截面外伸构造（二）

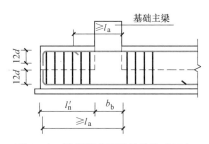

图 6-68　端部等截面外伸构造（三）

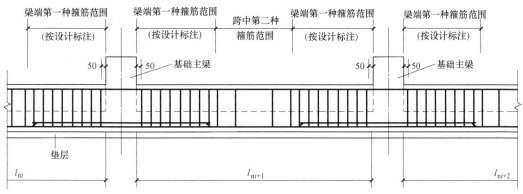

图 6-69　基础次梁 JCL 配置两种箍筋构造

（2）基础次梁 JCL 箍筋构造要点

1）l_{ni} 为基础次梁的本跨净跨值。

2）当具体设计未注明时，基础次梁的外伸部位，按第一种箍筋设置。

3）基础主梁与基础次梁相互交叉宽度内的箍筋按基础主梁箍筋设置。

4）梁端第一道箍筋距基础主梁边 50mm 布置。梁端第一种箍筋范围 = 第一种箍筋间距 ×（第一种箍筋根数 -1）+50；跨中第二种箍筋根数 =（梁净跨长度 - 梁端第一种箍筋范围 ×2）÷ 第二种箍筋间距 -1。

5）基础次梁箍筋复合方式如图 6-50 所示。

13. 基础次梁 JCL 竖向加腋钢筋构造

（1）基础次梁 JCL 竖向加腋钢筋标准构造详图如图 6-70 所示。

（2）基础次梁 JCL 竖向加腋钢筋构造要点

1）图中 c_1 是腋长，c_2 是腋高。

2）基础次梁竖向加腋部位的钢筋见设计标注。加腋范围的箍筋与基础次梁端部的箍筋配置相同，仅箍筋高度为变值。第一道箍筋距基础主梁边 50mm 设置。

3）加腋部位斜纵筋锚入基础主梁内长度为 l_a，从加腋处向梁内延伸 l_a。

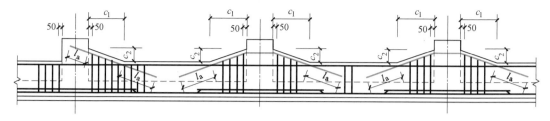

图 6-70　基础次梁竖向加腋钢筋构造

14. 基础次梁梁底不平和变截面部位钢筋构造

（1）基础次梁底有高差钢筋构造

1）梁底有高差的标准构造详图如图 6-71 所示。

2）梁底有高差的钢筋构造要点：

① 梁底部钢筋从变截面处算起伸入梁内长度均为 l_a。

② 梁底高差坡度 a 可取 45°或 60°。

（2）梁顶有高差钢筋构造

1）梁顶有高差的标准构造详图如图 6-72 所示。

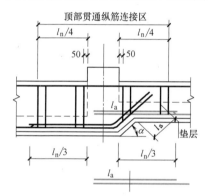

图 6-71　梁底有高差钢筋构造

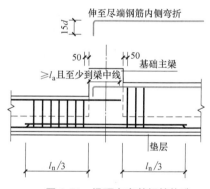

图 6-72　梁顶有高差钢筋构造

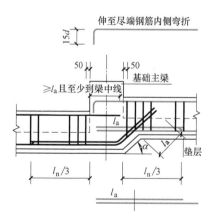

图 6-73　梁底、梁顶均有高差钢筋构造

2）梁顶有高差的钢筋构造要点：

① 低位梁顶部钢筋从基础主梁边锚入 l_a 且至少到基础主梁中线。

② 高位梁顶部钢筋伸至尽端钢筋内侧弯折 $15d$。

（3）梁底、梁顶均有高差钢筋构造

梁底、梁顶均有高差的标准构造详图如图 6-73 所示。其底部钢筋构造同梁底有高差的构造要点，其顶部钢筋构造同梁顶有高差的构造要点。

（4）支座两边梁宽不同钢筋构造

1）支座两边梁宽不同的标准构造详图如图 6-74 所示。

快速平法识图与钢筋计算（第二版）

2）支座两边梁宽不同的钢筋构造要点

① 支座两边梁宽不同，按照能通则通的原则，能拉通的钢筋应拉通设置。

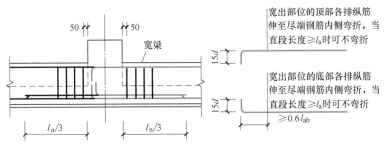

图 6-74 支座两边梁宽不同钢筋构造

② 在宽出部位不能拉通的钢筋，伸至尽端钢筋内侧弯折 15d，且伸入基础主梁内的平直段长度 ≥ 0.6l_{ab}，当直段长度 ≥ l_a 时，可不弯折。

15. 梁板式筏板基础平板 LPB 钢筋构造

（1）梁板式筏板基础平板 LPB 钢筋标准构造详图（图 6-75）

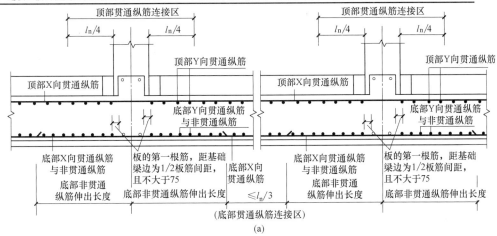

(a)

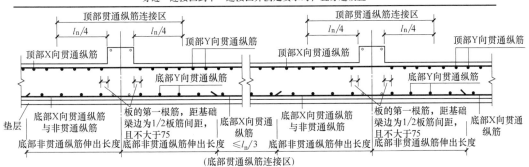

图 6-75 梁板式筏板基础平板 LPB 钢筋构造

（a）梁板式筏板基础平板 LPB 钢筋构造（柱下区域）；（b）梁板式筏板基础平板 LPB 钢筋构造（跨中区域）

（2）梁板式筏板基础平板 LPB 钢筋构造要点

1）顶部贯通纵筋连接区：柱下区域在柱两侧 $l_n/4$ 及柱范围内；跨中区域在基础梁两侧 $l_n/4$ 及基础梁范围内。底部贯通纵筋连接区：在跨中 $l_n/3$ 范围内，l_n 为相邻两跨净跨长度的较大值。

2）当基础平板分板区进行集中标注，且相邻板区板底相平时，两种不同配置的底部贯通纵筋应在两毗邻板跨中配筋较小板跨的跨中连接区域连接（即配置较大板跨的底部贯通纵筋需越过板区分界线伸至毗邻板跨的跨中连接区域）。

3）连接方式可采用机械连接、焊接连接、绑扎搭接，钢筋直径＞25mm 时不宜采用绑扎搭接，钢筋直径＞28mm 时不宜采用焊接连接。

4）同一连接区段内钢筋接头面积百分率不宜大于 50%。同一钢筋在同一跨内接头个数宜小于 2 个。当钢筋长度可穿过某一连接区到下一连接区并满足要求时，宜穿越设置。

5）基础平板的第一根钢筋，距基础梁边为 1/2 板筋间距且≤ 75mm。

6）底部非贯通纵筋从梁中伸出长度按设计标注。

7）基础平板同一层面的交叉纵筋，何向纵筋在下，何向纵筋在上，应按具体设计说明。

16. 梁板式筏板基础平板 LPB 端部与外伸部位钢筋构造

（1）梁板式筏板基础平板 LPB 端部与外伸部位钢筋标准构造详图（图 6-76、图 6-77）

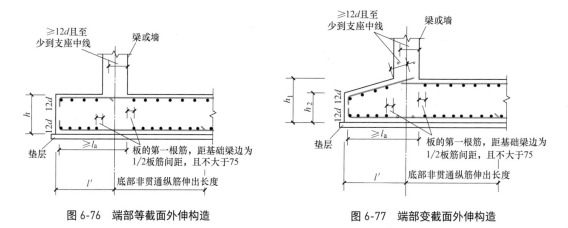

图 6-76　端部等截面外伸构造　　　　图 6-77　端部变截面外伸构造

（2）梁板式筏板基础平板 LPB 端部与外伸部位钢筋构造要点

1）基础平板顶部钢筋构造

① 端部等截面外伸时，贯通外伸部位的顶部钢筋伸至外伸尽端后向下 90°弯折 $12d$，在支座处截断的上部钢筋伸入基础梁或墙内≥ $12d$，且至少到基础梁或墙中线，如图 6-76 所示。

② 端部变截面外伸时，外伸部位的顶部钢筋一端沿变截面坡度伸至外伸尽端后向下弯折 $12d$，另一端锚入基础梁或墙内，跨内顶部钢筋也锚入基础梁或墙内，锚入长度均≥ $12d$，且至少到基础梁或墙中线，如图 6-77 所示。

2）基础平板底部钢筋伸至外伸尽端后弯折，当从基础梁或墙内边算起的水平段长

度 $\geq l_a$ 时，弯折 $12d$。如图 6-76、图 6-77 所示。当从基础梁或墙内边算起的水平段长度 $< l_a$ 且 $\geq 0.6l_{ab}$ 时，弯折 $15d$。

17. 梁板式筏板基础平板 LPB 端部无外伸部位钢筋构造

（1）梁板式筏板基础平板 LPB 端部无外伸部位钢筋标准构造详图（图 6-78）

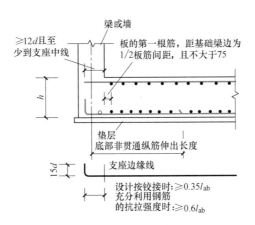

图 6-78　端部无外伸构造

（2）梁板式筏板基础平板 LPB 端部无外伸部位钢筋构造要点

1）基础平板顶部钢筋伸入基础梁或墙内 $\geq 12d$，且至少到基础梁或墙中线。

2）基础平板底部钢筋伸至尽端钢筋内侧弯折 $15d$，且从基础梁或墙内边算起的水平段长度 $\geq 0.35l_{ab}$（设计按铰接时）或 $\geq 0.6l_{ab}$（充分利用钢筋的抗拉强度时）。

18. 梁板式筏板基础平板 LPB 变截面部位钢筋构造

（1）板底有高差钢筋构造

1）板底有高差的标准构造详图如图 6-79 所示。

2）板底有高差的钢筋构造要点：

① 板底部钢筋从变截面处算起伸入板内长度均为 l_a。

② 板底高差坡度 a 可取 45°或 60°。

（2）板顶有高差钢筋构造

1）板顶有高差的标准构造详图如图 6-80 所示。

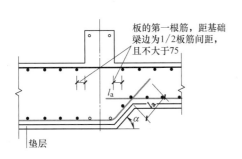

图 6-79　板底有高差钢筋构造

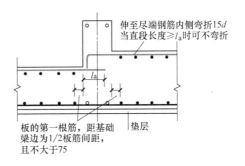

图 6-80　板顶有高差钢筋构造

2）板顶有高差的钢筋构造要点：

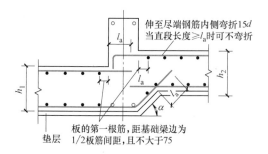

图 6-81　板顶、板底均有高差钢筋构造

① 低位板顶部钢筋从基础梁边锚入 l_a。

② 高位板顶部钢筋伸至尽端钢筋内侧弯折 15d，当直段长度≥l_a 时可不弯折。

（3）板底、板顶均有高差钢筋构造

板底、板顶均有高差的标准构造详图如图 6-81 所示。其底部钢筋构造同板底有高差的构造要点，其顶部钢筋构造同板顶有高差的构造要点。

19. 板边缘侧面封边构造

（1）板边缘侧面封边构造详图（图 6-82）

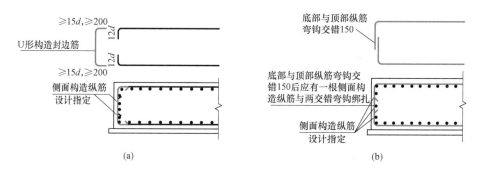

图 6-82　板边缘侧面封边构造

（a）U 形筋构造封边方式；（b）纵筋弯钩交错封边方式

（2）板边缘侧面封边构造要点

1）当筏形基础平板端部无支承时，应对自由边进行封边处理。需要封边的筏形基础平面布置示意如图 6-83 所示。

2）板边缘侧面封边构造有 U 形筋构造封边（图 6-82a）、纵筋弯钩交错封边（图 6-82b）两种做法，采用何种做法由设计者指定，当设计者未指定时，施工单位可根据实际情况自选一种做法。

3）U 形筋构造封边要点：

① 当筏板厚度较厚时，可在端面设置 U 形构造封边筋与板上层、下层弯折钢筋搭接，U 形构造封边筋弯折两个 90° 直钩，弯钩水平段长度≥ 15d 且 ≥ 200mm。并配置侧面构造纵筋，侧面构造纵筋由设计指定。

② U 形构造封边筋的间距宜与板上层、下层纵筋间距一致，直径由设计指定，当设计未指定，可参考以下原则处理，但需设计方确认：

板厚 h_s ≤ 500mm 时，可取 d=12mm；

板厚 500mm<h_s ≤ 1000mm 时，可取 d=14mm；

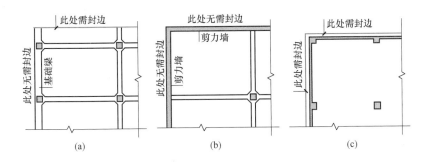

图 6-83 筏形基础平面布置示意图（蓝线部位需要封边）

板厚 1000mm<h_s<1500mm 时，可取 d=16mm；

板厚 1500mm<h_s<2000mm 时，可取 d=18mm；

板厚 h_s>2000mm 时，可取 d=20mm。

4）纵筋弯钩交错封边要点：当筏板的厚度较小时，可采用板顶纵筋与板底纵筋弯钩交错搭接 150mm，交错搭接处至少设置一根侧面构造纵筋与两交错弯钩绑扎，侧面构造纵筋由设计指定。

5）板边缘侧面封边构造同样用于梁板式筏形基础部位，外伸部位变截面时侧面构造相同。

6.3.3　梁板式筏形基础钢筋计算实例

【例 6-32】梁板式筏形基础主梁的平法施工图如图 6-84 所示，计算 JL1 中各钢筋的设计长度、根数，并画出钢筋形状及排布图。已知：混凝土强度等级为 C35，基础保护层厚度为 40mm。与 JL1 相交的基础主梁为 JL6，其截面尺寸为 900mm×1600mm，纵筋直径 25mm，箍筋直径 12mm。

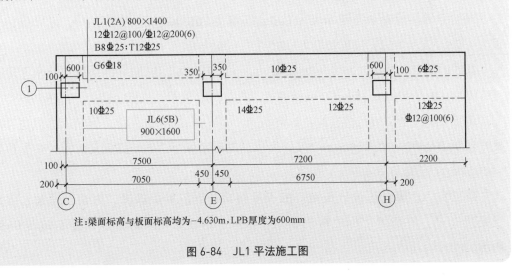

图 6-84　JL1 平法施工图

【解】

第一步，识读梁的平法施工图标注的内容，解析如图 6-85 所示。

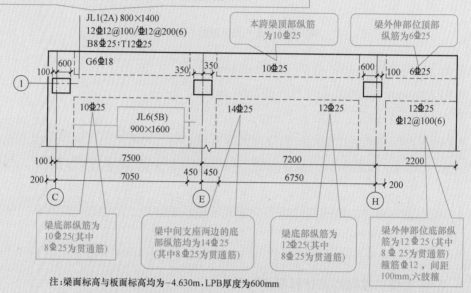

第1号基础主梁，2跨，一端有外伸：截面宽800mm，高1400mm；
箍筋为HRB335级钢筋，直径12，从梁端向跨内，间距100mm设置12道，
其余间距为200mm，均为六肢箍。
梁底部贯通纵筋为8⊈25；梁顶部贯通纵筋为12⊈25；
梁的两个侧面共配置6⊈18的纵向构造钢筋，每侧各配置3⊈18。

JL1(2A) 800×1400
12⊈12@100/⊈12@200(6)
B8⊈25;T12⊈25

本跨梁顶部纵筋
为10⊈25

梁外伸部位顶部
纵筋为6⊈25

G6⊈18

600 350 350 10⊈25 600 6⊈25
100 100

①

10⊈25 JL6(5B) 14⊈25 12⊈25 12⊈25
900×1600 ⊈12@100(6)

100 7500 7200 2200
200 7050 450 450 6750 200

C E H

梁底部纵筋为
10⊈25(其中
8⊈25为贯通筋)

梁中间支座两边的底
部纵筋均为14⊈25
(其中8⊈25为贯通筋)

梁底部纵筋为
12⊈25(其中
8⊈25为贯通筋)

梁外伸部位底部纵
筋为12⊈25(其中
8⊈25为贯通筋)
箍筋⊈12，间距
100mm，六肢箍

注：梁面标高与板面标高均为−4.630m，LPB厚度为600mm

图 6-85　JL1 平法标注内容识读解析

第二步，查规范数据，如：锚固长度 l_a，判断钢筋在尽端是直锚还是弯锚？找到适合该基础梁的标准构造详图。

根据已知：混凝土强度等级为 C35，钢筋为 HRB400 级，查表 1-10，基本锚固长度 $l_{ab}=32d$。查表 1-12，锚固长度 $l_a=32d$。

⊈25 的纵筋，其 $l_a=32×25=800$mm，Ⓒ轴为无外伸，钢筋从柱内边算起水平段长度 =700+100−（40+12+25）=723mm ＜ l_a，所以，Ⓒ轴基础主梁上部、下部钢筋均伸至尽端钢筋内侧弯折 15d，构造如图 6-48 所示；Ⓗ～一端为有外伸，钢筋从柱内边算起水平段长度 =2800−40=2760mm ＞ l_a，所以，基础主梁下部第一排钢筋伸至外伸尽端后弯折 12d，构造如图 6-46（a）所示。

第三步，计算纵筋设计长度。由于基础梁的钢筋种类较多，为便于理解，画出钢筋排布图，并在其上标注钢筋编号、根数、钢筋级别、直径及长度，如图 6-86 所示。

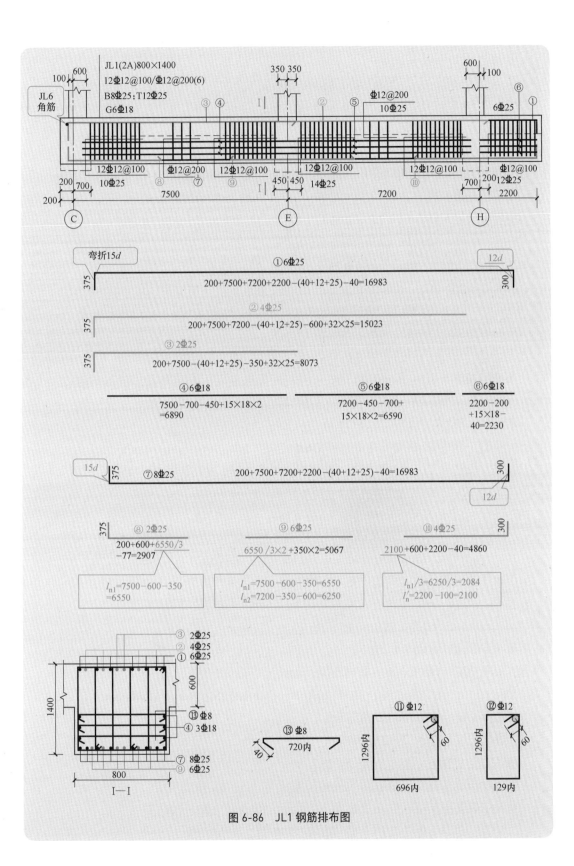

图 6-86 JL1 钢筋排布图

计算过程如下：

$\mathbb{C}\sim\mathbb{E}$ 跨净跨长 $l_{n1}=7500-600-350=6550$ mm

$\mathbb{E}\sim\mathbb{H}$ 跨净跨长 $l_{n2}=7200-350-600=6250$ mm

①号全跨上部通长筋 6Φ25：

水平段长度 = 通跨全长 - 左端距梁边距离 - 右端保护层

左端距梁边距离 = 梁保护层 + 梁箍筋直径 + 梁角部纵筋直径 =40+25+12=77mm

水平段长度 =200+7500+7200+2200-（40+12+25）-40=16983mm

左弯折长度 =15d=15×25=375mm

右弯折长度 =12d=12×25=300mm

②号$\mathbb{C}\sim\mathbb{H}$轴上部通长筋 4Φ25：

水平段长度 = $\mathbb{C}\sim\mathbb{H}$轴通跨全长 - 左端距梁边距离 + 右端锚入$\mathbb{H}$轴基梁内 l_a

　　　　 =（200+7500+7200-600）-（40+12 + 25）+32×25=15023mm

左弯折长度 =15d=15×25=375mm

③号$\mathbb{C}\sim\mathbb{E}$轴上部通长筋 2Φ25：

水平段长度 = $\mathbb{C}\sim\mathbb{E}$轴通跨全长 - 左端距梁边距离 + 右端锚入$\mathbb{E}$轴基梁内 l_a

　　　　 =（200+7500-350）-（40+12+25）+32×25=8073mm

左弯折长度 =15d=15×25=375mm

④号$\mathbb{C}\sim\mathbb{E}$轴基梁侧向构造钢筋 G6Φ18：

水平段长度 = $\mathbb{C}\sim\mathbb{E}$轴净跨 + 左端锚固长度 15d + 右端锚固长度 15d

　　　　 =（7500-700-450）+15×18×2 = 6890mm

⑤号$\mathbb{E}\sim\mathbb{H}$轴基梁侧向构造钢筋 G6Φ18：

水平段长度 = $\mathbb{E}\sim\mathbb{H}$轴净跨 + 左端锚固长度 15d + 右端锚固长度 15d

　　　　 =（7200-450-700）+15×18×2 = 6590mm

⑥号外伸端基梁侧向构造钢筋 G6Φ18：

水平段长度 = 外伸端跨度 + 左端锚固长度 15d - 右端保护层厚度

　　　　 =（2200-200）+15×18-40 = 2230mm

⑦号下部通长纵筋 8Φ25：

水平段长度 = 通跨全长 - 左端距梁边距离 - 右端保护层

　　　　 =（200+7500+7200+2200）-（40+12+25）-40 = 16983mm

左弯折长度 =15d=15×25=375mm

右弯折长度 =12d=12×25=300mm

⑧号$\mathbb{C}$轴处梁底非贯通纵筋 2Φ25：

水平段长度 = 非贯通筋向跨内外伸长度 + 伸入左端支座长度

伸入左端支座长度 = 左端支座宽 - 左端距梁边距离 =200+600-77

非贯通筋向跨内外伸长度 = $\mathbb{C}\sim\mathbb{E}$跨净跨长 $l_{n1}/3=6550/3$

水平段长度 =6550/3+（200+600-77）=2907mm

⑨号Ⓔ轴处梁底非贯通纵筋6Φ25：

水平段长度 = 非贯通筋向左跨内外伸长度 + 非贯通筋向右跨内外伸长度 + 支座宽度

非贯通筋向左跨内外伸长度 = 非贯通筋向右跨内外伸长度 = 左右两边大跨 /3=6550/3

水平段长度 =6550/3×2+350×2=5067mm

⑩号Ⓔ轴处梁底非贯通纵筋4Φ25：

水平段长度 = 非贯通筋向左跨内外伸长度 + 非贯通筋向右跨内外伸长度 - 保护层 + 支座宽

非贯通筋向左跨内外伸长度 =max（外伸长度，跨度 /3）=max（2100，2084）=2100mm

水平段长度 =2100+2100-40+600=4860mm

第四步，计算箍筋的长度及数量。

（1）外侧双肢箍筋⑪号长度计算

箍筋内皮宽 = 梁宽 -2×保护层厚度 -2×箍筋直径

　　　　　　=800-2×40-2×12=696mm

箍筋内皮高 = 梁高 -2×保护层厚度 -2×箍筋直径

　　　　　　=1400-2×40-2×12=1296mm

箍筋弯钩长度 =5d=5×12=60mm

（2）内侧双肢箍筋⑫号长度计算

纵筋净距 =（800-2×40-2×12-14×25）/13=27mm

箍筋内皮宽 =3×25+2×27=129mm

箍筋内皮高 = 梁高 -2×保护层厚度 -2×箍筋直径

　　　　　　=1400-2×40-2×12=1296mm

箍筋弯钩长度 =5d=5×12=60mm

（3）箍筋数量计算

外伸：（2200-200-50-40）/100+1=21 道

梁端：12×4=48 道

Ⓒ ~ Ⓔ轴跨中：（7500-700-450-50×2-11×100×2）/200-1=20 道

Ⓔ ~ Ⓗ轴跨中：（7200-450-700-50×2-11×100×2）/200-1=18 道

合计：21+48+20+18=107 道

所以，⑪号箍筋共 107 根，⑫号箍筋共 107×2=214 根

（4）⑬号拉筋的长度及数量

图集《22G101-3》规定：梁侧钢筋的拉筋直径除注明者外均为 8mm，间距为箍筋间距的 2 倍。

拉筋内皮长度 = 梁宽 -2×保护层厚度 =800-2×40=720mm

箍筋弯钩长度 =5d=5×8=40mm

拉筋数量 =107/2×3=162 根

【例6-33】梁板式筏形基础的平法施工图如图6-87所示（注：图中板底部附加非贯通纵筋的标注长度为自基础梁中线向跨内的伸出长度），计算基础底板LPB1中各钢筋的设计长度、根数，并画出钢筋形状及排布图。根据结构说明已知：混凝土强度等级为C30，基础保护层厚度取40mm，基础底板边缘侧面采用U形构造封边筋封边，规格为Φ14@200，侧面构造纵筋规格为Φ12@250，构造做法详图6-82（a）。基础梁JL的纵筋直径25mm、箍筋直径12mm。

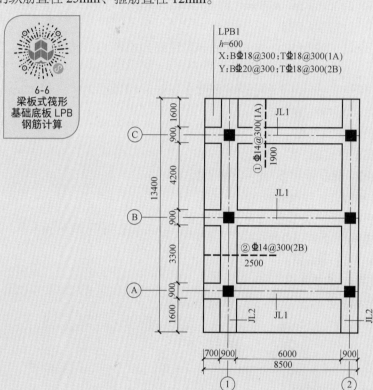

图6-87 梁板式筏形基础的平法施工图

【解】

第一步，识读基础底板的平法施工图标注的内容

（1）集中标注识读

LPB1	1号梁板筏基础底板。
h=600	筏板厚度为600mm。
X:BΦ18@300;	X向板底贯通筋为：HRB400，直径18mm，间距为
TΦ18@300（1A）	300mm；X向板面贯通筋为：HRB400，直径18mm，间距为300mm；纵向总长度为1跨一端有外伸。
Y:BΦ20@300;	Y向板底贯通筋为：HRB400，直径20mm，间距为
TΦ18@300（2B）	300mm；Y向板面贯通筋为：HRB400，直径18mm，间距为300mm；纵向总长度为2跨两端有外伸。

（2）原位标注识读

①⊈14@300（1A）　　　　　　　1号板底附加非贯通纵筋为：HRB400，直径14mm，间距为300mm，布置范围为：1跨及一外伸端。非贯通纵筋自支座中线向跨内伸出长度为：1900mm。

②⊈14@300（2B）　　　　　　　2号板底附加非贯通纵筋为：HRB400，直径14mm，间距为300mm，布置范围为：2跨及两外伸端。非贯通纵筋自支座中线向跨内伸出长度为：2500mm。

第二步，计算纵筋设计长度。为便于理解，画出钢筋排布图，并在其上标注钢筋编号、根数、钢筋级别、直径及长度，如图6-88所示。

端部有外伸、无外伸构造分别如图6-76和图6-78所示。

计算过程如下：

①号基础板底部附加非贯通纵筋 ⊈14@300：

水平段长度 = 自支座中线向跨内伸出长度 + 基础梁宽 /2+ 基础板外伸端长度 - 保护层

　　　　　=1900+450+1600-40=3910mm

左弯折长度 =12d=12×14=168mm

底部附加非纵筋与贯通筋交错布置，其根数 = 贯通纵筋根数 -1

Y 向贯通纵筋根数（详⑤号钢筋计算部分）=21+3

①非贯通纵筋根数 =21-1+3-1=22 根

②号基础板底部附加非贯通纵筋 ⊈14@300：

水平段长度 = 自支座中线向跨内伸出长度 + 基础梁宽 /2+ 基础板外伸端长度 - 保护层

　　　　　=2500+450+700-40=3610mm

左弯折长度 =12d=12×14=168mm

②号非贯通纵筋根数 = ④号贯通纵筋根数 -4=39-4=35 根（计算过程同③号）

③号 X 向基础板面贯通筋 T⊈18@300：

水平段长度 =X 向通跨全长 - 左端保护层 - 右端基础梁宽 /2

　　　　　=8500-40-450=8010mm

左弯折长度 =12d=12×18=216mm

总根数 = Ⓐ ~ Ⓑ跨内根数 + Ⓑ ~ Ⓒ跨内根数 + 外伸端根数 ×2

Ⓐ ~ Ⓑ跨内根数 =（净跨 -2× 第一根钢筋距离梁边的距离）÷ 间距 +1

　　　　　=（3300-2×75）÷300+1=11.5，取整 12 根

Ⓑ ~ Ⓒ跨内根数 =（净跨 -2× 第一根钢筋距离梁边的距离）÷ 间距 +1

　　　　　=（4200-2×75）÷300+1=14.5，取整 15 根

外伸端根数 =（外伸端长度 - 保护层 -Y 向板面贯通筋直径 - 第一根钢筋距离梁边的距离）÷ 间距 +1

　　　　　=（1600-40-18-75）÷300+1=5.89，取整 6 根

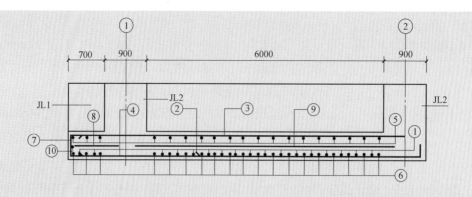

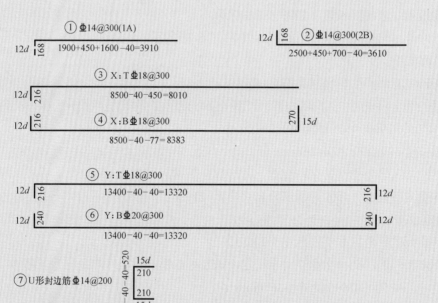

① Φ14@300(1A)

$12d$ |168| 1900+450+1600－40=3910

② Φ14@300(2B)

$12d$ |168| 2500+450+700－40=3610

③ X：TΦ18@300

$12d$ |216| 8500－40－450=8010

④ X：BΦ18@300

$12d$ |216| 8500－40－77=8383 |270| $15d$

⑤ Y：TΦ18@300

$12d$ |216| 13400－40－40=13320 |216| $12d$

⑥ Y：BΦ20@300

$12d$ |240| 13400－40－40=13320 |240| $12d$

⑦U形封边筋Φ14@200

600－40－40=520

$15d$ |210| |210| $15d$

⑧ X向外伸端侧向构造纵筋Φ12@250

700－40+15×12=840

⑨ X向①～②轴跨侧向构造纵筋Φ12@250

6000+15×12+15×12=6360

⑩ Y向外伸端侧向构造纵筋Φ12@250

1600－40+15×12=1740

⑪Y向Ⓐ～Ⓑ轴跨侧向构造纵筋Φ12@250

3300+15×12+15×12=3660

⑫Y向Ⓑ～Ⓒ轴跨侧向构造纵筋Φ12@250

4200+15×12+15×12=4560

图 6-88　LPB1 钢筋排布图

总根数 =12+15+6×2=39 根

④号 X 向基础板底贯通筋 B Φ18@300：

水平段长度 =X 向通跨全长－左端保护层－右端保护层及 JL 角筋、箍筋直径 = 8500－40－77=8383mm

左弯折长度 =12d=12×18=216mm

右弯折长度 =15d=15×18=270mm

板底贯通筋根数 = 板面贯通筋根数 =39 根

⑤ 号 Y 向基础板面贯通筋 T Φ 18@300:

水平段长度 =Y 向通跨全长 - 左端保护层 - 右端保护层 =13400-40-40=13320mm

左弯折长度 =12d=12×18=216mm

右弯折长度 =12d=12×18=216mm

总根数 =①～②跨内根数 + 外伸端根数

①～②跨内根数 =（净跨 -2×第一根钢筋距离梁边的距离）÷ 间距 +1

= （6000-2×75）÷300+1=20.5，取整 21 根

外伸端根数 =（外伸端长度 - 保护层 -X 向板面贯通筋直径 - 第一根钢筋距离梁边的距离）÷ 间距 +1

= （700-40-18-75）÷300+1=2.89，取整 3 根

总根数 =21+3=24 根

⑥ 号 Y 向基础板底贯通筋 B Φ 20@300:

水平段长度 =Y 向通跨全长 - 左端保护层 - 右端保护层 =13400-40-40=13320mm

左弯折长度 =12d=12×20=240mm

右弯折长度 =12d=12×20=240mm

板底贯通筋根数 = 板面贯通筋根数 =24 根

⑦ 号 U 形封边筋 Φ 14@200：

上钩长度 =15d=15×14=210mm

下钩长度 =15d=15×14=210mm

垂直段长度 = 板厚 - 上保护层 - 下保护层 =600-40-40=520mm

U 形封边筋总个数 =X 向板边缘个数 ×2+Y 向板边缘个数

X 向板边缘个数 =X 向外伸端个数 + ①～②轴跨内个数

X 向外伸端个数 =（X 向外伸端长度 - 保护层 - 第一根钢筋距离梁边的距离）÷ 间距 +1

= （700-40-75）÷200+1=3.925，取整 4 个

①～②跨内个数 =（①～②轴跨度 - 第一根钢筋距离梁边的距离 ×2）÷ 间距 +1

= （6000-75×2）÷200+1=30.25，取整 31 个

X 向板边缘个数 =4+31=35 个

Y 向板边缘个数 =Y 向外伸端个数 ×2+ Ⓐ～Ⓑ轴跨内个数 + Ⓑ～Ⓒ轴跨内个数

Y 向外伸端个数 =（Y 向外伸端长度 - 保护层 - 第一根钢筋距离梁边的距离）÷ 间距 +1

= （1600-40-75）÷200+1=8.425，取整 9 个

Ⓐ~Ⓑ轴跨内个数=（Ⓐ~Ⓑ轴跨度-第一根钢筋距离梁边的距离 ×2）÷ 间距+1

　　　　　=（3300-75×2）÷200+1=16.75，取整 17 个

Ⓑ~Ⓒ轴跨内个数=（Ⓑ~Ⓒ轴跨度-第一根钢筋距离梁边的距离 ×2）÷ 间距+1

　　　　　=（4200-75×2）÷200+1=21.25，取整 22 个

Y 向板边缘个数 =9×2+17+22=57 个

U 形封边筋总个数 =X 向板边缘个数 ×2+Y 向板边缘个数 =35×2+57=127 个

⑧ X 向外伸端侧向构造纵筋 Φ12@250：

总长度 =（X 向外伸端长度 - 保护层 + 锚入基梁内长度 15d）

　　　 =700-40+15×12=840mm

单边根数 =（板厚 - 保护层 ×2- 板面 X 向纵筋直径 - 板面 Y 向纵筋直径 - 板底 X

　　　 向纵筋直径 - 板底 Y 向纵筋直径）÷ 间距 -1

　　　 =（600-40×2-18-18-18-20）÷250-1=0.784，取整 1 根

总根数 =2 根

⑨ X 向①~②轴跨侧向构造纵筋 Φ12@250：

总长度 =（①~②轴跨长度 + 锚入基梁内长度 15d×2）

　　　 =（6000+15×12+15×12）=6360mm

单边根数 =1 根

总根数 =2 根

⑩ Y 向外伸端侧向构造纵筋 Φ12@250：

总长度 =（Y 向外伸端长度 - 保护层 + 锚入基梁内长度 15d）

　　　 =1600-40+15×12=1740mm

总根数 =2 根

⑪ Y 向Ⓐ~Ⓑ轴跨侧向构造纵筋 Φ12@250：

总长度 =（Ⓐ~Ⓑ轴跨长度 + 锚入基梁内长度 15d×2）

　　　 =（3300+15×12+15×12）=3660mm

总根数 =1 根

⑫ Y 向Ⓑ~Ⓒ轴跨侧向构造纵筋 Φ12@250：

总长度 =（Ⓑ~Ⓒ轴跨长度 + 锚入基梁内长度 15d×2）

　　　 =（4200+15×12+15×12）=4560mm

总根数 =1 根

学习情境 7
楼梯识图与钢筋计算

引古喻今——一步一个脚印

老子的《道德经》中有云："天下难事，必作于易；天下大事，必作于细。"意思是天下的难事，一定从简易的地方开始做起；天下的大事，一定从细微的部分开始做起。一个人要想成就一番大事业，必须从简单的事情做起，从细微之处入手。小事成就大事，细节成就完美。想做大事的人很多，但愿意把小事做细的人很少，想要成为一名优秀的建筑工匠，必须改掉心浮气躁、浅尝辄止的毛病，注重细节、把小事做细。因为细节凝结效率，细节产生效益。

在房屋建筑中，楼梯是非常重要的竖向交通设施，也是紧急情况下的逃生通道，因此，确保楼梯结构的安全性、行走的舒适性至关重要。设计建造安全舒适的楼梯同样需要注意很多细节。例如：设计时，楼梯踏步的高度、宽度及高宽比例应符合人体运动的功能性、安全性、舒适性；施工时，要确保每级踏步的高度、宽度一致，以免行走时容易摔倒；楼梯栏杆的间距、楼梯扶手的高度等也要规范设计和施工，才能保证安全等。

楼梯常被喻作人生，楼梯的踏步要一步一步地爬，人生的路也要一步一步地走，只有踏实肯干，求真务实，从小事做起，从平凡的岗位做起，才能成就不平凡的人生。

学习情境描述

按照国家建筑标准设计图集《混凝土结构施工图平面整体表示方法制图规则和构造详图（现浇混凝土板式楼梯）》22G101-2 有关楼梯的知识对附录中"南宁市 × × 综合楼工程的楼梯平法施工图"进行识读，使学生能正确识读楼梯平法施工图，掌握楼梯的钢筋构造要求，能正确计算楼梯构件中的各类钢筋设计长度及数量，为进一步计算钢筋工程量、编写钢筋下料单打下基础，同时为能胜任施工现场楼梯钢筋绑扎安装质量检查的工作打下基础。

学习目标

❶ 了解楼梯类型。

❷ 熟悉现浇混凝土板式楼梯平法施工图制图规则，能正确识读楼梯平法施工图。

❸ 掌握楼梯的标准构造要求。

❹ 掌握楼梯的钢筋计算方法。

任务分组

学生任务分配表　　　　　　　　　　　　　表 7-1

班级		组号		指导老师	
组长		学号			
	姓名	学号	姓名	学号	姓名	学号
组员						
任务分工						

工作实施

1. 楼梯基本知识

引导问题 1：楼梯的种类有：_____、_____、_____、_____。

引导问题 2：板式楼梯所包含的构件有：_____

_____。

2. 板式楼梯平法施工图制图规则

引导问题 3：板式楼梯平法施工图有___注写、___注写和___注写三种表达方式。

引导问题 4：板式楼梯的类型有_____

_____14 种楼梯。

引导问题 5：楼梯编号由_____和_____组成；如 AT1 表示_____。

引导问题 6：AT~ET 型梯板的截面形状为：AT 型梯板全部由_____构成；BT 型
梯板由_____和_____构成；CT 型梯板由_____和_____构成；DT 型梯板由
_____、_____和_____构成；ET 型梯板由_____、_____和_____构成。

引导问题 7：AT~ET 型梯板的两端分别以_____为支座。

引导问题 8：板式楼梯平面注写方式集中标注的内容有：_____

_____。

引导问题 9：AT1 表示_____；PTB1 表示_____。

引导问题 10：梯段板厚度注写为 $h=130$（P150）表示踏步段厚度为_____mm，平
板厚度为_____mm。

引导问题 11：板式楼梯平面注写方式外围标注的内容有：_____

_____。

引导问题 12：某工程楼梯的平面图如图 7-1 所示，请识读其集中标注、外围标注的信息。

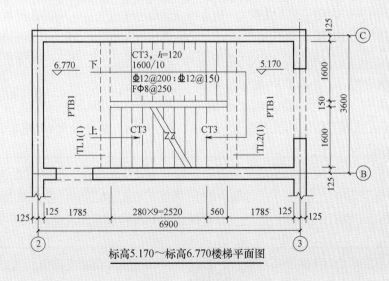

标高5.170～标高6.770楼梯平面图

图 7-1　楼梯平面图

CT3，h=120   表示_____。

1600/10   表示_____。

Φ12@200；Φ12@150   表示_____。

FΦ8@250   表示_____。

外围标注的信息：_____。

引导问题 13：板式楼梯剖面注写方式集中标注的内容有：_____
_____。

引导问题 14：识读附录—结施 15 "A-A 剖面图"中梯板 AT1（标高 –2.280~ 标高
–0.030）的平法施工。图集中标注的信息，完成识图报告。

AT1   表示_____。

h=120   表示_____。

Φ10@200；Φ10@200   表示_____。

FΦ8@200   表示_____。

3. 梯板钢筋构造

引导问题 15：AT 型梯板下部纵筋伸入支座长度_____且至少到_____。

引导问题 16：梯板下部纵筋若为 HPB300 光圆钢筋，两端要加_____弯钩，即
一端要增加_____。

引导问题 17：AT 型梯板伸入_____的上部纵筋，有条件时可直接伸入平台板内
锚固，从支座（高端梯梁）内边算起总锚固长度不小于_____。

引导问题 18：AT 型梯板上部纵筋，一端伸至_____对边再向下弯折_____。
设计按铰接时，伸入支座直段长度≥_____；充分利用钢筋的抗拉强度时，伸入支座直
段长度≥_____。另一端伸入踏步段弯 90º 直钩，弯钩长度 =_____，伸入踏步段
的水平投影长度为_____。

引导问题 19：梯板在下部纵筋_____、上部纵筋_____均设置梯板分布筋。

引导问题 20：BT 型梯板低端平板处上部纵筋，一端伸至支座（低端梯梁）对边再向
下弯折_____。设计按铰接时，伸入支座平直段长度≥_____。另一端伸至_____后
沿踏步段坡度弯折，且伸入踏步段内的长度为_____。

引导问题 21：BT 型梯板踏步段低端上部纵筋，一端伸至低端平板_____后沿平板水
平弯折，且伸入低端平板内的长度为_____。另一端伸入踏步段弯 90º 直钩，伸入踏步段
的水平投影长度为_____。

引导问题 22：CT 型梯板高端平板及踏步段高端处上部纵筋，一端伸至支座（高端梯
梁）对边再向下弯折_____。充分利用钢筋的抗拉强度时，伸入支座平直段长度
≥_____。另一端伸至踏步段_____后沿踏步段坡度弯折，伸入踏步段的水平投影长度
为_____。

引导问题 23：CT 型梯板高端平板下部纵筋，一端伸入高端梯梁内长度≥_____。
另一端伸入踏步段内的长度为_____。

引导问题 24：CT 型梯板踏步段下部纵筋，一端伸入低端梯梁内长度≥_____。另一端伸入高端平板_____后沿平板水平弯折，伸入高端平板内的长度为_____。

4．梯板钢筋计算实例（AT 型梯板）

引导问题 25：计算附录中结施 15 梯板 AT3（标高 17.670~标高 19.470）的钢筋设计长度、根数，并画出钢筋简图。

评价反馈

1. 学生进行自我评价，并将结果填入表 7-2 中。

学生自评表　　　　　　　　　　　　　表 7-2

班级：　　　　　　姓名：　　　　　　　　　学号：

学习情境 7	楼梯识图与钢筋计算		
评价项目	评价标准	分值	得分
梯板基本知识	理解楼梯的种类、板式楼梯所包含的构件	10	
梯板平法施工图制图规则	能正确识读板式楼梯平面注写、剖面注写和列表注写三种表达方式的信息	20	
梯板钢筋构造	熟悉 AT、BT、CT 型梯板下部纵筋、上部纵筋、分布筋的构造要求	20	
梯板钢筋计算	能正确计算梯板中各类钢筋的设计长度及根数	20	
工作态度	态度端正，无无故缺勤、迟到、早退现象	10	
工作质量	能按计划完成工作任务	5	
协调能力	与小组成员之间能合作交流、协调工作	5	
职业素质	能做到保护环境，爱护公共设施	5	
创新意识	通过阅读附录中"南宁市 ×× 综合楼图纸"，能更好地理解有关楼梯的图纸内容，并写出楼梯图纸的会审记录	5	
合计		100	

2. 学生以小组为单位进行互评，并将结果填入表 7-3 中。

3. 教师对学生工作过程与结果进行评价，并将结果填入表 7-4 中。

班级：　　　　　　　　　　　　　　　　　　小组：

学习情境 7		楼梯识图与钢筋计算					
评价项目	分值	评价对象得分					
楼梯基本知识	10						
梯板平法施工图制图规则	20						
梯板钢筋构造	20						
梯板钢筋计算	20						
工作态度	10						
工作质量	5						
协调能力	5						
职业素质	5						
创新意识	5						
合计	100						

教师综合评价表　　　　　　　　　　　　表 7-4

班级：　　　　　　　姓名：　　　　　　　　学号：

学习情境 7	楼梯识图与钢筋计算		
评价项目	评价标准	分值	得分
楼梯基本知识	理解楼梯的种类、板式楼梯所包含的构件	10	
梯板平法施工图制图规则	能正确识读板式楼梯平面注写、剖面注写和列表注写三种表达方式的信息	20	
梯板钢筋构造	熟悉 AT、BT、CT 型梯板下部纵筋、上部纵筋、分布筋的构造要求	20	
梯板钢筋计算	能正确计算梯板中各类钢筋的设计长度及根数	20	
工作态度	态度端正，无无故缺勤、迟到、早退现象	10	
工作质量	能按计划完成工作任务	5	
协调能力	与小组成员之间能合作交流、协调工作	5	
职业素质	能做到保护环境，爱护公共设施	5	
创新意识	通过阅读附录中"南宁市 ×× 综合楼图纸"，能更好地理解有关楼梯的图纸内容，并写出楼梯图纸的会审记录	5	
合计		100	

综合评价	自评（20%）	小组互评（30%）	教师评价（50%）	综合得分

7.1　楼梯基本知识

7.1.1　楼梯的种类

楼梯是建筑物中的重要组成部分。现浇楼梯最常见的种类有板式楼梯（图 7-2）、梁式楼梯（图 7-3），少数建筑也采用悬挑楼梯、旋转楼梯等。《22G101-2》针对的是现浇混凝土板式楼梯。

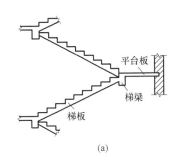

(a)

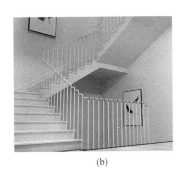

(b)

图 7-2　板式楼梯
（a）楼梯剖面图；（b）楼梯实图

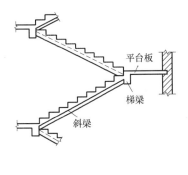

(a)

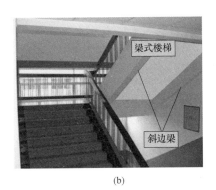

(b)

图 7-3　梁式楼梯
（a）楼梯剖面图；（b）楼梯实图

1. 板式楼梯

板式楼梯的踏步段是一块斜板，这块踏步段斜板支承在高端梯梁和低端梯梁上，或者直接与高端平板和低端平板连成一体。

2. 梁式楼梯

梁式楼梯踏步段的左右两侧是两根楼梯斜梁，把踏步板支承在楼梯斜梁上。这两根楼梯斜梁支承在高端梯梁和低端梯梁上。这些高端梯梁和低端梯梁通常都是两端支承在墙或者柱上。

3. 悬挑楼梯

悬挑楼梯的梯梁一端支承在墙或者柱上，形成悬挑梁的结构，踏步板支承在梯梁上。也有的悬挑楼梯把楼梯踏步直接做成悬挑板（一端支承在墙或者柱上）。

4. 旋转楼梯

旋转楼梯采用围绕一个轴心螺旋上升的做法。它往往与悬挑楼梯相结合，作为旋转中心的柱就是悬挑踏步板的支座，楼梯踏步围绕中心柱形成一个螺旋向上的踏步形式。

7.1.2 板式楼梯所包含的构件

板式楼梯所包含的构件一般有踏步段、层间平台板、层间梯梁、楼层梯梁和楼层平台板、梯柱等，如图 7-4 所示。

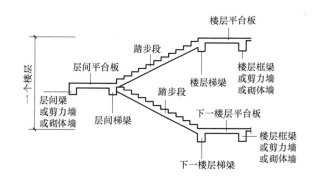

图 7-4 板式楼梯所包含的构件

1. 踏步段（梯板）

任何楼梯都包含踏步段。每个踏步的高度和宽度应该相等。根据"以人为本"的设计原则，每个踏步的宽度和高度一般以人上下楼梯舒适为准。例如，踏步高度为 150mm，踏步宽度为 280mm。每个踏步的高度与宽度之比决定了整个踏步段斜板的斜率。《22G101-2》中梯板代号分别为 AT、BT、CT、DT、ET、FT、GT、ATa、ATb、ATc、BTb、CTa、CTb、DTb。

2. 层间平台板

楼梯的层间平台板就是人们常说的"休息平台"。《22G101-2》的"两跑楼梯"包含层间平台板，平台板的代号为 PTB。

3. 层间梯梁

楼梯的层间梯梁起到支承层间平台板和踏步段的作用。《22G101-2》的"两跑楼梯"设有层间梯梁，梯梁的代号为 TL。

4. 楼层梯梁

楼梯的楼层梯梁起到支承楼层平板和踏步段的作用。《22G101-2》的"一跑楼梯"、GT 型楼梯有楼层梯梁。

5. 楼层平台板

楼层平台板就是每个楼层中连接楼层梯梁或踏步段的平板，《22G101-2》的 FT 型、GT 型楼梯包含楼层平台板，平台板的代号为 PTB。

6. 梯柱

梯柱支承在楼板和平台梁之间，《22G101-2》中梯柱的代号为 TZ。

7.2 板式楼梯平法施工图制图规则

7.2.1 板式楼梯平法施工图的表示方法

现浇混凝土板式楼梯平法施工图有平面注写、剖面注写和列表注写三种表达方式，设计者可根据工程具体情况任选一种。

7-2
识读楼梯平法
施工图

本任务制图规则主要表述梯板的表达方式，与楼梯相关的平台板、梯梁、梯柱的注写方式参见前文所述的板、梁、柱。

7.2.2 板式楼梯类型及特征

1. 板式楼梯类型

《22G101-2》中包含了 14 种类型的楼梯，详见表 7-5。

楼梯类型   表 7-5

楼梯代号	适用范围		是否参与结构整体抗震计算
	抗震构造措施	适用结构	
AT	无	剪力墙、砌体结构	不参与
BT			
CT	无	剪力墙、砌体结构	不参与
DT			
ET	无	剪力墙、砌体结构	不参与
FT			
GT	无	剪力墙、砌体结构	不参与
ATa	有	框架结构、框剪结构中框架部分	不参与

楼梯代号	适用范围		是否参与结构整体抗震计算
	抗震构造措施	适用结构	
ATb	有	框架结构、框剪结构中框架部分	不参与
ATc			参与
BTb	有	框架结构、框剪结构中框架部分	不参与
CTa	有	框架结构、框剪结构中框架部分	不参与
CTb			不参与
DTb	有	框架结构、框剪结构中框架部分	不参与

注：ATa、CTa低端带滑动支座支承在梯梁上；ATb、BTb、CTb、DTb低端带滑动支座支承在挑板上。

各梯板截面形状与支座位置、三维示意图如图7-5~图7-16所示。

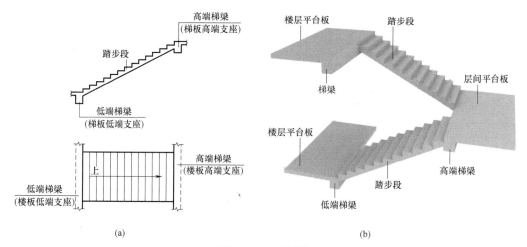

图7-5 AT型楼梯

（a）楼梯平面、剖面图；（b）楼梯三维图

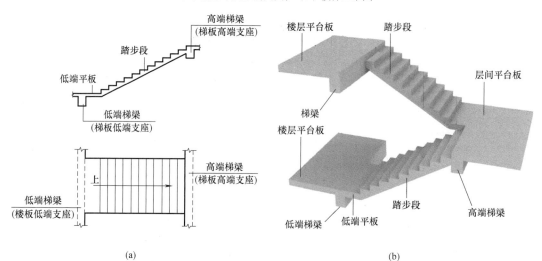

图7-6 BT型楼梯

（a）楼梯平面、剖面图；（b）楼梯三维图

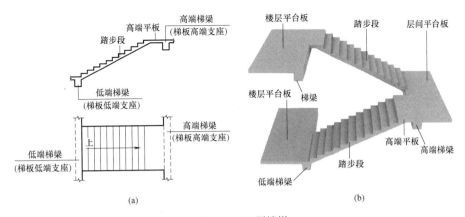

图 7-7　CT 型楼梯

（a）楼梯平面、剖面图；（b）楼梯三维图

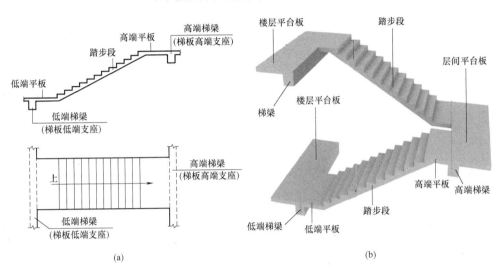

图 7-8　DT 型楼梯

（a）楼梯平面、剖面图；（b）楼梯三维图

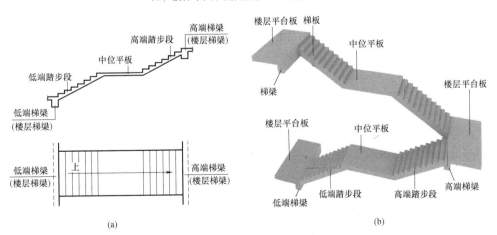

图 7-9　ET 型楼梯

（a）楼梯平面、剖面图；（b）楼梯三维图

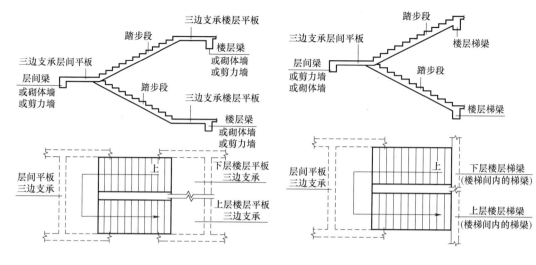

图 7-10　FT 型楼梯

图 7-11　GT 型楼梯（有层间平台板的双跑楼梯）

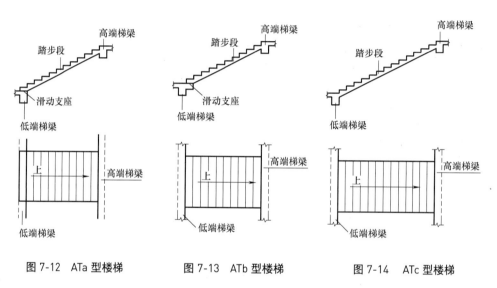

图 7-12　ATa 型楼梯　　图 7-13　ATb 型楼梯　　图 7-14　ATc 型楼梯

2. 楼梯注写

楼梯编号由梯板代号和序号组成；如 AT1、BT1 等。

3. AT~ET 型板式楼梯

具备以下特征：

（1）AT~ET 型板式楼梯代号代表一段带上下支座的梯板。梯板的主体为踏步段，除踏步段之外，梯板可包括低端平板、高端平板以及中位平板。

（2）AT~ET 各型梯板的截面形状为：

1）AT 型梯板全部由踏步段构成；

2）BT 型梯板由低端平板和踏步段构成；

3）CT 型梯板由踏步段和高端平板构成；

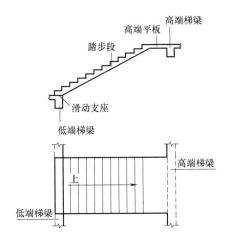

图 7-15　CTa 型楼梯　　　　　　　图 7-16　CTb 型楼梯

4）DT 型梯板由低端平板、踏步板和高端平板构成；

5）ET 型梯板由低端踏步段、中位平板和高端踏步段构成。

（3）AT~ET 型梯板的两端分别以（低端和高端）梯梁为支座。

（4）AT~ET 型梯板的型号、板厚、上下部纵向钢筋及分布钢筋等内容由设计者在平法施工图中注明。梯板上部纵向钢筋向跨内伸出的水平投影长度见相应的标准构造详图，设计不注，但设计者应予以校核；当标准构造详图规定的水平投影长度不满足具体工程要求时，应由设计者另行注明。

4. FT、GT 型板式楼梯

具备以下特征：

（1）FT、GT 每个代号代表两跑踏步段和连接它们的楼层平板及层间平板。

（2）FT、GT 型梯板的构成分两类。第一类：FT 型，由层间平板、踏步段和楼层平板构成；第二类：GT 型，由层间平板和踏步段构成。

（3）FT、GT 型梯板的支承方式如下：

1）FT 型：梯板一端的层间平板采用三边支承，另一端的楼层平板也采用三边支承。

2）GT 型：梯板一端的层间平板采用三边支承，另一端的梯板段采用单边支承（在梯梁上）。

（4）FT、GT 型梯板的型号、板厚、上下部纵向钢筋及分布钢筋等内容由设计者在平法施工图中注明。FT、GT 型平台上部横向钢筋及其外伸长度，在平面图中原位标注。梯板上部纵向钢筋向跨内伸出的水平投影长度见相应的标准构造详图，设计不注，但设计者应予以校核；当标准构造详图规定的水平投影长度不满足具体工程要求时，应由设计者另行注明。

5. ATa、ATb 型板式楼梯

具备以下特征：

（1）ATa、ATb 型为带滑动支座的板式楼梯，梯板全部由踏步段构成，其支承方式为梯板高端均支承在梯梁上。ATa 型梯板低端带滑动支座支承在梯梁上，ATb 型梯板低端带滑动支座支承在挑板上。

（2）滑动支座做法如图 7-17 和图 7-18 所示，采用何种做法应由设计指定。滑动支座垫板可选用聚四氟乙烯板、钢板和厚度不小于 0.5mm 的塑料片，也可选用其他能保证有效滑动的材料，其连接方式由设计者另行处理。

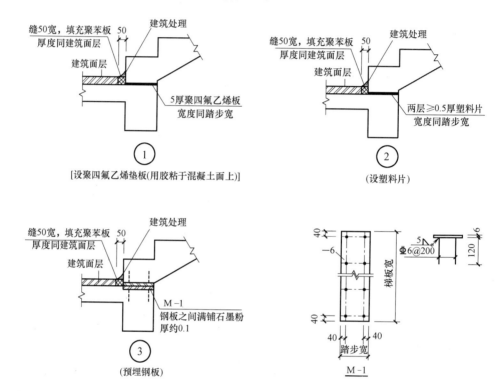

图 7-17　ATa、CTa 型楼梯滑动支座构造详图

（3）ATa、ATb 型梯板采用双层双向配筋。

6. ATc 型板式楼梯

具备以下特征：

（1）梯板全部由踏步段构成，其支承方式为梯板两端均支承在梯梁上。

（2）楼梯休息平台与主体结构可连接，也可脱开，如图 7-22 所示。

（3）梯板厚度应按计算确定，且不宜小于 140mm；梯板采用双层配筋。

（4）梯板两侧设置边缘构件（暗梁），边缘构件的宽度取 1.5 倍板厚；边缘构件纵筋数量，当抗震等级为一、二级时不少于 6 根，当抗震等级为三、四级时不少于 4 根；纵筋直径不小于 φ12 且不小于梯板纵向受力钢筋的直径；箍筋直径不小于 φ6，间距不大于

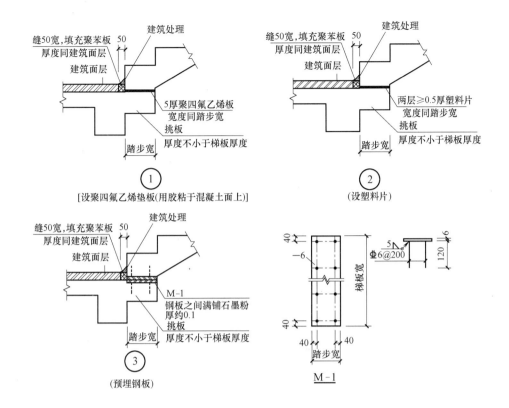

[设聚四氟乙烯垫板(用胶粘于混凝土面上)]

① （设塑料片）②

（预埋钢板）③

M-1

图 7-18　ATb、CTb 型楼梯滑动支座构造详图

200mm。平台板按双层双向配筋。

7. CTa、CTb 型板式楼梯

具备以下特征：

（1）CTa、CTb 型为带滑动支座的板式楼梯，梯板由踏步段和高端平板构成，其支承方式为梯板高端均支承在梯梁上。CTa 型梯板低端带滑动支座支承在梯梁上，CTb 型梯板低端带滑动支座支承在挑板上。

（2）CTa、CTb 型梯板采用双层双向配筋。

8. BTb 型板式楼梯

具备以下特征：

（1）BTb 型为带滑动支座的板式楼梯。梯板由踏步段和低端平板构成，其支承方式为梯板高端支承在梯梁上，梯板低端带滑动支座支承在挑板上。

（2）BTb 型梯板采用双层双向配筋。

9. DTb 型板式楼梯

具备以下特征：

（1）DTb 型为带滑动支座的板式楼梯。梯板由低端平板、踏步段和高端平板构成，其支承方式为梯板高端平板支承在梯梁上，梯板低端带滑动支座支承在挑板上。

（2）DTb 型梯板采用双层双向配筋。

10. 梯梁支承在梯柱上时，其构造应符合《22G101-1》中框架梁 KL 的构造做法，箍筋宜全长加密。

7.2.3　平面注写方式

1. 平面注写方式标注的内容

平面注写方式，是在楼梯平面布置图上注写尺寸和配筋具体数值的方式来表达。包括集中标注和外围标注，标注的具体内容如图 7-19 所示。

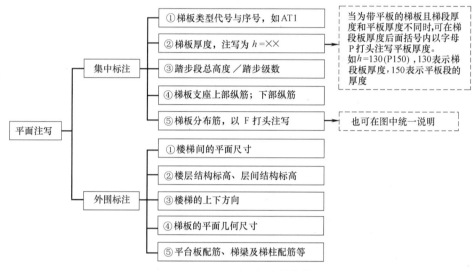

图 7-19　平面注写标注的内容

2. AT 型楼梯平面注写方式

AT 型楼梯的平面注写方式如图 7-20 所示。

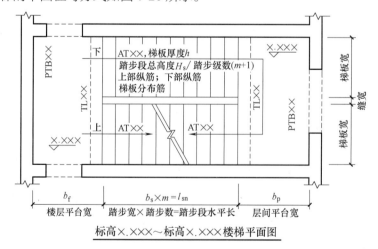

图 7-20　AT 型楼梯平面注写方式

【例 7-1】某工程标高 5.370～标高 7.170 的楼梯平面图如图 7-21 所示，请识读其集中标注、外围标注的信息。

集中标注的信息识读如下：

AT3，h=120　　　　　　　　表示 3 号 AT 型梯板，梯板厚度为 120mm。

1800/12　　　　　　　　　　表示踏步段总高度为 1800mm，踏步级数为 12 级。

Φ10@200；Φ12@150　　　表示梯板支座上部纵筋为 HRB400 级钢筋，直径 10mm，间距 200mm；下部纵筋为 HRB400 级钢筋，直径 12mm，间距 150mm。

FΦ8@250　　　　　　　　　表示梯板分布筋为 HPB300 级钢筋，直径 8mm，间距 250mm。

外围标注的信息：楼层平台宽 1785mm，每级踏步宽 280mm，踏步数为 11 级，踏步段水平长 3080mm，层间平台宽 1785mm，梯板宽 1600mm，缝宽（梯井宽）150mm。

楼层结构标高为 7.170m，层间结构标高为 5.370m。

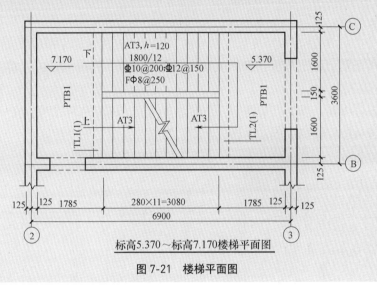

标高5.370～标高7.170楼梯平面图

图 7-21　楼梯平面图

3. ATc 型楼梯平面注写方式

ATc 型楼梯平面注写方式如图 7-22 所示。

7.2.4　剖面注写方式

1. 剖面注写方式需在楼梯平法施工图中绘制平面布置图和剖面图，注写方式分平面注写、剖面注写两部分。

2. 楼梯平面布置图注写内容，包括楼梯间的平面尺寸、楼层结构标高、层间结构标高、楼梯的上下方向、梯板的平面几何尺寸、梯板类型及编号、平台板配筋、梯梁及梯柱配筋等。

3. 楼梯剖面图注写内容，包括梯板集中标注、梯梁梯柱编号、梯板水平及竖向尺寸、楼层结构标高、层间结构标高等。

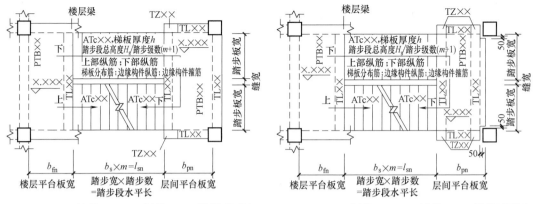

图 7-22 ATc 型楼梯平面注写方式

4.梯板集中标注的内容有四项，具体规定如下：

（1）梯板类型及编号，如 AT2。

（2）梯板厚度，注写为 $h=\times\times\times$。当梯板由踏步段和平板构成，且踏步段梯板厚度和平板厚度不同时，可在梯板厚度后面括号内以字母 P 打头注写平板厚度。

（3）梯板配筋。注明梯板上部纵筋和梯板下部纵筋，用分号"；"将上部与下部纵筋的配筋值分隔开来。

（4）梯板分布筋，以 F 打头注写分布钢筋具体值，该项也可在图中统一说明。

（5）对于 ATc 型楼梯尚应注明梯板两侧边缘构件纵向钢筋及箍筋。

AT~DT 型楼梯施工图剖面注写示例如图 7-23 和图 7-24 所示。

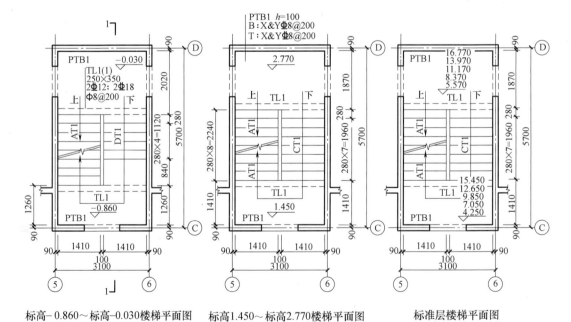

图 7-23 AT~DT 型楼梯施工图剖面注写示例（平面图）

快速平法识图与钢筋计算（第二版）

7.2.5 列表注写方式

1.列表注写方式，用列表方式注写梯板截面尺寸和配筋具体数值的方式来表达楼梯施工图。

2.列表注写方式的具体要求同剖面注写方式，仅将剖面注写方式中的梯板配筋注写项改为列表注写项即可。

图 7-23 和图 7-24 是剖面注写方式，若改为列表注写方式，需要补充表格 7-6，同时表格中的信息在剖面图 7-24 中不再重复表示，平面布置图同图 7-23。

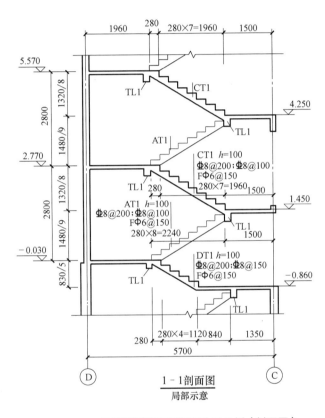

图 7-24 AT~DT 型楼梯施工图剖面注写示例（剖面图）

列表注写方式示例   表 7-6

梯板编号	踏步段总高度/踏步级数	板厚 h	上部纵向钢筋	下部纵向钢筋	分布筋
AT1	1480/9	100	Φ 8@200	Φ 8@100	Φ 6@150
CT1	1320/8	100	Φ 8@200	Φ 8@100	Φ 6@150
DT1	830/5	100	Φ 8@200	Φ 8@150	Φ 6@150

7.3 梯板钢筋构造

7-3
梯板钢筋构造
与计算

梯板钢筋构造，是指梯板构件的各种钢筋在实际工程中可能出现的各种构造情况，由于梯板的种类较多，不同类型梯板的钢筋构造也是大同小异，限于篇幅，本节主要讲解 AT 型、BT 型、CT 型楼梯板的钢筋构造。

7.3.1 AT 型楼梯板配筋构造

1. AT 型楼梯板配筋构造（图 7-25）

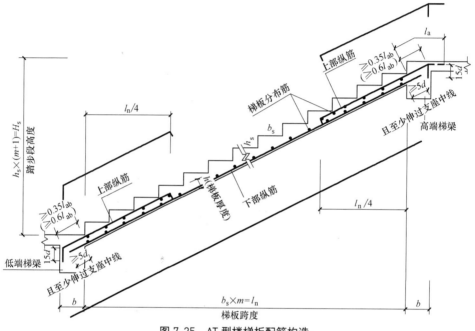

图 7-25 AT 型楼梯板配筋构造

2. AT 型楼梯板配筋构造要点

（1）AT 型楼梯板钢筋三维图如图 7-26 所示。

（2）图 7-25 中上部纵筋锚固长度 $0.35l_{ab}$ 用于设计按铰接的情况，括号内数据 $0.6l_{ab}$ 用于设计考虑充分利用钢筋抗拉强度的情况，具体工程中设计应指明采用何种情况。

（3）伸入高端梯梁的上部纵筋，有条件时可直接伸入平台板内锚固，从支座（高端梯梁）内边算起总锚固长度不小于 l_a，如图 7-25 中虚线所示。

（4）上部纵筋，一端伸至支座（高端梯梁、低端梯梁）对边再向下弯折 $15d$（d 为纵筋直径）。设计按铰接时，伸入支座直段长度 $\geqslant 0.35l_{ab}$；充分利用钢筋的抗拉强度时，伸入支座直段长度 $\geqslant 0.6l_{ab}$。另一端伸入踏步段弯 90° 直钩，弯钩长度 = 梯板厚度 - 保护层厚度 ×2，伸入踏步段的水平投影长度为 $l_n/4$，l_n 为梯板跨度。

（5）下部纵筋伸入支座（高端梯梁、低端梯梁）内长度 $\geqslant 5d$ 且至少伸过支座中心线。

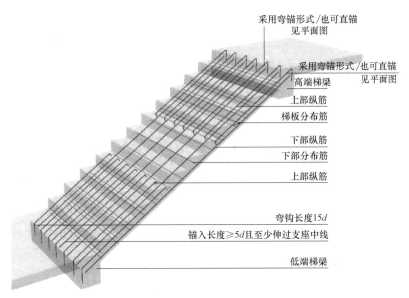

图 7-26　AT 型楼梯板钢筋三维图

（6）在下部纵筋上方、上部纵筋下方均设置梯板分布筋。

（7）当采用 HPB300 光圆钢筋时，除板的分布钢筋（不作为抗温度收缩钢筋使用），或者已经设有直钩的钢筋末端外，所有受力钢筋末端应作 180° 弯钩，即每个弯钩长度要增加 6.25d。

7.3.2　BT 型楼梯板配筋构造

1. BT 型楼梯板配筋构造（图 7-27）

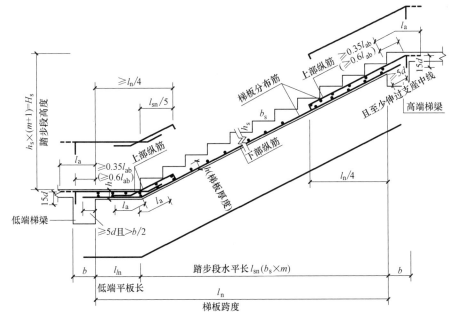

图 7-27　BT 型楼梯板配筋构造

2. BT 型楼梯板配筋构造要点

（1）BT 型楼梯板钢筋三维图如图 7-28 所示。

（2）图 7-27 中上部纵筋锚固长度 $0.35l_{ab}$ 用于设计按铰接的情况，括号内数据 $0.6l_{ab}$ 用于设计考虑充分利用钢筋抗拉强度的情况，具体工程中设计应指明采用何种情况。

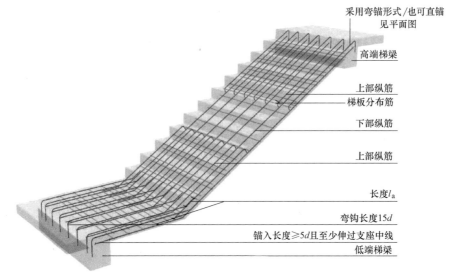

采用弯锚形式/也可直锚
见平面图

高端梯梁

上部纵筋
梯板分布筋
下部纵筋

上部纵筋

长度 l_a

弯钩长度 $15d$

锚入长度 $\geqslant 5d$ 且至少伸过支座中线

低端梯梁

图 7-28 BT 型楼梯板钢筋三维图

（3）上部纵筋有条件时可直接伸入平台板内锚固，从支座（高端梯梁、低端梯梁）内边算起总锚固长度不小于 l_a，如图 7-27 中虚线所示。

（4）低端平板处上部纵筋，一端伸至支座（低端梯梁）对边再向下弯折 $15d$（d 为纵筋直径）。设计按铰接时，伸入支座平直段长度 $\geqslant 0.35l_{ab}$；充分利用钢筋的抗拉强度时，伸入支座平直段长度 $\geqslant 0.6l_{ab}$。另一端伸至踏步段底部后沿踏步段坡度弯折，且伸入踏步段内的长度为 l_a。

（5）踏步段低端上部纵筋，一端伸至低端平板底部后沿平板水平弯折，且伸入低端平板内的长度为 l_a。另一端伸入踏步段弯 $90°$ 直钩，弯钩长度 = 梯板厚度 − 保护层厚度 ×2，伸入踏步段的水平投影长度为 $l_{sn}/5$，且 $\geqslant （l_n/4-l_{ln}）$。l_{sn} 为踏步段水平长，l_n 为梯板跨度，l_{ln} 为低端平板长。

（6）高端梯梁处上部纵筋，一端伸至支座（高端梯梁）对边再向下弯折 $15d$（d 为纵筋直径）。设计按铰接时，伸入支座直段长度 $\geqslant 0.35l_{ab}$；充分利用钢筋的抗拉强度时，伸入支座直段长度 $\geqslant 0.6l_{ab}$。另一端伸入踏步段弯 $90°$ 直钩，弯钩长度 = 梯板厚度 − 保护层厚度 ×2，伸入踏步段的水平投影长度为 $l_n/4$，l_n 为梯板跨度。

（7）下部纵筋伸入支座（高端梯梁、低端梯梁）内长度 $\geqslant 5d$ 且至少伸过支座中心线。

（8）在下部纵筋上方、上部纵筋下方均设置梯板分布筋。

（9）当采用 HPB300 光圆钢筋时，除板的分布钢筋（不作为抗温度收缩钢筋使用），或者已经设有直钩的钢筋末端外，所有受力钢筋末端应作 $180°$ 弯钩，即每个弯钩长度要增加 $6.25d$。

7.3.3 CT 型楼梯板配筋构造

1. CT 型楼梯板配筋构造（图 7-29）

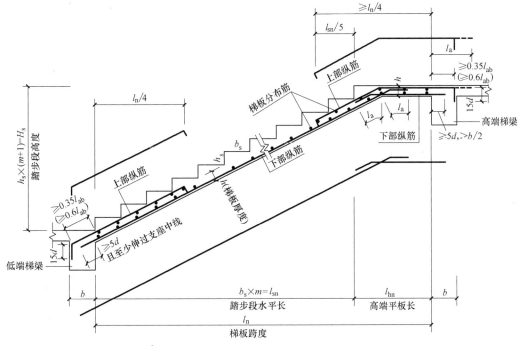

图 7-29　CT 型楼梯板配筋构造

2. CT 型楼梯板配筋构造要点

（1）CT 型楼梯板钢筋三维图如图 7-30 所示。

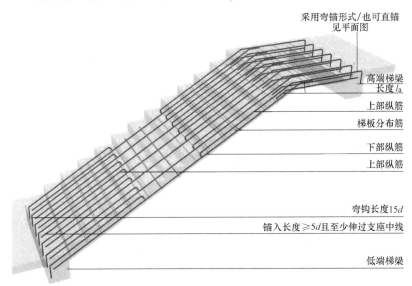

图 7-30　CT 型楼梯板钢筋三维图

（2）图 7-29 中上部纵筋锚固长度 $0.35l_{ab}$ 用于设计按铰接的情况，括号内数据 $0.6l_{ab}$ 用于设计考虑充分利用钢筋抗拉强度的情况，具体工程中设计应指明采用何种情况。

（3）伸入高端梯梁的上部纵筋，有条件时可直接伸入平台板内锚固，从支座（高端梯梁）内边算起总锚固长度不小于 l_a，如图 7-29 中虚线所示。

（4）高端平板及踏步段高端处上部纵筋，一端伸至支座（高端梯梁）对边再向下弯折 $15d$（d 为纵筋直径）。设计按铰接时，伸入支座平直段长度 $\geqslant 0.35l_{ab}$；充分利用钢筋的抗拉强度时，伸入支座平直段长度 $\geqslant 0.6l_{ab}$。另一端伸至踏步段顶部后沿踏步段坡度弯折，伸入踏步段的水平投影长度为 $l_{sn}/5$，且 $\geqslant$（$l_n/4-l_{hn}$）。l_{sn} 为踏步段水平长，l_n 为梯板跨度，l_{hn} 为高端平板长。

（5）低端梯梁的上部纵筋，一端伸至支座（低端梯梁）对边再向下弯折 $15d$（d 为纵筋直径）。设计按铰接时，伸入支座直段长度 $\geqslant 0.35l_{ab}$；充分利用钢筋的抗拉强度时，伸入支座直段长度 $\geqslant 0.6l_{ab}$。另一端伸入踏步段弯 $90°$ 直钩，弯钩长度 = 梯板厚度 - 保护层厚度 $\times 2$，伸入踏步段的水平投影长度为 $l_n/4$，l_n 为梯板跨度。

（6）高端平板下部纵筋，一端伸入支座（高端梯梁）内长度 $\geqslant 5d$ 且至少伸过支座中心线，另一端伸入踏步段内的长度为 l_a。

（7）踏步段下部纵筋，一端伸入支座（低端梯梁）内长度 $\geqslant 5d$ 且至少伸过支座中心线。另一端伸入高端平板顶部后沿平板水平弯折，伸入高端平板内的长度为 l_a。

（8）在下部纵筋上方、上部纵筋下方均设置梯板分布筋。

（9）当采用 HPB300 光圆钢筋时，除板的分布钢筋（不作为抗温度收缩钢筋使用），或者已经设有直钩的钢筋末端外，所有受力钢筋末端应作 $180°$ 弯钩，即每个弯钩长度要增加 $6.25d$。

7-4
梯板钢筋计算
实例

7.4　梯板钢筋计算实例

【例 7-2】某工程标高 -2.280~ 标高 -0.030 的楼梯施工图如图 7-31 所示，施工图采用剖面注写方式，设计按铰接，环境类别为二 a 类，混凝土强度等级为 C30。计算梯板 AT1 的钢筋设计长度及根数，并画出钢筋简图。

【解】

第一步，识读 AT1 楼梯平法施工图集中标注的内容。

AT1	表示 1 号 AT 型梯板。
$h=120$	表示梯板厚度为 120mm。
Φ10@200；Φ10@100	表示支座上部纵筋为 Φ10@200；下部纵筋为 Φ10@100。
FΦ8@200	表示梯板分布筋为 Φ8@200。

第二步，查规范数据，如：保护层厚度、基本锚固长度 l_{ab}，锚固长度 l_{ab}，找到适合该梯板的标准构造详图。

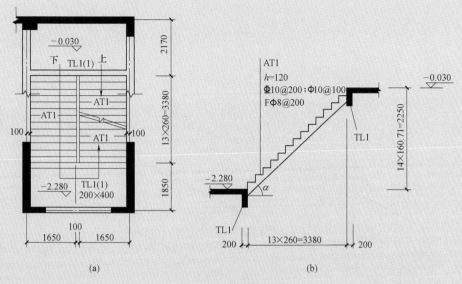

图 7-31 楼梯施工图

（a）平面图；（b）剖面图

根据已知条件：环境类别为二 a 类，C30 混凝土，上部纵筋为 HRB400 级，查表 1-9，查出：板的最小保护层厚度 =20mm，梁的最小保护层厚度 =25mm。查表 1-10，基本锚固长度 l_{ab}=35d，查表 1-12，锚固长度 l_a=35d。

Φ 10 的钢筋，l_a=35×10=350mm，0.35l_{ab}=0.35×35×10=123mm。设计按铰接，AT 型梯板的标准构造详图如图 7-25 所示，即构造要求：

1）上部纵筋，一端伸至支座（高端梯梁、低端梯梁）对边再向下弯折 15d（d 为纵筋直径），伸入支座直段长度 ≥ 0.35l_{ab}。另一端伸入踏步段弯 90° 直钩，弯钩长度 = 梯板厚度 − 保护层厚度 ×2，伸入踏步段的水平投影长度为 l_n/4，l_n 为梯板跨度。

2）伸入高端梯梁的上部纵筋，也可直接伸入平台板内锚固，从支座（高端梯梁）内边算起总锚固长度不小于 l_a。

3）下部纵筋伸入支座（高端梯梁、低端梯梁）内长度 ≥ 5d 且至少伸过支座中心线。下部纵筋采用 HPB300 光圆钢筋，其末端应作 180° 弯钩，即每个弯钩长度要增加 6.25d。

4）在下部纵筋上方、上部纵筋下方均设置梯板分布筋 Φ8@200，分布筋的末端不需要作 180° 弯钩。

第三步，计算钢筋设计长度及根数。

踏步高 160.71mm，踏步宽 260mm，梯段与水平线的夹角 α，tanα=160.71/260，则 α=31.7°。

为便于理解，结合 AT 型梯板的标准构造详图和楼梯标注的信息，画出梯板的剖面图及钢筋分离图，并在其上标注钢筋编号及长度，如图 7-32 所示。

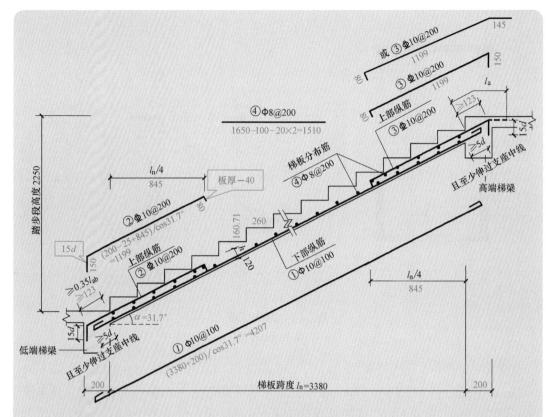

图 7-32 梯板剖面及钢筋分离图

梯板钢筋计算过程及方法如下：

1）下部纵筋①Φ10@100

支座锚固长 =max（梯梁宽/2，5d）= max（200/2，50）=100mm

直段长度 =（梯板跨度 + 两端支座锚固长）/cosα=（3380+100×2）/cos31.7°

＝4207mm

根数 =（梯板宽 -50×2）÷ 间距 +1=（1650−100−50×2）÷100+1=15.5 ≈ 16 根

2）低端上部纵筋②Φ10@200

直段长度 =（梯梁宽 - 梁保护层 + 梯板跨度 /4）/ cosα

＝（200−25+3380/4）/cos31.7° ＝1199mm

梁端弯折长度 =15d=15×10=150mm

板内弯折长度 = 板厚 - 保护层 ×2=120−20×2=80mm

根数 =（梯板宽 -50×2）÷ 间距 +1=（1650−100−50×2）÷200+1=8.25 ≈ 9 根

3）高端上部纵筋③Φ10@200：有两种做法，一种做法同②号钢筋，只是高端处的弯折角度不同；另一种做法是高端处钢筋直接伸入平台板内锚固，从支座（高端梯梁）内边算起总锚固长度不小于 l_a，现讲解后一种做法的计算。

直段长度＝（梯板跨度/4+梯梁宽－梁保护层）/cosα

$\qquad$ ＝（3380/4+200-25）/cos31.7°　＝1199mm

水平弯折长度＝锚固长 l_a－（梯梁宽－梁保护层）/cosα

$\qquad$ ＝35×10-（200-25）/cos31.7°　＝145mm

板内弯折长度＝板厚－保护层×2=120-20×2=80mm

根数＝（梯板宽-50×2）÷间距+1=（1650-100-50×2）÷200+1=8.25

$\qquad$ ≈9根

4）分布筋④Φ8@200：分布筋距梯梁边1/2分布筋间距开始布置。

单根长度＝梯板宽－保护层×2=1650-100-20×2=1510mm

下部纵筋的分布筋根数＝（梯板跨度/cosα）÷间距=3380/cos31.7°÷200=19.9≈20根

上部纵筋的分布筋根数＝[（梯板跨度/4cosα-间距/2）÷间距+1]×2

$\qquad$ ＝[（3380/4cos31.7°-200/2）÷200+1]×2≈6×2=12根

分布筋合计：20+12=32根

附录

南宁市××
综合楼图纸

	建设单位		
	工程名称	南宁市 ×× 综合楼	
	审定		审核
图纸目录	项目负责人		设计
	校对		日期

专业	□建筑	■结构	□给排水	□电气	□暖通	设计号码	
图号	图纸名称			备注	标准图集号		
结施 1	结构设计总说明			A3			
结施 2	基础平法施工图			A3			
结施 3	基础顶面～12.270墙、柱平法施工图			A3			
结施 4	基础面～12.270墙柱、墙身、墙梁配筋图			A3			
结施 5	12.270～19.470墙、柱平法施工图			A3			
结施 6	12.270～19.470墙柱、墙身、墙梁配筋图			A3			
结施 7	19.470～机房屋面墙、柱平法施工图			A3			
结施 8	地下室顶板梁配筋平面图			A3			
结施 9	地下室顶板板平法施工图			A3			
结施 10	二～五层梁平法施工图			A3			
结施 11	二～五层板平法施工图			A3			
结施 12	屋面梁平法施工图			A3			
结施 13	屋面层板平法施工图			A3			
结施 14	机房屋面平法施工图			A3			
结施 15	楼梯平法施工图			A3			

注：如为补充图或修改图，必须在备注栏说明。

参考文献

[1] 中华人民共和国住房和城乡建设部.混凝土结构设计规范（2015年版）：GB 50010—2010[S].北京：中国建筑工业出版社，2010.

[2] 中华人民共和国住房和城乡建设部.建筑抗震设计规范（2016年版）：GB 50011—2010[S].北京：中国建筑工业出版社，2016.

[3] 中华人民共和国住房和城乡建设部.高层建筑混凝土结构技术规程：JGJ 3—2010[S].北京：中国建筑工业出版社，2010.

[4] 中国建筑标准设计研究院.混凝土结构施工图平面整体表示方法制图规则和构造详图（现浇混凝土框架、剪力墙、梁、板）：22G101-1[S].北京：中国标准出版社，2022.

[5] 中国建筑标准设计研究院.混凝土结构施工图平面整体表示方法制图规则和构造详图（现浇混凝土板式楼梯）：22G101-2[S].北京：中国标准出版社，2022.

[6] 中国建筑标准设计研究院.混凝土结构施工图平面整体表示方法制图规则和构造详图（独立基础、条形基础、筏形基础、桩基础）：22G101-3[S].北京：中国标准出版社，2022.

[7] 中国建筑标准设计研究院.G101系列图集常见问题答疑图解：17G101-11[S].北京：中国计划出版社，2017.

[8] 中国建筑标准设计研究院.混凝土结构施工钢筋排布规则与构造详图（现浇混凝土框架、剪力墙、梁、板）：18G901-1[S].北京：中国计划出版社，2018.

[9] 中国建筑标准设计研究院.混凝土结构施工钢筋排布规则与构造详图（现浇混凝土板式楼梯）：18G901-2[S].北京：中国计划出版社，2018.

[10] 中国建筑标准设计研究院.混凝土结构施工钢筋排布规则与构造详图（独立基础、条形基础、筏形基础、桩基础）：18G901-3[S].北京：中国计划出版社，2018.

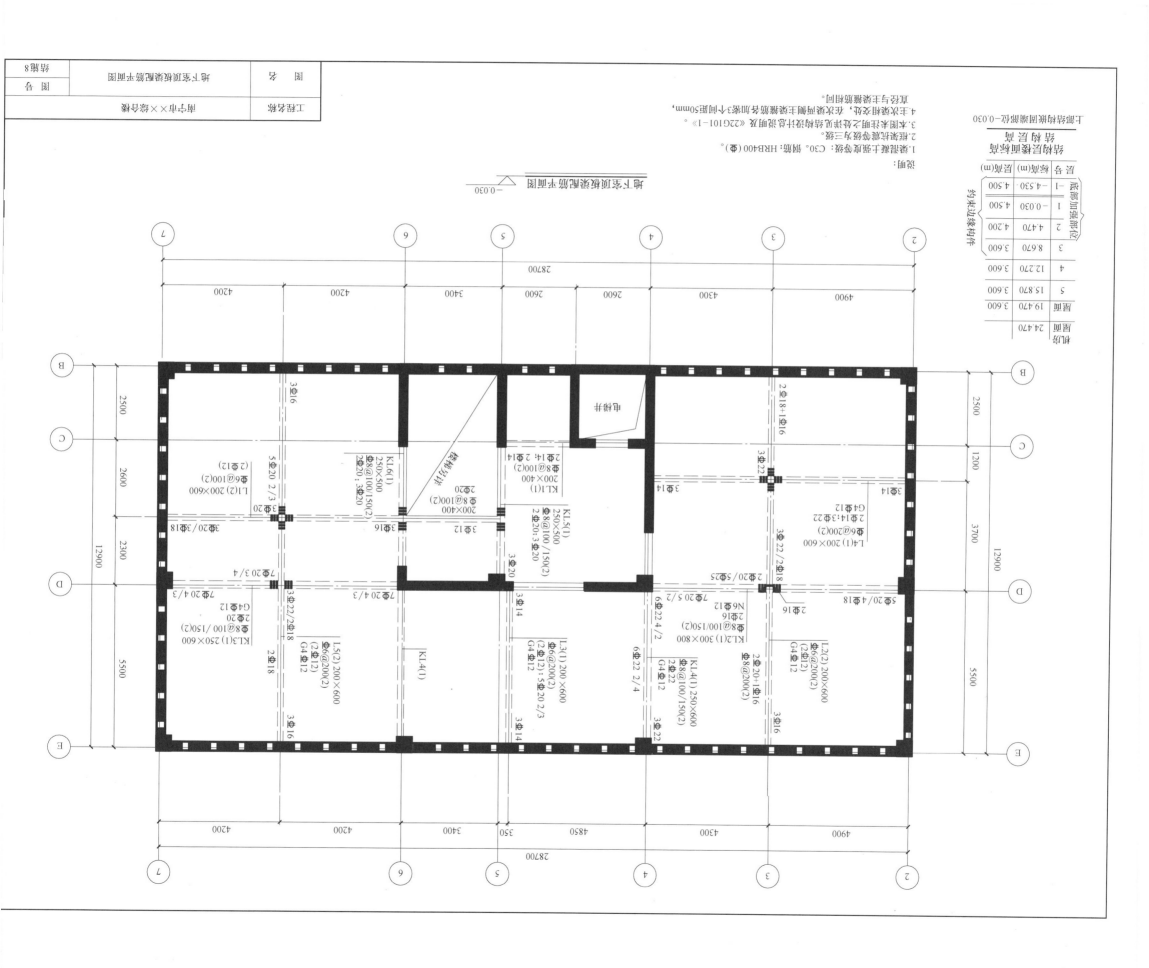

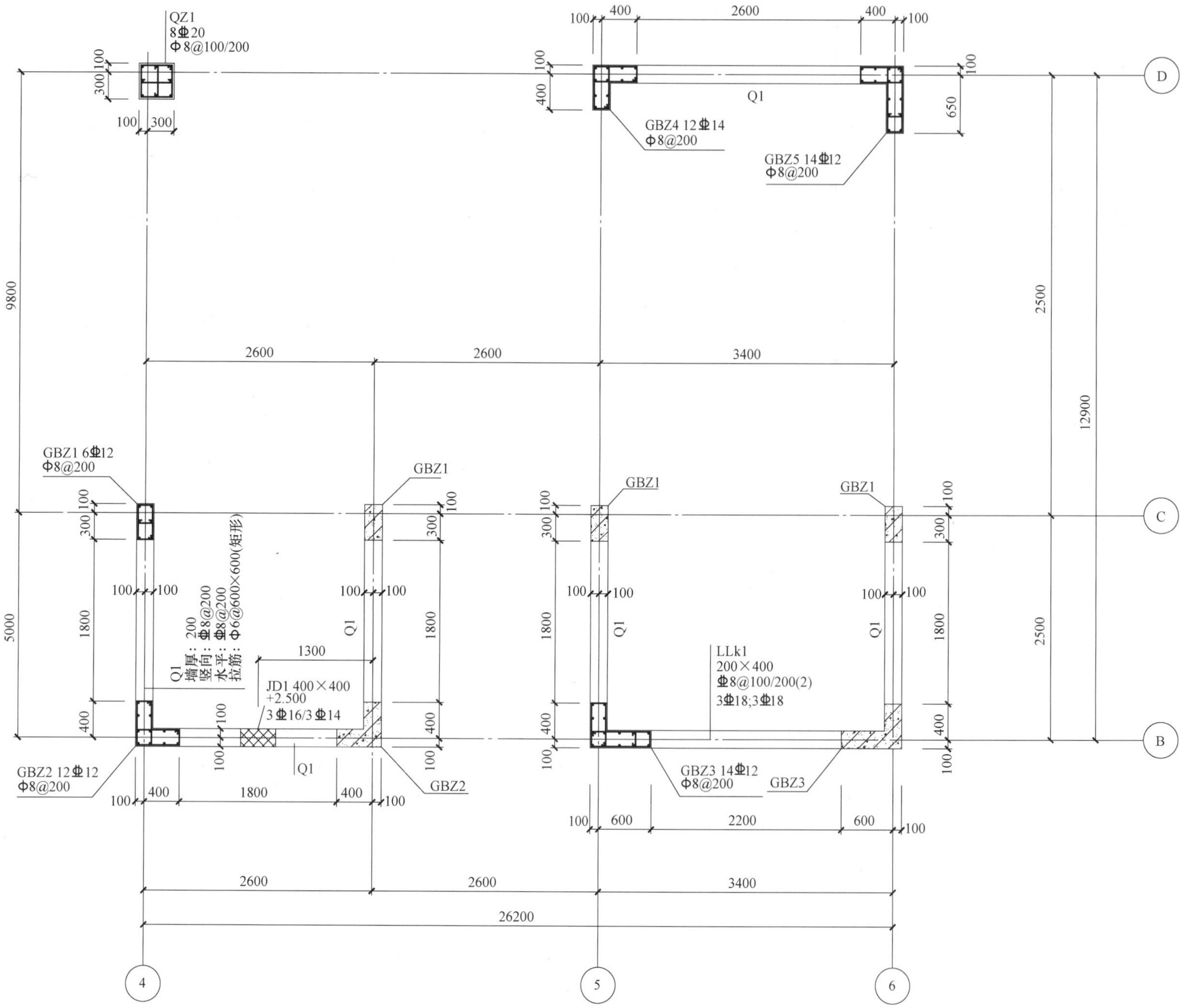

QZ1
8⚿20
Φ8@100/200

400 | 2600 | 400
100 | | | 100

Q1

GBZ4 12⚿14
Φ8@200

GBZ5 14⚿12
Φ8@200

D

GBZ1 6⚿12
Φ8@200

GBZ1

GBZ1

GBZ1

C

Q1厚：200
墙竖向：⚿8@200
水平：⚿8@200
拉筋：Φ6@600×600(矩形)

JD1.400×400
+2.500
3⚿16/3⚿14

LLk1
200×400
⚿8@100/200(2)
3⚿18;3⚿18

GBZ2 12⚿12
Φ8@200

GBZ3 14⚿12
Φ8@200

GBZ3

GBZ2

B

2600 | 2600 | 3400

26200

4 | 5 | 6

19.470～机房屋面墙、柱平法施工图

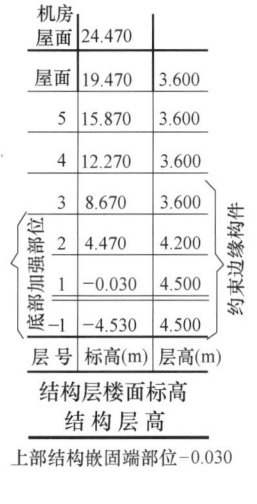

		机房 屋面	24.470	
		屋面	19.470	3.600
		5	15.870	3.600
		4	12.270	3.600
		3	8.670	3.600
底部加强部位	约束边缘构件	2	4.470	4.200
		1	-0.030	4.500
		-1	-4.530	4.500
		层 号	标高(m)	层高(m)

结构层楼面标高
结 构 层 高

上部结构嵌固端部位-0.030

说明：
1.框架柱、剪力墙混凝土强度等级：
　19.470m标高以上混凝土强度等级C25。
2.墙、柱配筋构造详图详见图集《22G101-1》。
3.本工程剪力墙抗震等级为二级，框架抗震等级为三级。
4.本图未注明之处详见结构设计总说明及《22G101-1》。

工程名称	南宁市××综合楼		
图 名	19.470～机房屋面墙、柱平法施工图	图 号	
		结施7	

墙构造边缘构件配筋表

编 号	GBZ1	GBZ2	GBZ3	GBZ4	GBZ5	GBZ6
截 面						
标 高	12.270～19.470	12.270～19.470	12.270～19.470	12.270～19.470	12.270～19.470	12.270～19.470
纵 筋	6Φ12	14Φ12	12Φ12	14Φ12	10Φ12	12Φ18
箍 筋	Φ8@200	Φ8@200	Φ8@200	Φ8@200	Φ8@200	Φ8@100/200

编 号	GBZ7	GBZ8
截 面		
标 高	12.270～19.470	12.270～19.470
纵 筋	12Φ18+4Φ12	14Φ12
箍 筋	Φ8@100/200	Φ8@200

剪力墙连梁表

连梁编号	截面($b \times h$)	上部纵筋	下部纵筋	腰筋	箍筋	对应洞口尺寸	楼层标高(m)
LL1	200×1170	4Φ18 2/2	4Φ22 2/2	Φ12@150	Φ10@150(2)	1100×2430	15.870、19.470
LL2	200×1470	4Φ18 2/2	4Φ20 2/2	Φ12@150	Φ10@100(2)	1100×2130	15.870、19.470
LL3	200×1470	4Φ22 2/2	4Φ22 2/2	Φ12@150	Φ10@100(2)	1100×2130	15.870、19.470

框架柱KZ表

编 号	标 高	$b \times h$	角筋	b边一侧中部筋	h边一侧中部筋	箍筋类型	箍筋
KZ1	12.270～19.470	500×500	4Φ20	3Φ18	3Φ18	1(4×4)	Φ8@100/200
KZ2	12.270～19.470	500×500	4Φ22	3Φ18	3Φ18	1(4×4)	Φ8@100/200

剪力墙身表

编 号	标 高	墙厚	水平分布筋	垂直分布筋	拉筋
Q1(双排)	12.270～19.470	200	Φ8@200	Φ8@200	Φ6@600×600(矩形)

说明:
1.框架柱、剪力墙混凝土强度等级:
　12.270～19.470标高混凝土强度等级C30。
2.墙、柱配筋构造图详图集《22G101-1》。
3.本工程剪力墙抗震等级为二级,框架抗震等级为三级。
4.本图未注明之处详见结构设计总说明及《22G101-1》。

工程名称	南宁市××综合楼	
图 名	12.270～19.470墙柱、墙身、墙梁配筋图	图 号
		结施6

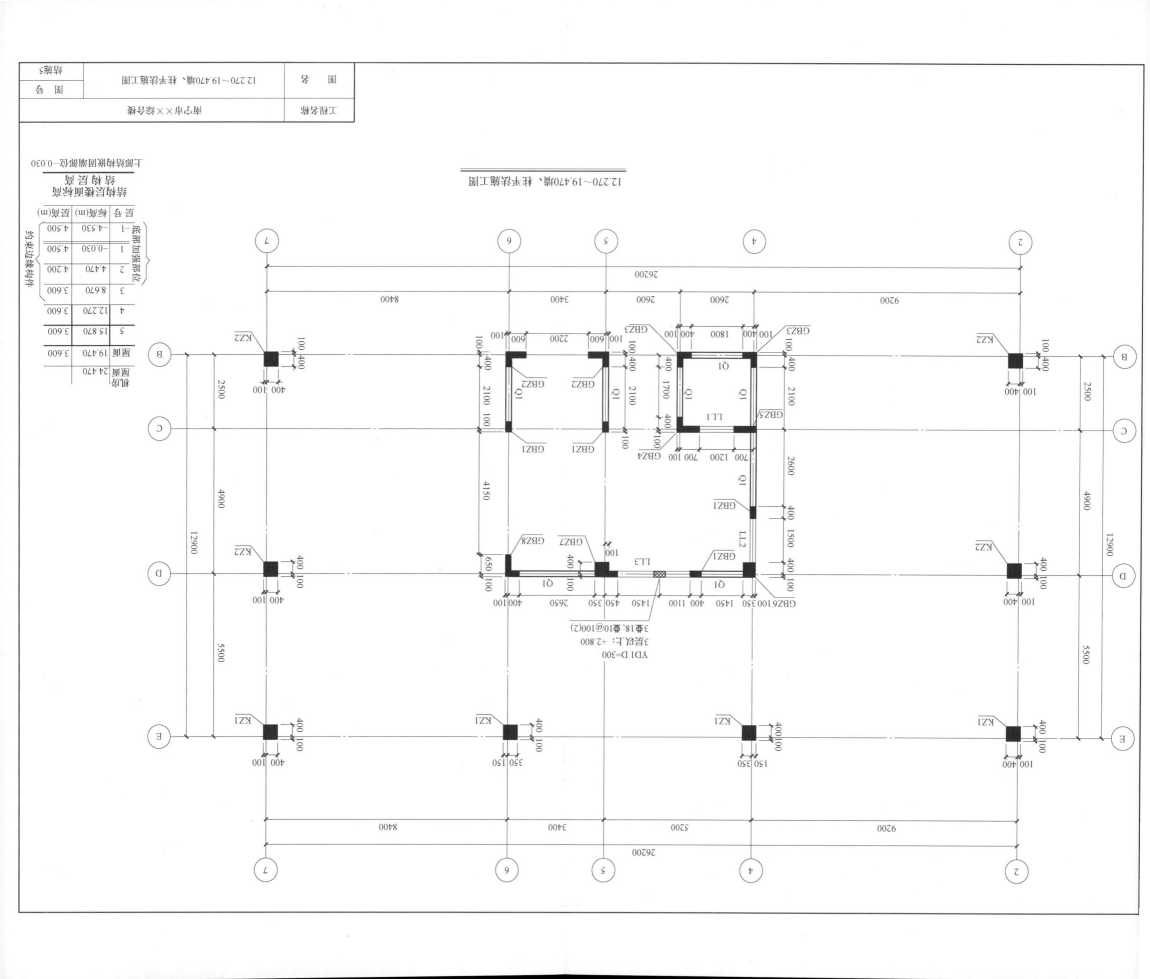

12.270~19.470标高, 柱平法施工图

上部结构嵌固端标高位置(位于-0.030)

约束边缘构件

沙箭加强部位

结构层楼面标高 结构层高

层号	标高(m)	层高(m)
-1	-4.530	4.500
1	-0.030	4.500
2	4.470	4.200
3	8.670	3.600
4	12.270	3.600
5	15.870	3.600
机房	19.470	3.600
机房	24.470	

工程名称	南宁市××综合楼
图名	12.270~19.470标高、柱平法施工图
图号	详图册5

墙约束边缘构件配筋表

编 号	YBZ1	YBZ2		YBZ3		YBZ4	YBZ5	YBZ6
截 面	非阴影区内竖向筋及水平筋同墙身，拉筋竖向间距为 $\Phi 8@100$							
标 高	基础面~12.270	基础面~-0.030	-0.030~12.270	基础面~-0.030	-0.030~12.270	基础面~12.270	基础面~12.270	基础面~-12.270
纵 筋	6Φ16	16Φ16	14Φ16	14Φ16	12Φ16	14Φ16	18Φ16	12Φ20+4Φ16
箍 筋	$\Phi 8@100$	$\Phi 8@100$	$\Phi 8@100$	$\Phi 8@100$	$\Phi 8@100$	$\Phi 8@100$	$\Phi 8@100$	$\Phi 8@100$

	YBZ7	YBZ8
截面		
标高	基础面~12.270	基础面~12.270
纵筋	12Φ20+8Φ16	14Φ16
箍筋	$\Phi 8@100$	$\Phi 8@100$

剪力墙身表

编号	标 高	墙厚	水平分布筋	垂直分布筋	拉筋
Q1(双排)	基础面~-0.030	250	$\Phi 12@200$	$\Phi 12@200$	$\Phi 6@600 \times 600$(矩形)
	-0.030~12.270	250	$\Phi 10@200$	$\Phi 10@200$	$\Phi 6@600 \times 600$(矩形)
Q2(双排)	基础面~-0.030	250	$\Phi 10@150$	$\Phi 10@150$	$\Phi 6@600 \times 600$(梅花)
	-0.030~12.270	250	$\Phi 8@150$	$\Phi 8@150$	$\Phi 6@600 \times 600$(梅花)
Q3(双排)	基础面~-0.030	300	$\Phi 10@150$	$\Phi 10@150$	$\Phi 6@600 \times 600$(梅花)
	-0.030~12.270	250	$\Phi 8@150$	$\Phi 8@150$	$\Phi 6@600 \times 600$(梅花)

框架柱KZ表

编号	标 高	$b \times h$	全部钢筋	角筋	b边一侧中部筋	h边一侧中部筋	箍筋类型	箍 筋
KZ1	基础面~12.270	500×500		4Φ22	3Φ18	3Φ18	1(5×5)	$\Phi 8@100/200$
KZ2	基础面~4.470	600×600		4Φ25	3Φ22	3Φ22	1(5×5)	$\Phi 8@100/200$
	4.470~12.270	500×500		4Φ22	3Φ20	3Φ20	1(5×5)	$\Phi 8@100/200$
KZ3	基础面~4.470	400×400	8Φ18				1(3×3)	$\Phi 8@100/200$

AL
用于地下室外墙顶部

剪力墙连梁表

连梁编号	截面($b \times h$)	上部纵筋	下部纵筋	腰筋	箍筋	对应洞口尺寸	楼层标高(m)
LL1	250×2270	4Φ22 2/2	4Φ22 2/2	$\Phi 12@150$	$\Phi 10@150(2)$	1200×2230	-0.030、4.470
	250×1970	4Φ20 2/2	4Φ20 2/2	$\Phi 12@150$	$\Phi 10@100(2)$	1200×2230	8.670
	250×1370	4Φ18 2/2	4Φ18 2/2	$\Phi 12@150$	$\Phi 10@100(2)$	1200×2230	12.270
LL2	250×2370	4Φ22 2/2	4Φ22 2/2	$\Phi 12@150$	$\Phi 10@150(2)$	1500×2130	-0.030、4.470
	250×2070	4Φ20 2/2	4Φ20 2/2	$\Phi 12@150$	$\Phi 10@100(2)$	1500×2130	8.670
	250×1470	4Φ18 2/2	4Φ18 2/2	$\Phi 12@150$	$\Phi 10@100(2)$	1500×2130	12.270
LL3	250×1150	4Φ20 2/2	4Φ20 2/2	$\Phi 12@150$	$\Phi 10@100(2)$	2550×2130	4.470
	250×1050	4Φ20 2/2	4Φ20 2/2	$\Phi 12@150$	$\Phi 10@100(2)$	2550×2130	8.670
	250×1250	4Φ22 2/2	4Φ22 2/2	$\Phi 12@150$	$\Phi 10@100(2)$	2550×2130	12.270

说明：

1.框架柱、剪力墙混凝土强度等级：

　基础面~12.270m标高混凝土强度等级C35。

2.墙、柱配筋构造详图集《22G101-1》。

3.本工程剪力墙抗震等级为二级，框架抗震等级为三级。

4.本图未注明之处详见结构设计总说明及《22G101-1》。

5.当地下室外墙与剪力墙重合时，以截面配筋大者为准。

工程名称	南宁市××综合楼	
图 名	基础面~12.270墙柱、墙身、墙梁配筋图	图 号 结施4

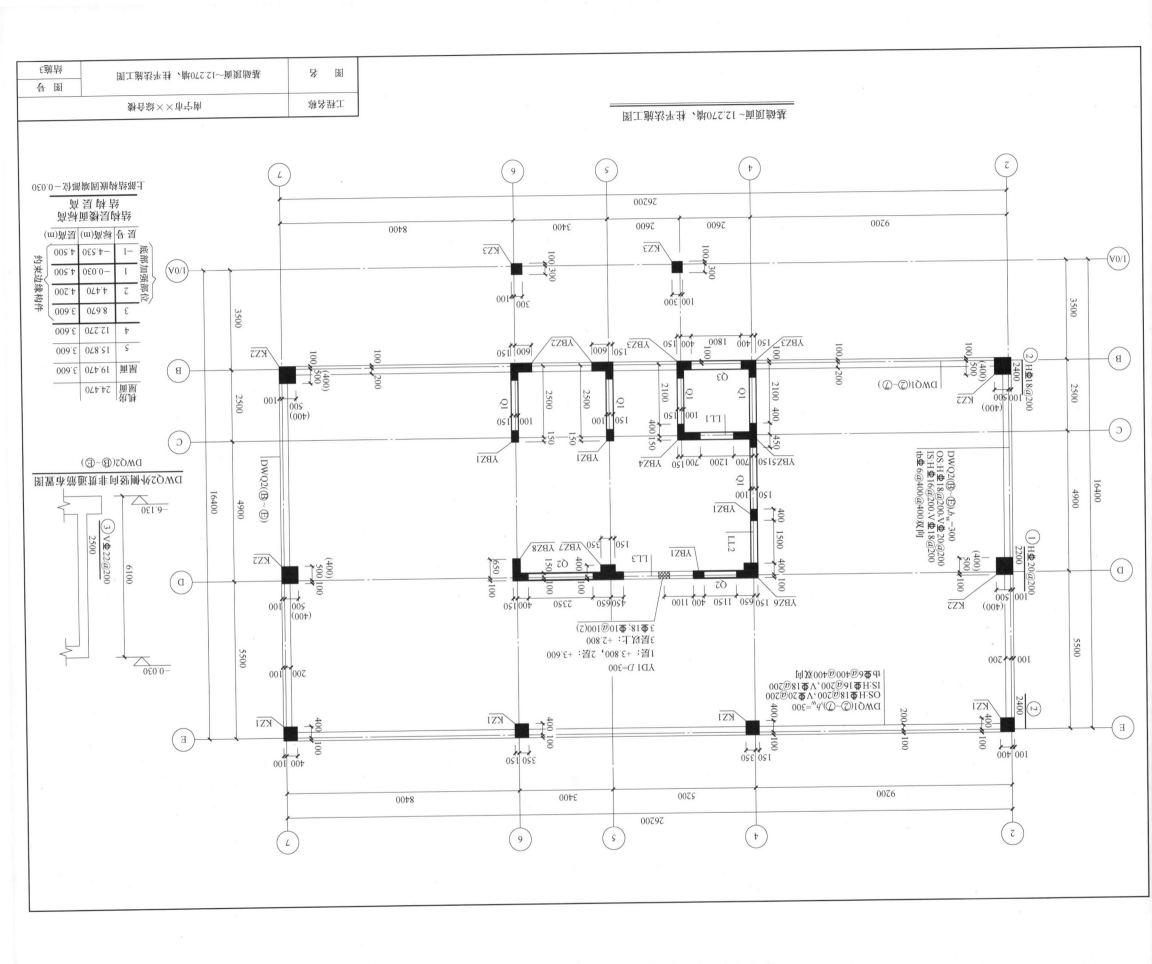

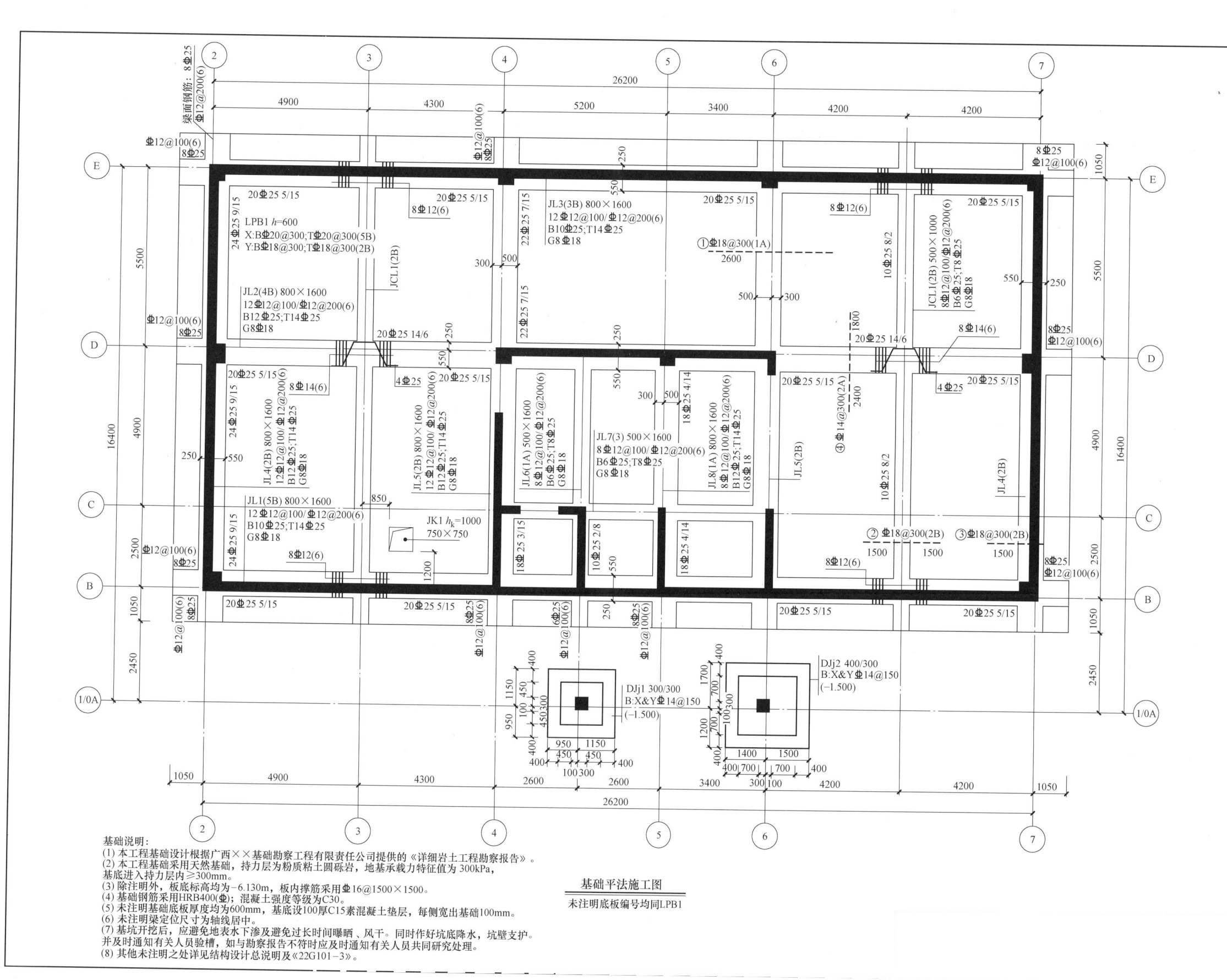

基础平法施工图

未注明底板编号均同LPB1

基础说明:
(1) 本工程基础设计根据广西××基础勘察工程有限责任公司提供的《详细岩土工程勘察报告》。
(2) 本工程基础采用天然基础,持力层为粉质粘土圆砾岩,地基承载力特征值为300kPa,
基底进入持力层内≥300mm。
(3) 除注明外,板底标高均为−6.130m,板内撑筋采用Φ16/1500×1500。
(4) 基础钢筋采用HRB400(Φ);混凝土强度等级为C30。
(5) 未注明基础底板厚度均为600mm,基底设100厚C15素混凝土垫层,每侧宽出基础100mm。
(6) 未注明梁底定位尺寸为轴线居中。
(7) 基坑开挖后,应避免地表水下渗及避免过长时间曝晒、风干。同时作好坑底降水,坑壁支护。
并及时通知有关人员验槽,如与勘察报告不符时应及时通知有关人员共同研究处理。
(8) 其他未注明之处详见结构设计总说明及《22G101−3》。

结构设计总说明

一、工程概况

本办公楼工程位于南宁市西乡塘区罗文大道33号。地上五层，地下一层，结构高度19.470m，±0.000相当于绝对标高45.700m。采用框架-剪力墙结构，设计使用年限为50年，均按照现行设计规范进行设计。

拟建工程为综合楼，在设计使用年限内未经技术鉴定或设计许可，不得改变结构的用途和使用环境。

二、设计依据

1.主要设计规范、规程以及技术规定

建筑结构可靠性设计统一标准	GB 50068—2018
建筑地基基础设计规范	GB 50007—2011
混凝土结构设计规范(2015年版)	GB 50010—2010
高层建筑混凝土结构技术规程	JGJ 3—2010
地下工程防水技术规范	GB 50108—2008
钢筋焊接及验收规程	JGJ 18—2012
建筑地基基础工程施工质量验收标准	GB 50202—2018
混凝土小型空心砌块建筑技术规程	JGJ/T 14—2011
建筑工程抗震设防分类标准	GB 50223—2008
建筑结构荷载规范	GB 50009—2012
建筑抗震设计规范(2016年版)	GB 50011—2010
混凝土结构耐久性设计标准	GB/T 50476—2019
钢筋机械连接通用技术规程	JGJ 107—2016
混凝土结构工程施工质量验收规范	GB 50204—2015
砌体结构设计规范	GB 50003—2011

注：1)除上述所列外，本工程尚应执行国家、部委及地方制定的设计和施工的现行标准、规范、规程和规定；

2)当上述标准出现新版本取代图纸选用的版本时，施工时应执行最新有效版本；

3)当检测验收要求指标值在上述不同规范规程中的要求不一致时，应以较严格要求为准。

2.本工程执行的主要图集

现浇混凝土框架、剪力墙、梁、板	22G101-1
现浇混凝土板式楼梯	22G101-2
独立基础、条形基础、筏形基础及桩基承台	22G101-3
地下建筑防水构造	10J301
砌体填充墙结构构造	12G614-1

注：1)除本工程设计图纸明确外，施工时应执行以上图集的要求；

2)当上述图集存在与最新执行的规范、规程要求不符时，施工时应执行最新规范、规程的有关要求；当上述图集出现新版本取代图纸选用的版本时，施工时应执行最新有效版本。

3.由广西××基础勘察工程有限责任公司提供的《详细岩土工程勘察报告》。

4.自然条件

1)抗震设防烈度：7度；
2)建筑场地类别：Ⅱ类；
3)设计地震分组：第一组；
4)地面粗糙度：B类；
5)基本风压：0.35kN/m²；
6)抗浮设计水位：-3.0(相对于正负零)；
7)地下水对混凝土结构有微腐蚀性；土壤对混凝土结构有微腐蚀性。

注：本工程为丙类建筑，抗震构造措施采用的抗震设防烈度为7度。

5.规划局、消防局和人防等政府职能部门就本工程的相关批文。

三、建筑分类等级

1.建筑结构安全等级：二级；　　2.地基基础设计等级：丙级；
3.建筑抗震设防类别：丙类；　　4.抗震等级：剪力墙二级、框架三级；
5.地下室防水等级：二级；　　6.建筑防火分类等级和耐火等级：一级。

四、设计主要荷载

1.楼面、地面均布活荷载标准值及主要设备控制荷载标准值：单位：kN/m²

1)办公室、会议室：2.0；　　　5)档案室：5.0；
2)厕所、阳台：2.5；　　　　　6)餐厅：2.5；
3)走廊、门厅：2.5；　　　　　7)变配电房：7.0。
4)电梯机房：9.0；
2.地下室顶板：5.0kN/m²
3.消防车道：35.0kN/m²

4.屋面均布活荷载标准值及主要设备控制荷载标准值：单位：kN/m²

1)上人屋面：2.0；　　　　　　2)非上人屋面：0.5。
5.覆土容重：18kN/m³
6.砌体容重：≤14kN/m³
7.地震作用：
1)设计基本地震加速度：0.1g；　3)水平地震影响最大系数：0.08；
2)场地特征周期：0.35s；　　　4)阻尼比：0.05。

五、设计软件

结构整体计算程序采用YJK，版本号2.0.1；编制单位：北京盈建科股份有限公司。

六、混凝土材料

1.混凝土强度等级：

1)垫层:C15；　　　　　　　2)基础:C30；
3)剪力墙及框架柱:C35～C25;4)梁、楼板、地下室顶板:C30；其余各层:C25；
5)楼梯及构造柱：同相应楼层梁板。

2.防水混凝土的抗渗等级：

基础、地下室外墙，地下室顶板、屋面、卫生间、水箱、水池：P6。

3.混凝土耐久性的基本要求：

1)水泥强度等级不低于42.5MPa，水泥品种应采用硅酸盐水泥或普通硅酸盐水泥。

2)混凝土构件的环境类别：

① 二a类：地面以上构件表面。

② 二b类：地面以下与土壤或水直接接触的构件表面。

3)商品混凝土要求：

环境类别	最大水胶比	最小水泥用量(kg/m³)	最大氯离子含量	最大碱含量(kg/m³)
一类	0.60	225	0.30%	无要求
二a类	0.55	250	0.20%	3.0
二b类	0.50	320	0.15%	3.0

注：1)当混凝土中加入矿物掺合料时，表中"水泥用量"为"胶凝材料用量"；

2)氯离子含量系指其占胶凝材料总量的百分比；

3)当使用非碱活性骨料时，对混凝土中的碱含量可不做限制；

4)对于地下防水构件，纯水泥用量不宜小于260kg/m³，但不宜大于280kg/m³；

5)泵送防水混凝土入泵坍落度控制在120～160mm之内。

4.外加剂：外加剂的使用类型及用量应通过试验确定，外加剂质量应满足相应国家标准规范要求。

七、钢筋

1.钢筋种类及强度：

1) HPB300(Φ): f_y=270　　　2) HRB400(Φ): f_y=360

注：钢筋技术指标应符合《混凝土结构设计规范》GB 50010要求，其强度标准值应具有≥95%的保证率。抗震等级一、二、三级的剪力墙、框架和斜撑构件(含楼梯的梯段)，应采用带E钢筋，其纵向受力钢筋的抗拉强度实测值与屈服强度实测值的比值不应小于1.25，钢筋的屈服强度实测值与标准值的比值不应大于1.30，且钢筋在最大拉力下的总伸长率实测值不应小于9%。

2.焊条：

E43系列用于焊接HPB300钢筋、Q235B钢板型钢；E50系列用于焊接HRB335钢筋；E55系列用于焊接HRB400热轧钢筋。不同材质时，焊条应与低强度等级材质匹配。

八、砌体种类及要求

1.砌体

正负零以下采用M7.5水泥砂浆砌筑Mu10混凝土小型空心砌块，其余各部位采用M5.0混合砂浆砌筑Mu10混凝土小型空心砌块。

2.砌筑方式及构造应满足相应国家规范及要求。

九、地基基础

详相应结构图图纸。

十、施工安全

1.施工时应严格按国家、部委及地方制定的现行标准、规范、规程和规定及相关图集执行，并满足国家、地区有关安全生产的规定(包括安全生产条例)，确保施工场地、人员以及周边其他建(构)筑物、道路、管线的安全。

2.施工过程中的施工荷载不得超过规定要求。确有必要超出时，应进行施工方案的验算并通过相关部门审查，不应影响主体结构及其地基基础的安全度，并采取可靠的临时加固措施。

十一、其他

1.施工前应进行技术交底、图纸会审。施工过程中，若发现设计图纸与实际情况不符、设计图纸存在矛盾、以及对图纸产生任何疑惑时，应及时通知设计单位。

2.本设计图纸未尽事宜，应符合本工程设计所采用规范、图集的要求，也应符合相关检测、施工、验收等规范要求。

3.本总说明的有关内容在具体设计图(平面图、详图等)中有特别说明或采用与总说明不同的做法时，应以具体设计图为准。

4.设计选用的所有建筑材料，均须有出厂合格证明，并应符合国家、地方及主管部门颁发的产品标准，主体结构所用的建筑材料应经检验合格、质检部门抽检合格后方可使用。

5.在设计使用年限内，未经技术鉴定或设计许可，不得改变结构的用途和使用环境。在使用过程中，应对建筑进行定期检查和维护。

6.本工程中除特别说明外，标高单位均为m(米)，长度单位均为mm(毫米)。

7.本工程开挖深度超过5m(含5m)的基坑(槽)的土方开挖、支护、降水工程属于危险性较大的分部分项工程，须采取有效措施，保障工程周边环境安全和工程施工安全。

十二、特别说明

本工程图纸仅用于平法教学，不得用于实际施工。

工程名称		南宁市××综合楼		图 号	
图 名		结构设计总说明		结施1	

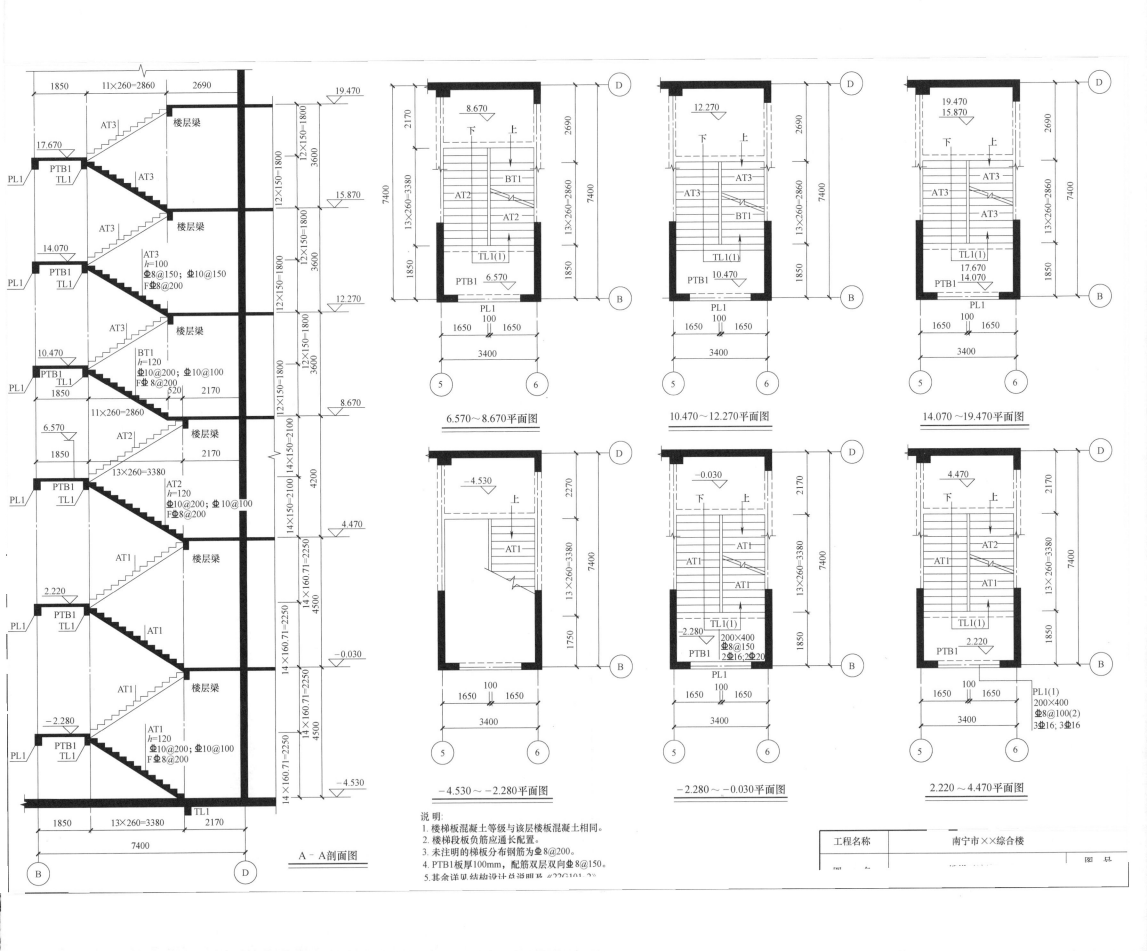

19.470

17.670   AT3   楼层梁
PL1   PTB1
TL1   AT3

15.870

14.070   AT3   楼层梁
PL1   PTB1
TL1   AT3
h=100
Φ8@150；Φ10@150
FΦ8@200

12.270

10.470   AT3   楼层梁
PL1   PTB1
TL1   BT1
h=120
Φ10@200；Φ10@100
FΦ8@200   520   2170

11×260=2860   8.670

6.570   AT2   楼层梁
PL1   PTB1
TL1   AT2   2170
h=120
Φ10@200；Φ10@100
FΦ8@200

4.470

PL1   PTB1   AT1   楼层梁
TL1

-0.030

2.220   AT1
PL1   PTB1
TL1   AT1
h=120
Φ10@200；Φ10@100
FΦ8@200

-2.280   AT1
PL1   PTB1
TL1

TL1

-4.530

A－A剖面图

B   D

1850   11×260=2860   2690
12×150=1800
12×150=1800   3600
12×150=1800
12×150=1800   3600
12×150=1800
12×150=1800   3600
12×150=1800
14×150=2100   2170
14×150=2100   4200
14×160.71=2250   4500
14×160.71=2250
14×160.71=2250   4500
14×160.71=2250

1850   13×260=3380   2170
7400

6.570～8.670平面图

8.670

下   上
AT2   BT1
AT2
TL1(1)
PTB1   6.570
PL1
100
1650   1650
3400
5   6
2170 13×260=3380 2690 7400 1850

10.470～12.270平面图

12.270

下   上
AT3
AT3
BT1
TL1(1)
PTB1   10.470
PL1
100
1650   1650
3400
5   6
2690 13×260=2860 7400 1850

14.070～19.470平面图

19.470
15.870

下   上
AT3
AT3
TL1(1)
PTB1   17.670
14.070
PL1
100
1650   1650
3400
5   6
2690 13×260=2860 7400 1850

-4.530～-2.280平面图

-4.530

上
AT1
PL1
100
1650   1650
3400
5   6
2270 13×260=3380 7400 1750

-2.280～-0.030平面图

-0.030

下   上
AT1
AT1
TL1(1)
-2.280
200×400
Φ8@150
2Φ16;2Φ20
PTB1
PL1
100
1650   1650
3400
5   6
2170 13×260=3380 7400 1850

2.220～4.470平面图

4.470

下   上
AT2
AT1
AT1
TL1(1)
2.220
PTB1
100
1650   1650
3400
5   6
2170 13×260=3380 7400 1850
PL1(1)
200×400
Φ8@100(2)
3Φ16; 3Φ16

说明：
1. 楼梯板混凝土等级与该层楼板混凝土相同。
2. 楼梯段板负筋应通长配置。
3. 未注明的梯板分布钢筋为Φ8@200。
4. PTB1板厚100mm，配筋双层双向Φ8@150。
5. 其余详见结构设计总说明及《22G101-2》

工程名称	南宁市××综合楼

图号

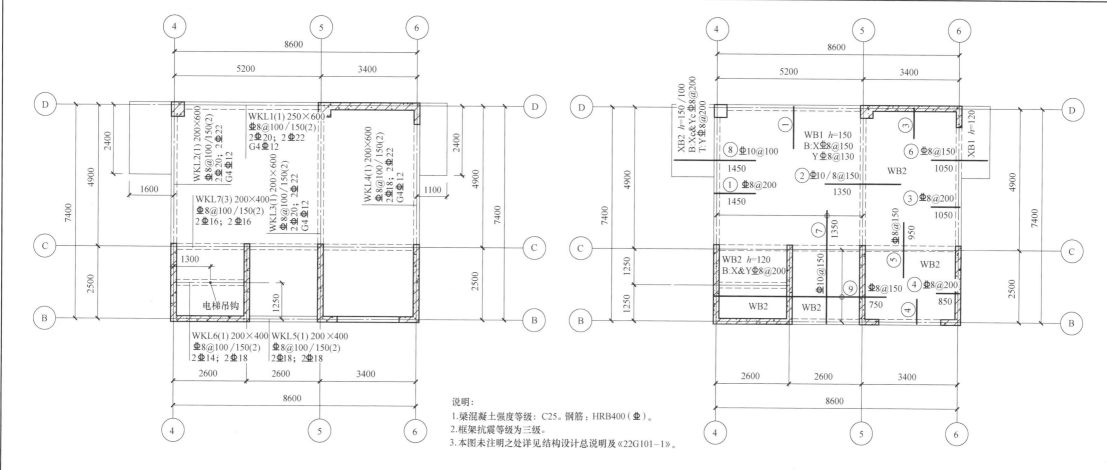

机房屋面梁平法施工图 ▽ 24.470

说明：
1. 梁混凝土强度等级：C25。钢筋：HRB400（Φ）。
2. 框架抗震等级为三级。
3. 本图未注明之处详见结构设计总说明及《22G101-1》。

机房屋面板平法施工图 ▽ 24.470

说明：
1. 板混凝土强度等级：C25。钢筋：HRB400（Φ）。
2. 未注明定位梁均平柱边或轴线居中。
3. 未注明板厚均为120mm，分布筋均为Φ6@250。
   板面未配筋处铺设Φ6@200双向钢筋网，与受力钢筋搭接长度250mm。
4. 本图未注明之处详见结构设计总说明及《22G101-1》。

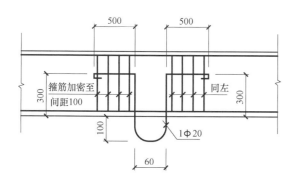

30kN吊钩大样

1. 吊钩位置以电梯厂家提供的电梯土建图为准；
2. 吊钩应焊接或绑扎在钢筋骨架上。

机房屋面	24.470	
屋面	19.470	3.600
5	15.870	3.600
4	12.270	3.600
3	8.670	3.600
2	4.470	4.200
1	-0.030	4.500
-1	-4.530	4.500
层 号	标高(m)	层高(m)

结构层楼面标高
结构 层 高

上部结构嵌固端部位-0.030

工程名称	南宁市××综合楼	图 号
图 名	机房屋面平法施工图	结施14

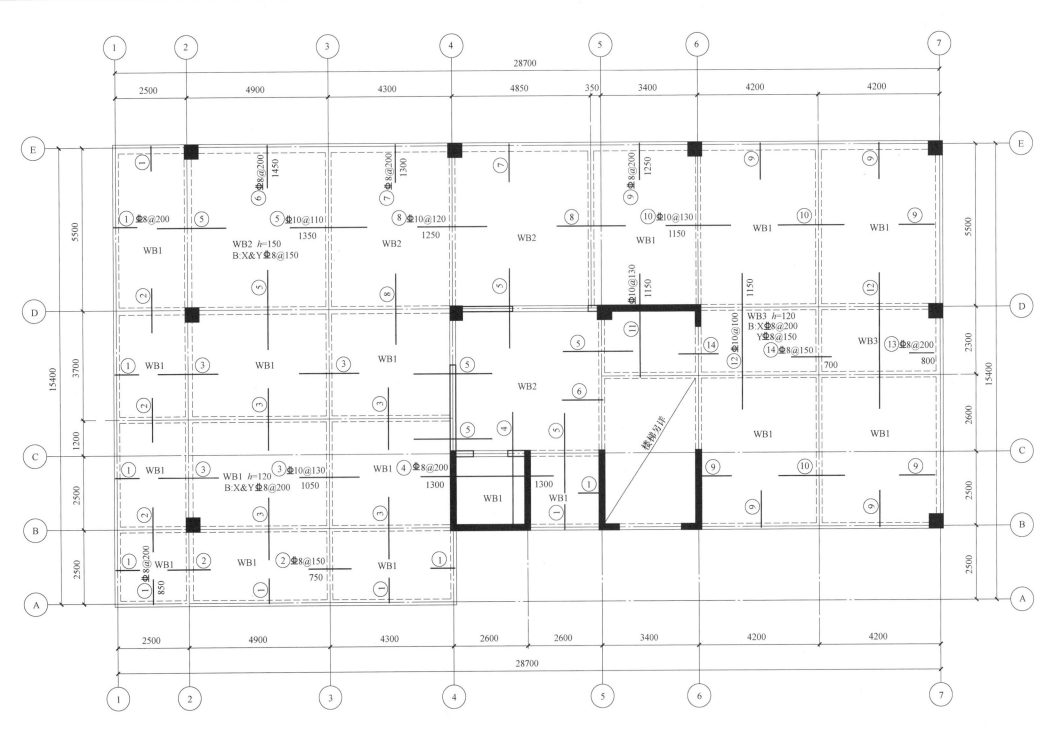

屋面板平法施工图 $\overline{\nabla}$ 19.470

未注明板编号均同WB1

说明:
1.板混凝土强度等级: C25。钢筋: HRB400(Φ)。
2.未注明定位梁均平柱边或轴线居中。
3.未注明板厚均为120mm, 分布筋均为Φ6@250。
板面未配筋处铺设Φ6@200双向钢筋网, 与受力钢筋搭接长度250mm。
4.本图未注明之处详见结构设计总说明及《22G101-1》。

工程名称	南宁市××综合楼	
图 名	屋面层板平法施工图	图 号
		结施13

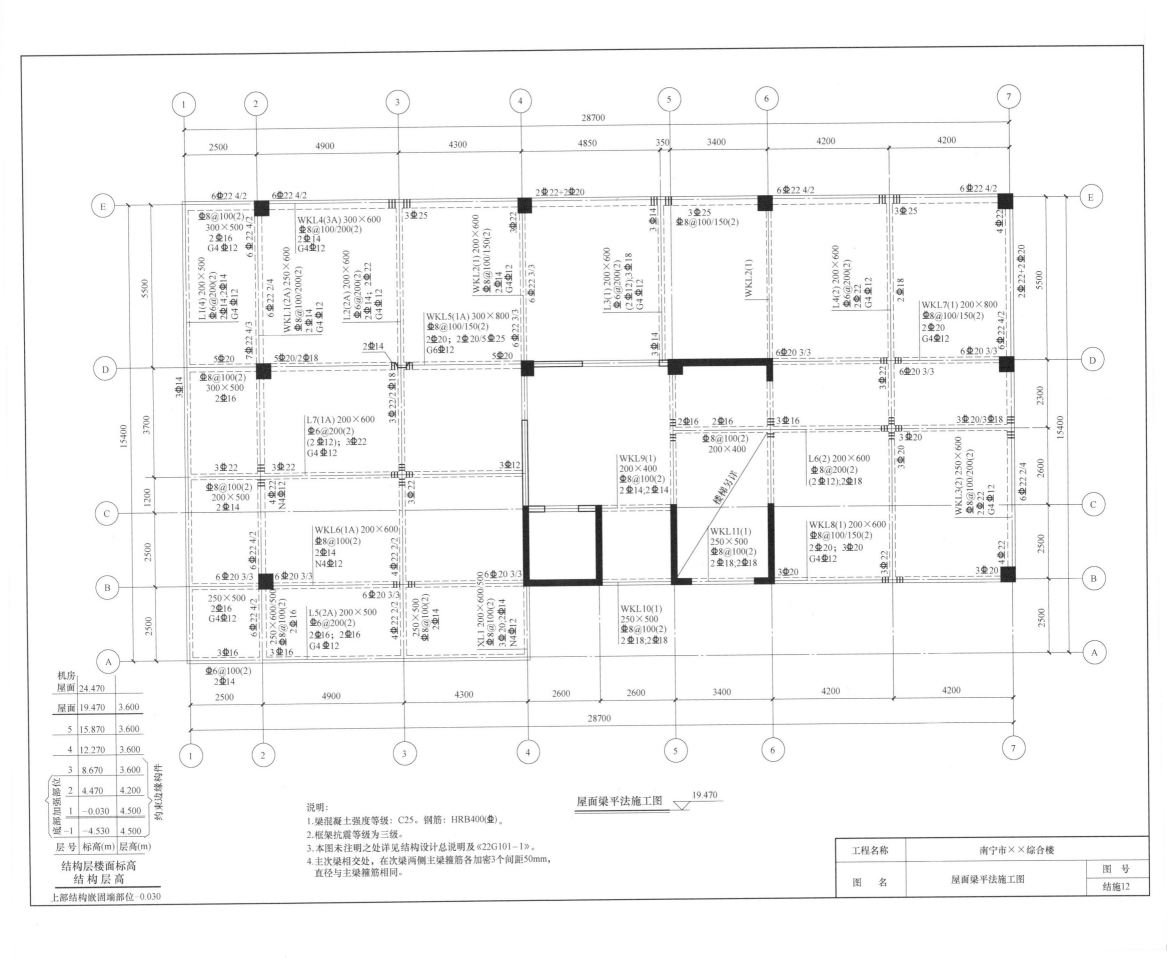

屋面梁平法施工图 19.470

机房
屋面 24.470

层 号	标高(m)	层高(m)
屋面	19.470	3.600
5	15.870	3.600
4	12.270	3.600
3	8.670	3.600
2	4.470	4.200
1	−0.030	4.500
−1	−4.530	4.500

结构层楼面标高
结 构 层 高

上部结构嵌固端部位−0.030

说明:
1.梁混凝土强度等级: C25。钢筋: HRB400(Ⅱ)。
2.框架抗震等级为三级。
3.本图未注明之处详见结构设计总说明及《22G101-1》。
4.主次梁相交处,在次梁两侧主梁箍筋各加密3个间距50mm,
　直径与主梁箍筋相同。

工程名称	南宁市××综合楼	图 号
图 名	屋面梁平法施工图	结施12

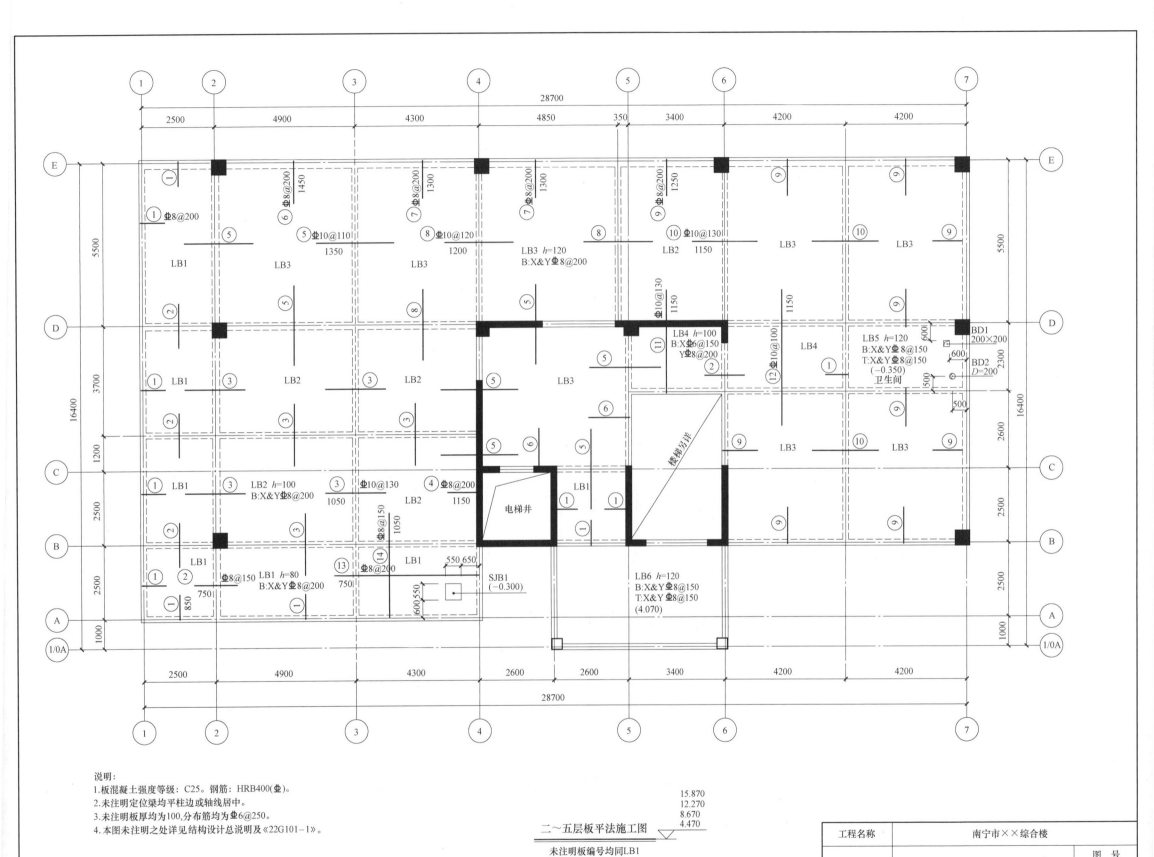

说明:
1. 板混凝土强度等级: C25。钢筋: HRB400(Φ)。
2. 未注明定位梁均平柱边或轴线居中。
3. 未注明板厚均为100,分布筋均为Φ6@250。
4. 本图未注明之处详见结构设计总说明及《22G101-1》。

15.870
12.270
8.670
4.470

二～五层板平法施工图
未注明板编号均同LB1

工程名称	南宁市××综合楼	
		图 号
图 名	二～五层板平法施工图	
		结施11

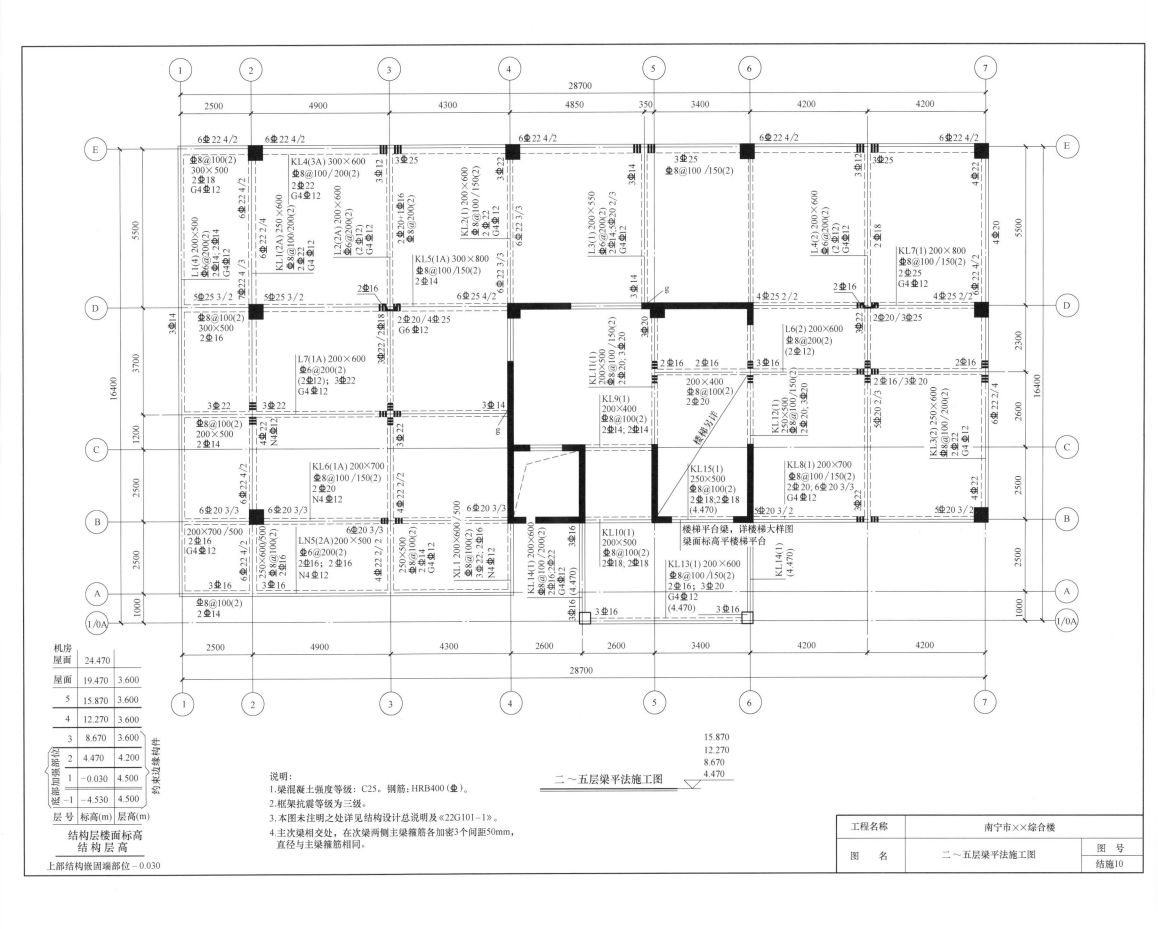

二～五层梁平法施工图

说明：
1. 梁混凝土强度等级：C25。钢筋：HRB400（Φ）。
2. 框架抗震等级为三级。
3. 本图未注明之处详见结构设计总说明及《22G101-1》。
4. 主次梁相交处，在次梁两侧主梁箍筋各加密3个间距50mm，直径与主梁箍筋相同。

结构层楼面标高
结构层高

机房屋面	24.470	
屋面	19.470	3.600
5	15.870	3.600
4	12.270	3.600
3	8.670	3.600
2	4.470	4.200
1	-0.030	4.500
-1	-4.530	4.500
层号	标高(m)	层高(m)

上部结构嵌固端部位 -0.030

工程名称	南宁市××综合楼	
图名	二～五层梁平法施工图	图号 结施10

15.870
12.270
8.670
4.470

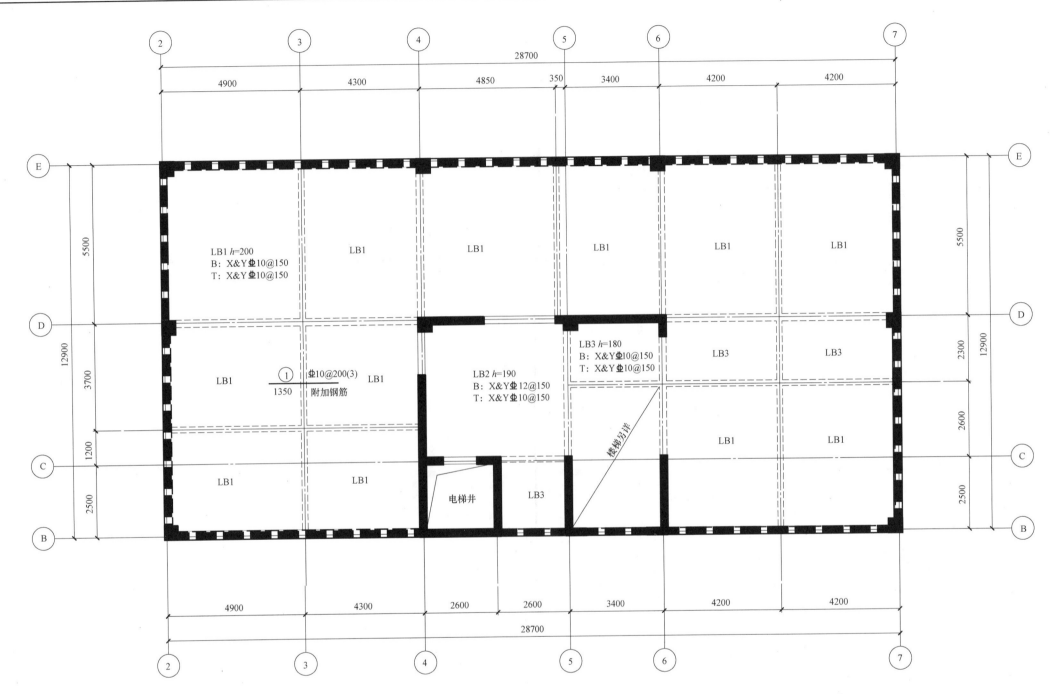

地下室顶板平法施工图 ▽ -0.030

未注明板编号均同LB1

说明:
1. 板混凝土强度等级: C30。钢筋: HRB400 (Φ)。
2. 未注明定位梁均平柱边或轴线居中。
3. 未注明板厚均为180, 楼板配筋双层双向Φ10@150。
4. 本图未注明之处详见结构设计总说明及《22G101-1》。

工程名称	南宁市××综合楼	图 号
图 名	地下室顶板板平法施工图	结施9